최신 건설계약실무

서명석·박상융 공저

SEOWOO PUBLICATIONS

추 천 사

윤문기
삼화건설주식회사 회장
전)신성건설대표이사 사장, 공학박사, 기술사

건설공사에 있어서 계약은 프로젝트를 성공적으로 진행하는데 가장 중요한 요소로서 계약에 대하여 체계적인 접근이 필요한데 건설계약실무는 건축, 토목, 플랜트 등 건설공사에서 행하여지는 계약에 구체적으로 방법론을 제시한 저서이다.

강인옥
감사교육원 교수
프랑스 파리 2 대학교에서 법학박사

이번에 발간되는 건설계약실무는 건설관련계약에 필요한 내용을 함축적으로 잘 정리한 중요한 저서이다. 현재 건설계약과 관련하여 많은 소송과 분쟁들이 줄을 있고 있는 바 이와 관련하여 책들이 필요하다고 생각하였는데 본 건설계약실무는 현재 건설산업의 계약과 관련한 많은 문제점을 해결할 수 있는 저서이다.

김종옥
안양세무서장
행정고시 38회

계약은 건설공사에서 중요한 요소이다. 계약을 얼마나 합리적으로, 효율적으로 잘 하느냐가 건설공사에서는 중요한 관건이다. 본 건설계약실무는 이러한 점에서 중요한 저서이며 건설계약을 담당하는 자들에게 지침서로서 역할을 다하리라 기대되는 책이다. 모쪼록 많은 계약담당자들이 본 저서를 잘 익히고 배워 우리나라의 계약문화를 한층 높이는데 일익을 담당하기 바란다.

최종만
호반건설 주식회사 대표이사
미국 Florida 주립대 부동산 석사
선더버드 국제경영대 MBA

다단계의 하도급체계와 같은 복잡한 계약구조를 갖고 있는 건설 산업의 특성상 체계적이고 빈틈없는 건설계약의 중요성은 아무리 강조해도 지나치지 않는다. 업계 일선에서 불명확한 계약서 작성으로 공사 진행 중 계약당사자간의 수많은 이견과 그로인한 소송이 남발하는 상황을 실제 경험하고 있는 당사자로서 이번 출간된 서명석교수와 박상융서장의 건설계약 실무가 정부 및 민간 발주처, 건설업체의 계약담당 실무자들에게 이러한 제반 문제점을 사전에 예방할 수 있는 훌륭한 지침서가 될 것으로 확신한다.

머리말

건설공사는 국가의 여러 산업 전반에 영향을 미치는 중추적인 산업이며 국가경기가 좋지 않을 경우 경기부양을 위하여 국내 산업에서 차지하는 비중이 크다고 할 수 있다. 또한 인력, 장비, 원자재, 예산이 많이 소요되고, 일자리 창출도 많이 되는 등 경기활성화의 주요 동력이다.

계약(입찰, 수주)방식도 턴키, B.O.T(Build-Operate-Transfer), B.T.O (Build-Transfer-Operate), B.T.L(Build-Transfer-Lease)등 다양하며 시간의 흐름에 따라 새로운 계약방식이 생겨나곤 한다.

최저가 낙찰제는 2001년 건설산업 경쟁력 강화와 공사비절감을 유도하기 위해 1000억원 이상 공사를 대상으로 도입되었으며, 도입취지는 PQ(Pre-Qualification : 입찰참가자격사전심사)와 이행보증을 통해 소수업체를 걸러낸 뒤, 기술력이 반영된 가격경쟁을 통하여 낙찰자를 선발하겠다는 것이었으나, 수주를 위한 무리한 과당경쟁으로 덤핑 낙찰을 받아 공사품질이 저하되는 등, 건설시장의 불안이 증대되었다. 이에 정부는 2003년, 입찰을 적정한 가격으로 유지하고 덤핑입찰에 따른 부실공사를 방지하고자 지나치게 낮은 가격으로 입찰한 자를 심사하여 부적격자를 낙찰자에서 배제하는 저가심의제도를 도입하였다.

그러나 글로벌 금융위기 이후 건설경기 부진으로 건설업체들이 수주를 위해 저가 낙찰을 불사하고 있는 상황에서 저가심의제는 제 기능을 발휘하지 못하고 있으며, 이로 인하여 하도급체는 물론 실제 공사에 투입되는 기계, 장비업체, 자재업체도 큰 피해를 입고 있다.

외국에서는 금액을 기준으로 특정한 입·낙찰방식을 강제하고 있는 사례가 거의 없으며, 발주자 판단아래 프로젝트 유형이나 특성에 따라 적합한 입·낙찰방식을 선별해 사용하고 있다.

영국도 비용대비 가치극대화 방식을 지향하여 2000년에 최저가 낙찰제를 폐지하고 최고가치 입찰제를 운용하고 있다. 일본은 2005년 '공공공사 품질확보 촉진에 관한 법률' 제정을 계기로 가격과 기술, 성능 등 조건을 종합적으로 평가해 발주자에게 가장 유리한 입찰자를 낙찰자로 선정하는 최고가치제와 유사한 방식을 따르고 있다.

따라서 최저가 낙찰제도는 글로벌 스탠더드와도 차이가 있으며, 여러 가지 문제점들이 있으므로 개선이 필요하다고 본다. 공사규모가 클수록 시간도 많이 소요되고 위험부담도 커질 뿐만 아니라 다수의 사공사가 공동으로 수주를 하는 경우가 많고, 중층 하도급의 경우가 비일비재하다.

노무계약도 일용근로자를 중심으로 근로자파견을 통해 작업이 이루어지는 것이 관행이다.

건설공사는 계약서를 완벽하게 작성하여야만 공사 중 또는 공사완료 후 분쟁의 발생 가능성을 줄이고 분쟁이 발생하는 경우라도 그에 수반되는 공사 지연을 미연에 방지 할 수 있다. 우리 공사현장에서는 대개 건설산업기본법시행령 제25조 제2항에 따라 국토해양부장관이 정하여 고시하는 도급 및 건설사업관리위탁에 관한 표준계약서나, 하도급의 경우 「하도급거래 공정화에 관한 법률」에 의하여 공정거래위원회가 권장하는 건설공사표준하도급계약서를 사용하고 있다. 그러나 개별 공사현장마다 구체적이고 특별한 상황들이나 계약당사자들의 특별한 약정사항을 정확히 반영하기 위해서는 표준계약서의 규정 내용을 적절히 수정하거나 가감할 필요가 있을 것이다.

특히 가격과 그 지급방법, 업무 또는 의무의 범위 및 그 이행방법, 위반의 경우 손해배상 등 계약상 중요한 의미를 가지는 내용이나 당해 계약에서 특별한 의미를 가지는 용어는 계약당사자들의 구체적인 합의사항을 반영할 수 있도록 명확히 규정하거나 정의하여야 한다. 계약은 당사자 간의 합의에 의한 문서이므로 사전에 여러 경우의 수를 가정하고 세밀하게 합의하여 계약서를 작성하면 분쟁이 발생하는 경우의 수를 현저히 줄일 수 있을 뿐 아니라, 분쟁이 발생하더라도 훨씬 쉽게 해결할 수 있다.

하도급관계, 보증, 파견근로의 경우 원도급업체나 하도급업체의 도산, 보증업체의 공사지연, 지체상금, 임금체불 등 많은 문제가 발생한다.

전문건설업에 의한 중층하도급, 자재원가에도 못 미치는 공사대금, 원도급업체의 하도급저가계약, 부실 감리 및 완벽하지 못한 준공검사 등이 국내부실공사현장의 현주소를 말해준다.

또한 지진 및 홍수 등 자연재해, 철근가격 및 레미콘 가격의 급등, 인공재해, 운송업자의 파업 등으로 인한 공사지연도 무시할 수 없다. 각종 공사완료시에도 지체상금과 관련한 분쟁이 많다. 공사지연에 대한 책임은 누구이며, 공사지연 일수는 얼마인가에 대한 책임공방은 공사진행 중의 과정을 입증하지 못하면 해결이 어려운 분쟁으로 발전하게 된다. 완공 또는 준공검사 후에도 하자로 인한 손해배상청구 등 각종 분쟁과 민원이 발생하는 것이 건설공사와 관련된 현실이다.

공사과정에서는 필연적으로 발생하는 소음, 분진 등으로 인하여 각종 환경관련 민원이 빈번하고, 행정기관이나 지역주민 등 다수의 이해관계자로 인하여 여러 가지 간섭사항들이 발생한다. 게다가 건설공사는 많은 불확실성을 내포하고 있는데, 예를 들어 토공사중 지하부분에 대한 예기치 못한 상황발생 즉, 지하수위변동, 지내력부족, 암반층의 변수, 문화재 발굴 등으로 설계변경, 공사중단 등 예기치 못한 각종 사건이 발생할 수 있다. 이러한 경우에 공사비부담은 누구의 책임으로 돌릴 것인가. 분쟁조정은 어떻게 할 것인가. 현장실무에서 많이 발생하는 각종 불확실성 및 사고에 대비하여 계약서에 책임주체, 내용, 조정기관에 대하여 어느 정도 규정해 놓으면 분쟁이 생겼을 때 이를 근거로 신속하게 해결할 수 있다. 건설공사의 하자와 관련하여서는 어느 정도까지 하자로 인정할 것인지 하자의 기준을 명확히 하고, 책임문제, 배상범위에 대하여 상세히 기술하여 계약서를 작성하면 준공 후 하자로 인한 손해배상책임문제도 쉽고 원만하게 해결할 수 있을 것이다.

그런데 우리나라는 국민정서상 구체적이고 자세한 계약서를 작성하려 하면 계약 당사자가 불편해 하거나 계약자체를 기피하려는 경우도 있어서 계약서를 작성하는데 익숙하지 않으며 구술 또는 당사자간의 신뢰만으로 서면없는 계약을 체결하는 경우가 비일비재하다.

계약서를 작성하는 경우라도 누군가가 만든 표준계약서의 공란만 채우는 수준에서 계약이 이루어지는 경우가 다반사이며 계약서작성을 소홀히 생각하여 계약서작성에 들어가는 인력, 시간, 비용에 대단히 인색하다. 중소기업의 경우에 특히 계약서작성, 검토를 전담하는 전문인력 및 부서가 부족하다.

이러한 관행은 예기치 않은 각종 분쟁의 발생으로 연결되고, 분쟁은 많은 시간과 비용을 소모하여야 하는 소송으로 연결된다. 특히 건설 하자소송의 경우 감정비용, 변호사비용 등으로 소송의 승패와 상관없이 많은 경제적 손실이 따른다.

경동대학교에 재직 중인 서명석 교수, 평택 경찰서장 박상융 총경은 이러한 문제점들에 대한 인식을 같이 하여 건설계약분쟁원인 및 대책에 관한 본 책자를 발간하게 되었다.

박상융 총경은 1987년 제29회 사법시험에 합격(사법연수원 19기), 변호사를 거쳐, 1993년 경찰에 경정으로 특채, 약 20여년 동안 경찰수사업무에 종사하면서, 각종 공사 및 건설 관련 고소, 고발, 사건, 사고를 접하면서 계약서 작성의 중요성을 실감하였다.

서명석 교수는 건설산업계에서 대형건축공사인 정부대전청사 및 대전엑스포 세계무역박람회 등 여러 건축물에 대하여 공사와 계약을 담당하였으며, 많은 실무경험과 건설공사 및 건설관리, 계약관리 등 연구경력을 가지고 있고 건설관련 많은 집필 경험이 있으며 공학박사와 기술사로서 건설계약과 관련한 실무교재가 필요하다는데 인식을 같이하여 공동집필을 하게 되었다.

모쪼록 이교재가 건축 및 토목과 관련한 건설산업계 종사자, 대학원생 및 대학생, 건설관련 수험생들에게 많은 도움이 되었으면 한다. 그리고 더욱 많은 연구와 자료를 준비하여 다음 개정판에는 더욱 좋은 내용을 담을 수 있도록 수정, 보완 할 것을 약속드린다.

끝으로 각종문헌과 자료가 인용될 수 있도록 허락하신 선학 및 동료, 후학 여러분께 진심으로 감사의 말씀을 드리며 더욱 좋은 책으로 거듭날 수 있도록 지도와 편달을 부탁드린다. 본 저서가 출간되기 까지 많은 관심을 가지고 건설 및 국제계약 전문변호사로서 바쁜 시간을 쪼개어 자료를 제공하여 주시고 세심하게 교정을 봐주신 채정원 변호사님께 깊은 감사를 드린다. 또한 본 저서에 관심을 가져주신 삼화건설의 윤문기 회장님, 감사교육원 강인옥 교수님,

김종옥 안양세무서장님과 많은 자료를 제공하여 준 계룡건설주식회사의 조명원 상무님, 또한 이 책의 출판을 담당하는 도서출판 서우 이석환 사장님, 원고를 편집하느라 수고하신 편집자께 깊은 감사를 드린다.

2012년 2월

저자

목 차

제1편

건설공사계약총론 및 유형

제1장 건설계약총론

1.1 건설사업 생산체계

건설산업은 일련의 라이프 사이클을 가지고 있으며 넓은 의미에의 건설생산이라 한다. 생산에 참여하는 주체들은 상당히 다양하고 자본, 기술면에서도 다른 특징들을 가지고 있으므로 효율적인 관리가 필요하며 각각의 이해집단들의 특성을 감안한 일처리가 요구되고 있다.

계약과 관련하여서도 계약관련 지식수준들이 천차만별이므로 각각의 특성을 고려한 계약행위가 이루어져야하며 갑과 을의 대립관계에서 모든 행위가 이루어지기 보다는 성공적 프로젝트 수행이라는 대명제에 입각하여 합리적이고 효율적인 접근들이 시도되어야 한다.

기술적인 측면에서도 생산 성과물로서의 건축구조물이 기획이나 설계자의 의도대로 올바르게 완성되어, 건축주 및 이용자에게 만족을 주지 않으면 안 된다. 그러므로 건축 의도와 그 성과에 대해서는, 상당히 면밀한 검토가 요구된다.

또, 구조물의 크기로부터 공사규모, 공사 금액, 종사하는 전문공사업의 업종이나 노동자수, 관련제품 및 부재(部材)의 제조나 판매 등과 관련하여 다양한 이해관계자들이 복잡 다양하게 얽혀 있으며 건설 산업의 사회적·경제적 영향도 광범위하다. 그러므로 가능한 한 생산 과정에 대해도 다른 제조물에 비해 신중하고도 한층 높은 관리수준이 요구된다.

1.2 건설생산의 특징

건설생산은 타 제조업과 상당히 다른 생산구조를 가지고 있으며 타 산업과 대별되는 특징들을 열거하면 아래와 같다.

(1) 수요자의 요구하는 수준 및 용도가 다양하므로 다품종 소량생산 산업이다.
(2) 주문 생산방식이므로 발주자가 있어야 사업이 시작되는 수주 생산 산업이다.
(3) 생산 장소 즉 시공되어지는 곳이 외기에 노출되어 있는 환경이 열악한 장소이다.
(4) 일반적으로 설계자와 시공자가 다르며 책임도 엄격하게 구분된다.
(5) 시공은 원도급자와 또 원도급자로부터 수주를 받아 진행하는 하도급자로 구성되는 중층하도급구조이므로 품질관리가 어렵다.
(6) 생산구조가 인력부하도가 큰 노동집약산업이며 공업화가 어렵다.
(7) 생산 팀들이 임시적으로 이루어 졌다가 시공이 완료되면 해체되는 경우가 많다.
(8) 많은 생산요소 즉, 자금, 노무, 자재, 장비, 공법 등 다양한 자원들이 필요하다.
(9) 생산의 표준화가 힘들며 부품화가 어렵다.
(10) 생산과 관련한 이해집단이 많으므로 책임의식의 연대감이 부족하다.
(11) 원가가 품질이나 안전보다 소홀히 여겨질 수 있다.
(12) 수주 생산이므로 장치산업과 달리 초기설비투자비가 들어가지 않으며 고도의 관리 능력을 가지고 사업을 추진할 수 있다.
(13) 다방면의 생산참여주체가 있으므로 타 산업보다 국가 경기에 파급효과가 큰 경기주도 산업이라 할 수 있다.

1.3 건설생산 주체

(1) 발주자

프로젝트 초기부터 종료될 때까지 프로젝트를 계획하고 모든 책임을 져야함과 동시에 비용을 투자하여 구조물을 획득하는 주체로서 투자대비 이익을 최대로 높이려는 활동 주체를 말한다.

관급공사일 경우 국가 및 지방자치단체가 건축주일 경우도 있으나 개인도 건축주가 될 수 있다.

건축주가 건설 공사 및 계약에 관한 전문지식을 가지고 계약의 협상과 합의 과정 및 체결을 주도하는 경우 건설프로젝트의 초기부터 종료시까지 문제가 야기될 수 있는 안건에 대하여 스스로 준비하고 계획할 수 있겠으나, 그와 같은 전문지식이 부족하여 허술한 내용의 계약을 체결하게 되면 많은 문제와 손해를 감수하여야 한다. 그러므로 공사를 계획하고 진행할 때 전문가의 시각에서 프로젝트를 바라볼 수 없는 경우는 전문가의 도움을 받아 일을 진행해 나아가야한다. 계약 시의 조그마한 실수가 결국 큰 손실로 나타날 수 있으므로 많은 검토가 필요하다.

(2) 건설사업관리자

발주자를 위하여 프로젝트를 관리하는 전문가를 말하며 경험이 많은 관리자일수록 계약에서도 해박한 지식을 가지고 있다. 건설사업관리자는 건설사업 전반에 걸쳐 발주자가 발견하지 못하거나 해결하지 못하는 문제들도 찾아내어 종합적으로 해결할 수 있어야 하므로 탁월한 관리능력이 필요하다. 발주자가 프로젝트에서 이익을 가져갈 수 있도록 사업의 진행 각 단계별 관리요소를 조화롭게 관리하여야 한다.

(3) 설계자

건축주의 의도를 파악하여 합리적이고 심미적으로 반영한 디자인개념을 설계도면에 표현하는 참여자로서, 설계업무는 기본설계와 실시설계로 나뉜다.

비교적 규모가 큰 대형설계사무소는 설계나 공사 관련 계약의 협상 및 체결에 관하여 많은 경험과 지식을 가지고 있으므로 계약과 관련하여 발생가능한 문제들을 미리 파악하고 대비하는 전문적 접근이 가능한 반면, 구성인원과 경험이 제한적인 소규모 설계사무소는 계약에서까지 전문성을 가지고 문제점을 발췌하여 접근하기가 어려움이 있다.

(4) 감리자

건축주와 감리용역계약을 체결하고 건설공사의 감독 및 관리 업무를 진행하며, 설계자나 시공자보다 기술적으로 우위의 입장에서 설계자나 시공자를 지도하는 업무를 진행하여야 하므로 탁월한 품질관리 지식이 요구된다.

감리업무는 설계감리와 시공감리로 나누게 되는데 설계감리는 하자없이 설계가 잘 되었는지를 검토하는 일이며 시공감리는 도면대로 하자없이 시공이 잘 진행하는지를 검토하는 일이다.

(5) 일반건설업자

건설산업기본법상 종합적인 계획, 관리 및 조정에 따라 토목공사업, 건축공사업, 토목건축공사업, 산업환경설비공사업, 조경공사업 등 5개 분야의 공사를 시행하는 종합건설업자를 말한다. 뛰어난 공사관리 능력을 가지고 시공을 전체적으로 관리하며 총사업비의 많은 부분을 담당하는 역할을 수행하여야 하므로, 관여하는 공사부분이 큰 만큼 이와 관련한 리스크도 크게 부담하고 있으며 종합건설업자가 시공계획 등을 잘못하는 경우 프로젝트가 적자가 발생할 수도 있다.

종합건설업자는 대부분 많은 인력과 자산을 가지고 있는 대형건설업체이므로, 변호사와 같은 계약전문가를 고용하거나 계약에 관한 경험과 지식이 풍부한 우수한 인재들을 활용하여 건설 계약업무를 진행할 수 있다.

(6) 전문건설업자

건설산업기본법 시행령의 29개 공사업종을 전문적으로 시행하는 건설업자를 말하며, 공사의 종합적인 계획, 관리 및 조정을 하지 않고 특정 전문분야의 공사만을 시행한다는 점에서 종합건설업자와 다르다. 대규모 종합건설공사에 있어서는 종합건설업자로부터 하도급을 받아 공사에 참여하게 된다. 주요 자재성 전문건설업자가 아니면 자금, 인력면에서 취약한 구조를 가지고 있으며 원도급업자로부터 공사가 완료된 부분만큼의 기성금만을 받아 프로젝트를 관리하기 때문에 열악한 환경에 놓여 있다.

공사계약에 있어서도 열악한 자금과 인력사정으로 인하여 계약내용을 제대로 파악하고 협상을 할 전문성이 부족하다.

그러므로 쉽게 계약관련 법률적 자문을 받을 수 있도록 전문건설협회를 중심으로 법률자문단을 구성하여 도움을 받아 처리할 수 있는 여건을 조성하여야 한다.

(7) 건설자재 생산업자

건설현장에 필요한 자재를 제조하는 자를 말하며 공장설비가 소요되는 경우가 많다. 건설산업의 경기추이를 검토하여 생산량을 조절하여야 하며 건설산업이 기후 및 환경에 영향을 많이 받으므로 가능한 한 표준화 및 공장화를 통하여 대량생산시스템을 갖추어야 한다.

자재 제조업자도 자재별로 자금력이 풍부한 대기업군 제조업자는 계약관련 법률적 자문을 받을 수 있지만 영세제조업자들에 대하여는 계약관련 전문가 지원이 필요한 실정이다.

1.4 건설사업 계약의 중요성

건설사업에서 계약이 갖는 의미는 상당히 큰데 그 이유는 제조업 기타 다른 산업분야에 비하여 더 많은 불확실성의 리스크를 가지고 있기 때문이다. 리스크관리를 체계적으로 하지 않으면 프로젝트를 진행하면서 이익을 얻기는커녕 손실을 감수해야 한다. 또한 한 건당 공사금액이 상당히 커서 이익도 많아질 수 있지만 손실도 그와 비례하여 커질 수 있기 때문이다. 또한 다양하고 복잡한 이해당사자들이 사업에 참여하여 서로의 이익을 추구하려 하는 과정에서 갈등이 발생하고 때로는 첨예하게 대립의 각을 세우기도 한다.

그러나 프로젝트의 성공적 수행을 위하여 서로가 합리적인 접근이 필요하며 효율적인 계약을 위하여 사전에 충분한 검토와 법률적인 자문도 필요한 실정이다.

건설공사 계약은 체결하기까지 입찰 등 여러 단계와 오랜 협상 과정을 거치게 되므로, 시방서, 도면, 건설계약 일반조건, 건설계약특별조건 등 여러 개의 서류가 종합적으로 계약서를 구성하게 된다. 그런데 현재 건설업계에서 건설계약 일반조건으로 사용하고 있는 국토해양부 고시 “건축공사표준계약서”는 모든 공사계약에 대체적으로 적용이 가능한 일반적인 사항만을 담고 있으므로, 각 건설 프로젝트별 특성과 문제소지를 반영하는 특별약관 또는 특별조건을 합의하고 건설계약의 일부로 삼도록 하여 개별성과 구체성이 부족한 일반조건을 보완, 수정하여야 할 필요가 있다. 그러나 우리나라에서는 인지상정의 정으로 일처리를 하는 동양적인 사고를 바탕으로 특별조건을 제대로 약정하지 못한 상태에서 일반조건만으로 계약을 체결하는 경우가 많다보니, 프로젝트를 시작할 때부터 각 프로젝트의 개별적 필요성에 부응하지 못하는 문제점을 가지고 출발하게 된다. 이런 상태에서 건설이 진행되어 내포되었던 문제들이 표면적으로 노출되면 클레임으로 발전하여 관련 이해집단들을 힘들게 하기도 한다.

또한 자기에게 유리한 계약을 체결하도록 협상을 주도할 수 있는 이른바 “갑”이 우월적 협상력을 남발함으로써 상대방에게 부당하게 불이익을 감수하도록 하는 불공정한 계약을 체결할 가능성도 있다. 이처럼 계약 내용이 미비되거나 불공정한 경우 이해관계자들 사이의 갈등구조를 조성함으로써 결국 프로젝트 전체의 성공적인 완성을 방해하는 결과로 나타나기도 한다. 그러므로 건설계약에 있어서도 당사자간의 평등한 관계에 입각한 공정하고 합리적인 일처리가 우선시 되는 풍조가 조성되어야하며 각 당사자가 프로젝트의 성공을 위하여 보다 완비된 계약을 체결하려는 노력을 경주해야 한다.

1.5 건설관련 법과 제도

1.5.1 건설산업기본법

건설산업기본법은 건설공사의 조사·설계·시공·감리·유지관리·기술관리등에 관한 기본적인 사항과 건설업의 등록, 건설공사의 도급 등에 관하여 필요한 사항을 규정함으로써 건설공사의 적정한 시공과 건설산업의 건전한 발전을 도모함을 목적으로 하는 법률이다(건설산업기본법 제1조).

건설 산업을 설계, 감리, 시공, 사업 관리, 유지 관리 등 각 분야에 걸쳐 국제 경쟁력을 갖추도록 균형 있게 발전시켜 나감으로써 국민경제와 국민의 생활 안전에 기여함을 기본이념으로 한다.

건설교통부장관은 5년마다 건설산업 진흥 기본 계획을 수립·시행하여야 하며, 연차별 계획을 수립·시행할 수 있다. 건설 관련 주체로서 정부와 건설공사 발주자와 건설업자는 그에 상응한 책무를 진다.

1.5.2 건설기술관리법

건설기술의 연구개발을 촉진하고 이를 효율적으로 이용·관리하게 함으로써 건설기술을 확보하여 공공복리의 증진과 국민경제의 발전에 기여하기 위해 제정된 법률이다(건설기술관리법 제1조).

건설기술이란 건설공사에 관한 계획·조사·설계·설계감리·시공·안전점검, 시설물의 유지·보수·철거·관리 및 운용, 건설공사에 필요한 물자의 구매 및 조달, 건설공사에 관한 시험·평가·자문 및 지도, 건설공사의 감리, 건설장비의 시운전, 건설사업관리 등 건설공사에 관한 기술을 말한다(건설기술관리법 제2조 제2호).

건설업자 및 주택건설등록업자는 건설공사의 품질관리를 위해서 설계도서의 작성에서부터 모든 시공단계에 이르기까지 품질보증계획을 수립하고 이에 따른 시험·검사를 실시해야 한다. 다만, 이 업무는 일정한 자격을 갖춘 품질검사전문기관에게 대행시킬 수 있다.

국가 또는 지방자치단체 등의 공사 발주청은 그가 발주하는 건설공사의 품질확보를 위해 건설기술관리법시행령이 정하는 일정한 공사에 대해서는 감리전문회사에게 책임감리를 위촉해야 한다. 감리전문회사의 자격과 업무 등에 관해서는 건설기술관리법시행령이 정한다.

이 법에 의하여 감리전문회사는 책임감리의 건전한 발전과 감리전문회사의 공동이익을 도모하기 위해 법인인 건설감리협회를 설립할 수 있다. 또, 건설기술자는 품위유지 및 복리증진과 건설공사의 견실시공 및 품질관리의 향상을 위해 법인인 건설기술인협회를 설립할 수 있다.

1.5.3 엔지니어링산업진흥법

엔지니어링산업의 진흥에 필요한 사항을 정하여 엔지니어링산업의 기반을 조성하고 경쟁력을 강화함으로써 관련 산업 간의 균형발전을 도모하고, 창의적인 지식기반사회의 실현과 국민경제의 발전에 이바지하기위한 법률이다(엔지니어링산업진흥법 제1조).

1973년 기술용역육성법으로 제정된 이래 1993년 엔지니어링기술진흥법으로 개정되었다가, 2010년 4월 12일 법률 제10250호로 현재의 명칭으로 전문개정 되었다. 엔지니어링 산업이란 엔지니어링활동을 통하여 경제적 또는 사회적 부가가치를 창출하는 사업을 말하며, 엔지니어링 활동이란 과학기술 지식을 응용하여 사업 및 시설물에 관해 수행하는 연구·기획·타당성조사·설계·분석·계약·구매·조달·시험·감리·시험운전·평가·검사·안정성검토·관리·매뉴얼작성·자문·지도·유지 또는 보수 등의 활동과 그 활동에 대한 사업관리를 말한다(엔지니어링산업진흥법 제2조 제1호, 제2호).

이 법에 따라 지식경제부장관은 엔지니어링 산업진흥 기본계획을 수립해야 한다. 정부는 엔지니어링 전문인력 양성기관을 지정하여 교육 및 훈련에 필요한 비용의 일부를 지원할 수 있다. 또 연구개발 결과의 사업화를 지원하고, 엔지니어링 산업정보 체계를 구축·운영하고, 국제협력 및 해외진출을 지원하고, 엔지니어링 전문인력의 고용을 촉진하기 위한 시책을 세워야 한다.

엔지니어링 활동을 영업수단으로 하려는 자는 엔지니어링산업진흥법 시행령이 정하는 기술인력 등의 요건을 갖추고 지식경제부장관에게 신고해야 한다(엔지니어링산업진흥법 제21조). 정부는 새로운 엔지니어링기술의 도입·연구·개발 및 보급에 필요한 시책을 수립하고, 필요한 지원을 할 수 있으며, 개발된 엔지니어링기술의 이용·보급 및 관련 산업과의 연계를 촉진하기 위하여 필요하다고 판단되는 경우에는 엔지니어링기술의 이용·보급 등에 관한 시범사업을 할 수 있다. 엔지니어링 사업자는 지식경제부장관의 인가를 받아 협회와 공제조합을 설립할 수 있다. 협회와 공제조합에 관해서 엔지니어링산업진흥법에 규정하지 않은 사항은 민법의 사단법인 규정을 준용하며, 공제조합에 관하여는 상법상 주식회사의 계산에 관한 부분도 준용된다.

1.5.4 건축사법

건축사의 자격과 그 업무에 관한 사항을 규정함으로써 건축물의 질적 향상을 도모함을 목적으로 하는 법률이다(건축사법 제1조).

건축사가 되려면 건축사 자격시험에 합격하고 국토해양부장관의 자격증 및 자격수첩을 교부받아야 한다. 건축사는 타인에게 자기의 성명을 사용하여 업무를 행하게 하거나, 자격증 또는 자격수첩을 대여하거나, 부당하게 행사하여서는 안 된다.

건축사는 건축물의 설계와 공사감리에 관한 업무를 행한다. 건축사는 건축물이 관계 법령의 규정에 적합하고 안전·기능 및 미관에 지장이 없도록 업무를 성실히 수행하여야 하며, 업무를 수행함에 있어 고의 또는 과실로 인하여 건축주에게 발생한 재산상의 손해를 배상할 책임이 있다.

1.5.5 시설물의 안전관리에 관한 특별법

시설물의 안전점검과 적정한 유지관리를 통하여 재해와 재난을 예방하고 시설물의 효용을 증진시킴으로써 공중(公衆)의 안전을 확보하고 나아가 국민의 복리증진에 기여함을 목적으로 하는 법률이다(시설물의 안전관리에 관한특별법 제1조).

우리나라의 인구가 기하급수적으로 늘어남과 동시에 산업활동이 활발해지고 인구의 도시집중이 심각해짐에 따라 건축물의 수요와 공급이 폭발적으로 증가하게 되었으며 건축물을 얼마나 잘 짓는가에 대한 문제도 중요하지만 얼마나 유지관리를 잘 하는가에 대한 것도 중요한 문제로 대두되었다. 과거에는 빠른 시간 안에 저렴한 공사비로 어떻게 하면 빨리 짓는가에 대한 문제가 주요관심사였지만 이제는 건축물의 LCC(Life Cycle Cost)를 고려한 비용도 아주 중요한 관리요소가 되었으며 동시에 유지관리가 용이한 구조물을 선호하게 되었다. 우리는 삼풍백화점과 성수대교의 붕괴사고가 발생하면서 많은 인명과 재산피해를 경험하였다. 이에 정부와 국회는 시설물의 안전관리에 관한 특별법을 제정하여 기존의 구조물들에 대한 정기점점, 정밀점검, 안전진단 등을 법적으로 강제하고 있다. 시설물의 체계적인 관리는 사고의 발생으로 인한 인명피해를 줄이는 요소임과 동시에 비용을 절감할 수 있기 때문에 체계적인 관리에 대한 계획과 시행이 절실히 요구되고 있는 실정이다.

1.5.6 국가를 당사자로 하는 계약에 관한 법률

이 법은 국제입찰에 의한 정부조달계약, 국가가 대한민국 국민을 계약상대자로 하여 체결하는 계약(세입의 원인이 되는 계약을 포함한다)등 국가를 당사자로 하는 계약에 관한 기본적인 사항을 정함으로써 계약업무의 원활한 수행을 도모함을 목적으로 한다(국가를 당사자로 하는 계약에 관한 법률 제1조, 제2조).

각 중앙관서의 장 또는 계약담당공무원은 규정에 의한 국제입찰의 경우에는 호혜의 원칙에 따라 정부조달협정 가입국의 국민 및 이들 국가에서 생산되는 물품 또는 용역에 대하여 대한민국의 국민 및 대한민국에서 생산되는 물품 또는 용역과 차별되는 특약 또는 조건을 정하여서는 안 된다.

1) 국가기관

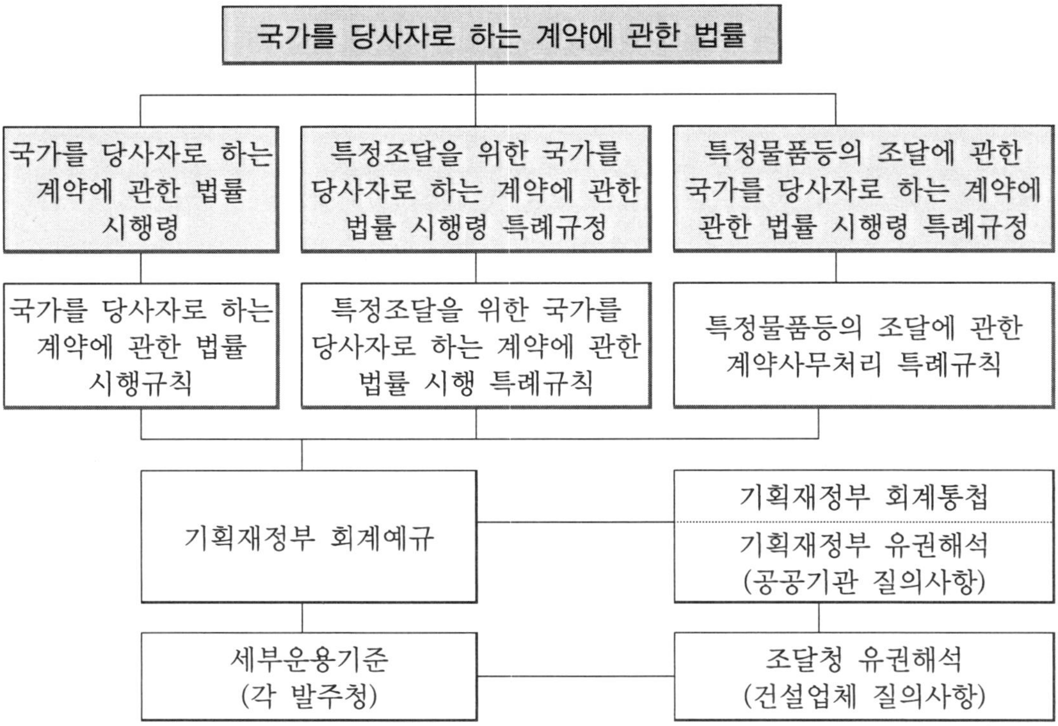

2) 지방자치단체

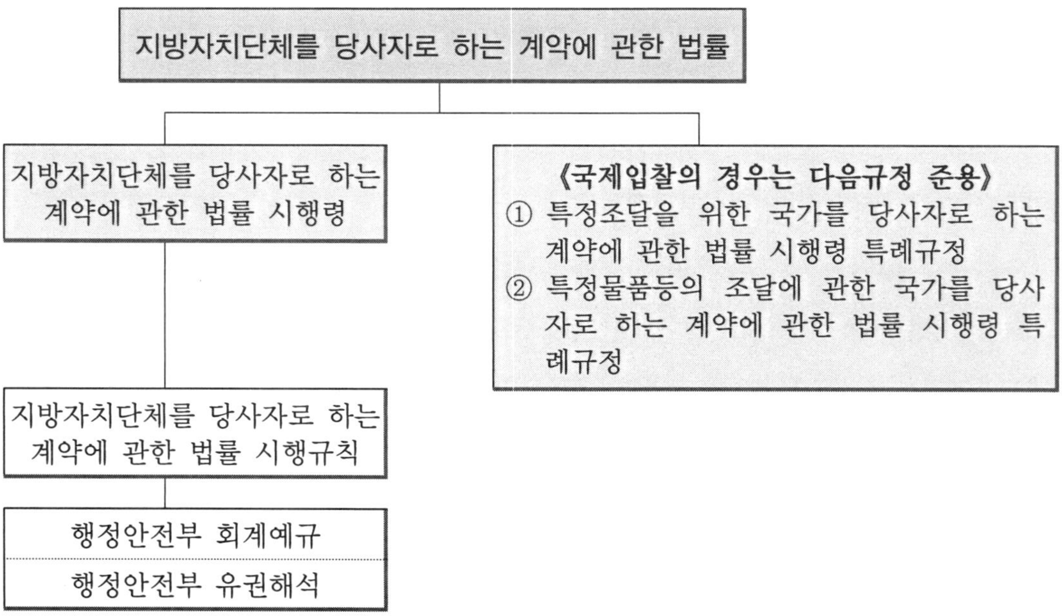

1.6 한국의 계약문화

대기업체가 국내외 대형발주공사를 하는 경우에는 수많은 교섭과 협상을 통하여 의향서, 양해각서 등의 체결을 거쳐 본 계약을 체결하기까지 많은 시간과 인력과 비용을 투입한다.

계약전담부서를 두는가 하면 변호사 등 전문 인력을 동원하여 자문을 받고, 계약서를 구성하는 서류가 부속설명서, 도면, 사진 등을 합치면 수천페이지에 이르기도 한다.

그러나 일반적인 한국인들은 역사적, 관행적으로 사적인 문제를 서면계약으로 정리하는 데에 친숙하지 않다. 사람의 인상을 보고 거래를 한다는 말처럼 왠만한 거래는 신·언·서·판(信·言·書·判) 등 상대방의 사람됨을 파악하기 위한 개인적이고 추상적인 기준만을 가지고 간단한 문답을 주고받거나 거래를 협상해보고 구두로 계약을 체결하는 것이 관례였다.

세세하게 서면에 약속을 남기고, 그것도 상세하게 계약내용을 서면으로 남기자고 하면, 상당히 불편하게 생각하곤 한다.

금전거래에 있어서도 차용증도 받지 않고 돈을 빌려주거나, 차용증을 써준다고 하더라도 차용액수만 기재할 뿐 변제시기, 변제하지 않을 경우 이자, 인적, 물적담보설정, 민·형사상 법적조치 등에 대하여 상세히 기재하지 않고 있다.

부동산 매매계약서, 임대차 계약서역시 업계에서 통용되어 인쇄된 표준계약서라는 것을 만들어 계약당사자, 금액부분에 자필서명만 하는 식으로 계약서작성문화에 친숙하지 않다.

건설공사계약에 있어서도 많은 기업체나 공공관서가 업계에 통용되는 표준계약서 양식에 지극히 간단한 수정만을 하여 자필 서명하는 것으로 끝내는 경우가 다반사이다. 계약서 작성이나 검토에 소요되는 인력, 시간, 비용투입이 적어 완성도 높은 계약의 체결을 위한 심도 있는 노력이 결여되는 상황이다.

이처럼 표준계약서에 지나치게 의존함으로써, 계약내용이 가지각색임에도 불구하고 개별적이고 구체적인 상황에 탄력적으로 부응할 수 있는 맞춤형 계약을 체결하는 경우는 드물다.

우리나라 대학내 계약에 관한 전문학과를 개설한 곳도 없다.

법과대학에서는 민법과목에 채권편의 규정에 따라 계약의 의의, 종류, 효과 등 일반이론만 가르치고, 건축공학과 및 토목공학과에서는 계약의 종류정도만 다루고 있는 실정이어서, 다양한 계약의 종류에 따라 합의가 필요한 사항이나 협상방법, 계약서의 내용과 작성방법 등 실제 계약방법에 관한 강좌를 개설한 곳은 거의 없다.

많은 예산이 소요되는 국책사업을 취급하는 국토해양부, 국방부, 경찰청, 검찰청, 대법원, 조달청등 공공기관역시 계약업무를 전담하는 부서와 인력이 부족한 실정이며, 특히 국제통상협약의 체결과 관련하여 정통한 계약, 협상 전문 인력이 상당히 부족하다.

세계 경제 12위로 경제선진국의 대열에 올랐음에도 불구하고 대한민국에는 불합리한 계약 관행이 아직도 뿌리 깊게 남아있다.

지연, 학연, 혈연 등을 중심으로 개인적인 인간관계에 의지하여 계약교섭이 이루어지다보니, 마땅히 서류로 작성해 두어야 할 중요한 계약들도 위반시의 구제수단 등 기본적인 사항조차 명시적으로 합의하지 않은 채 구두계약으로 끝내는 경우가 왕왕 발생하는 것이다. 계약서를 작성하는 경우라도 꼼꼼하게 읽어보려고 하지 않는다. 계약서 문구 자체가 어렵고, 읽어보았자 무슨 소용이 있느냐하면서 그저 서명날인만 하려고 한다. “여기다 도장 찍으면 되지요”, “아무 문제없지요”, “잘 되었지요”, “믿습니다” 라는 말만 하지, 계약내용의 문구, 의미에 대해 읽어보고 질문하거나, 검토하지 않는 습성이 있다. 이것은 나중에 큰 분쟁의 씨앗이 된다.

계약서 하나하나의 문구, 토씨, 의미에 대하여 꼼꼼히 살펴보고, 법무팀에 의뢰하여 검토하고 수정하고 질문을 통해 의미를 명확히 하려는 선진국과는 판이하게 다르다.

나아가 대기업체는 이와 같이 계약서작성이나 검토에 소홀한 습성을 이용하여, 다수와 체결하는 거래약관에 지나치게 길고, 어려운 문구를 사용하거나 상대방의 권리의무관계에 중요한 부분을 은근슬쩍 조그만 글씨로 은닉하여 숨기고 약관을 작성한 대기업체에 일방적으로 유리한 계약을 체결하도록 하는 경우도 있다. 그러나 이런 일이 반복되면 국민들은 대기업 광고, 계약을 불신하게 된다.

계약은 아니지만 요즘 버스, 지하철 내에 게재되는 묻지도 말고 따지지도 않는다는 온라인 보험광고, 전화와 즉시에 5분 내 낮은 이율로 실시간 대출된다는 대부업체광고가 비슷한 경우이다. 좁은 보험보장의 범위나 높은 대부연체이율 등 소비자에게 불리한 정보는 대단히 중요한 사항임에도 불구하고 잘 보이지 않는 장소에 기재하거나 조그만 글씨로 기재하여 소비자의 눈에 잘 띄지 않게 한다. 이러한 불합리한 관행은 국가가 나서서라도 바로잡아줘야 한다.

계약 실무는 변호사시험이나 기술사시험 과목에도 포함되지 않고, 사법연수원에서조차 전문 강좌가 많이 개설되지 못하고 있다. 이처럼 계약의 중요성에 대해 크게 인식하지 못하는 우리의 서글픈 현실로 인하여 거래에 있어 분쟁의 소지가 커지게 되고, 발생한 분쟁도 합리적이고 쉽게 해결되기 어렵게 된다.

분쟁의 공정한 해결 기준과 방식을 미리 반영하여 기재해 둔 계약서가 없으면, 막상 거래와 관련하여 분쟁이 발생하였을 때 사실상 그 거래에 있어서 우월한 협상력을 가진 당사자가 원하는 방향으로 해결이 강제되기 쉽다. 그것은 불리한 타협을 강요당한 상대방에게 불만을 남기는 것이 된다.

협상, 계약문화에 익숙한 미국 등 선진국과의 계약체결에서 계약업무에 익숙하지 않은 우리정부, 업체대표가 당황하게 되는 것이 이 때문이다. 학교입학, 군입대, 취업, 결혼 등 인간의 거의 모든 생활이 계약과 관련되어 있다. 아침에 출근하여 버스, 지하철을 타는 것도 작은 부분이기는 하지만 일종의 운송계약이다.

모든 계약이 계약서의 작성을 필요로 하는 것은 아니고 구두계약도 계약이다. 또 많은 사람들의 머리속에 서면계약은 당사자를 신뢰하지 못하는 경우에만 체결하는 것이라는 인식이 자리 잡고 있다. 그러나 복잡다단한 이해관계가 얽혀 바쁘게 변화하는 오늘날의 세상에서 구두계약은 서면계약만큼 실효성을 담보하기 어렵다. 반드시 상대방을 속이려 하지 않더라도 인식의 차이나 오해로 인하여 서로가 생각하고 의도하는 바가 서로 다른 경우도 있기 때문이다. 예를 들어 상가점포의 인테리어 공사가 지연되어 상가 점포에 진열할 상품을 창고업체에 맡겨둔 경우, 그 창고보관비를 배상하여야 할 손해로 볼 것인가에 관하여 인테리어 공사업체와 공사를 맡긴 상가점포 주인의 생각이 전혀 다를 수 있다. 그러므로 우리의 계약문화는 구체적 상황에 맞추어 작성한 서면계약을 구두계약보다 우선시키고 원칙으로 삼는 형태로 변화해 가야 한다.

한편 재판에서 증언, 진술보다는 서류나 물증이 우월한 증거로 인정받는다.

그러므로 어렸을 때부터 계약의 중요성을 일깨워주는 사회적 분위기를 조성하고 실제사건, 판례에서 나타난 계약상의 다양한 분쟁원인, 사례 등을 수집, 분석하여, 계약 규정 등을 만드는 연습을 시키는 교육과정도 개설하는 것이 좋겠다.

조달청등 국가기관, 변호사협회 등 민간단체에서 계약관련 연구소를 설립하는 것도 좋은 방안이라고 생각한다.

계약은 당사자 대등의 원칙에 의해서 공정하고, 평등하게 체결되어야 한다. 그것이 공정사회, 정의사회라는 시대의 흐름에 부합된다. 그러나, 계약의 실제에 있어서는 발주자와 시공자등 계약당사자간에 소위 “갑과 을” 이라는 지위의 우열이 선명하게 나뉜다. 공공기관, 대형사기업체에서 발주하는 공사계약의 경우 사회적, 경제적 우월적 지위를 이용하여 "을"의 처지에 있는 시공자에게 무리하게 불이익을 감수하도록 하는 조항을 삽입하고 체결을 강요하는 사례가 많다.

하도급, 재하도급의 경우는 더욱 심하게 불공정 거래가 통용되는 현실이다.

이 경우 국가는 어떻게 하여야 하는가. 민법, 계약법의 일반원칙인 사적자치의 원칙에 입각하여 개입하지 말아야 하는가. 아니면 경제적 약자인 "을"의 입장을 고려하여 적극 개입, 부당한 계약내용을 시정토록 하여야 하는 것이 정당한 것일까. 우월적 지위를 남용하는 행위는 공정거래법(Fair Trade Act) 등을 통하여 규제하는 것이 세계적 추세이다. 일방당사자의 우월적 지위남용으로부터 열악한 지위의 경제적 약자를 보호하기 위해서는 사적자치이라는 사법(私法)의 대원칙을 넘어 공법(公法)적 수단으로 이를 규제하여야 한다. 다만 이러한 경우에도 어느 정도 기준을 정해 사적자치의 원칙을 무의미하게 만드는 정도에는 이르지 않도록 유의하여야 할 것이다.

또 외형적으로 우월적 지위남용처럼 보이는 행위가 있더라도 이를 벗어나고자 하는 사업자가 스스로 그 행위의 정당성을 입증할 기회를 주어야 한다. 사업자가 그 행위의 정당성을 입증할 기회를 주지 않고 국가가 일방적으로 우월적 지위남용을 인정하여 과징금, 형벌, 징벌적 손해배상 등 강력한 제재수단을 가하는 것은 바람직하지 않다는 뜻이다. 국가가 우월한 지위에 있는 당사자 즉 "갑"에 대한 규제권을 남용하면, "갑"은 거래에 소극적일 수밖에 없게 될 것이다. 아예 거래를 하지 않고 자체생산을 하거나 외국 사업자들과 거래를 하며 법적위험을 회피하려고 할 수도 있기 때문이다. 이는 오히려 경제적 약자의 거래기회 자체를 축소시키게 된다. 요즘 유행처럼 번지고 있는 대기업·중소기업간 자발적 상생협약을 유도하는 시장친화적인 정책이 필요한 이유이다.

국가는 현실에서 벌어지고 있는 다양한 분야의 계약현황자료를 수집하여 계약이 공정하고 정의에 맞게 이루어지고 있는지 분석하여, 그렇지 않다면 지도, 시정권고, 제재 등을 통해 어떻게, 어느 정도 개입하고 조치할 것인가에 대해 고민을 해야 한다.

우리의 계약문화가 공정하고 정의롭게 바로잡혔으면 하는 것이 필자들의 바람이다.

1.7 국제계약의 이해[1)]

1.7.1 계약의 성립 요건 및 계약서 작성의 의의

1) 계약의 성립과 효력

우리나라 민법상 계약은 청약(offer)과 승낙(acceptance)으로 이루어지는 당사자간의 의사의 합치 또는 합의 (agreement)를 말한다. 즉 계약의 성립요건은 청약과 승낙이다[2)]. 상대방과 협력하여 어떤 목적을 이루고자 하는 일방 당사자가 그와 같은 목적을 계약을 통하여 달성할 것을 상대방에게 제안하는 것이 청약이며, 상대방이 그 청약을 받아들이는 것이 승낙이다. 이처럼 당사자 쌍방이 동일한 목적을 달성하기 위하여 주고받는 청약과 승낙이 합쳐져서 의사의 합치 즉 "계약"을 구성하며, 그 결과물을 서면으로

---

1) 1.7.장은 채정원변호사가 사단법인 한국 플랜트학회 발간 "플랜트저널" 2011년 9월호에 기고한 "국제계약의 이해(국제건설계약을 중심으로)" 전부를 인용한 것이다.

2) 이 점이 계약의 성립에 있어서 대가(consideration)를 필요로 하는 영미법제와 다르다. 즉 우리민법상 아무런 조건 없는 증여의 약속도 일방이 제안(청약)하고 상대방이 받아들이기만(승낙) 하면 계약이 될 수 있지만, 영미법상으로는 대가가 없는 약속이므로 계약으로 인정받지 못한다.

기재한 것이 계약서[3]이다.

계약의 가장 특징적인 효력은, 당사자 사이에서는 마치 법률과도 같은 강제력 즉 소위 "법적 구속력"을 가진다는 점이다. 일단 계약을 체결한 후에는 당사자는 계약 자체 또는 법률에 정한 사유가 없는 한 해지하지 못하며, 계약으로 약속한 의무사항을 이행하지 않을 경우 상대방 당사자에 대하여 손해배상, 강제이행 기타 계약 또는 법률이 정한 책임을 진다. 계약이 법률과 구별되는 점은, 당사자 사이에서만 효력을 발생하는 것이어서 원칙적으로 당해 계약을 체결하지 않은 제3자에게는 효력이 없다는 점이다.

2) 계약서 작성의 의의

앞서 언급한 바와 같이 계약의 성립요건은 "의사의 합치"이며, 계약서는 그와 같이 합치된 의사를 기재한 서면[4]일 뿐, 반드시 이를 작성하지 않더라도 계약은 성립한다. 그러나, 계약서라는 서면을 통하여 계약내용을 기재하여 두는 것은 다음과 같은 의미가 있다.

첫째, 당사자간의 합의 내용을 명확화하여, 계약을 체결한 후 당사자가 이미 합의한 내용을 부인하거나 자의적으로 해석 또는 이의를 제기하는 것을 방지함으로써 분쟁이 발생하는 것을 예방할 수 있다.(분쟁 예방 기능)

둘째, 계약의 일정한 유형과 내용에 관하여는 당사자가 합의를 하지 않더라도 국가가 제정한 법률이 어느 정도 원칙을 정하여 규율을 하고 있기

---

3) 준거법에 따라 다르나 일반적으로 계약서의 작성은 계약의 성립 요건이 아니고, 구두계약도 유효한 계약으로 성립한다. 다만 영미법계의 사기방지법("Statute of Frauds")에 의하면 결혼에 관한 계약, 계약일로부터 1년 이상 걸려서 이행이 완료되는 계약, 토지상 권리에 관한 계약, 유언집행자의 채무이행계약, 보증계약, US $ 5,000 이상의 물품 판매계약 변경계약 등의 경우 계약서면이 없이 소송상 이행을 강제하지 못하도록 하고 있다.

4) 여기서는 지면에 문자화 한 것뿐 아니라 내용을 읽고 이해할 수 있는 부동문자 기타 부동의 표시방법으로 컴퓨터 등의 저장매체를 통하여 작성되고 보관되는 형태를 포함하여 "서면" 또는 "서류"라 지칭하기로 한다.

마련이다. 사적인 계약관계를 규율하는 법률의 규정에는 당사자가 마음대로 그 적용을 배제하거나 부인할 수 없는 이른바 "강행규정"과, 당사자가 적용 여부를 선택할 수 있는 "임의규정"이 있는데,[5] 강행규정보다는 임의규정의 수가 훨씬 많다. 성문법 체계를 갖추고 있는 우리나라의 경우 사적인 계약관계에 관하여도 비교적 상세한 법률 규정을 두고 있으며, 당사자가 단순히 기본적인 사항에 대한 합의만으로 계약을 하는 경우[6], 대금 지급시기, 배송장소, 이행지체, 손해배상의 방법과 액수 등 여타의 사항에 관하여는 모두 민법상의 임의 규정이 적용된다. 그러나 당사자가 임의규정과 다른 내용의 합의를 하여 계약서에 기재하게 되면, 그 기재 내용이 우선하여 적용되며, 그와 다른 내용의 임의규정은 모두 적용이 배제된다.(당사자 자치의 원칙에 따른 임의규정의 배제기능)

셋째, 아무리 상세하게 협상을 하고 의논을 하여 상세한 내용의 계약을 체결하더라도, 계약과 관련한 당사자 간에 분쟁이 발생하는 것을 완전히 막을 수는 없다. 이는 계약을 체결한 당시의 상황과 체결 이후의 상황이 항상 같을 수 없고, 당사자가 계약체결 당시 미래에 발생 또는 변경 가능한 모든 상황을 예견하여 대비하는 것이 사실상 불가능 할 뿐 아니라, 동일한 언어를 사용하여 표현을 하더라도 각 당사자가 그 표현된 언어의 구체적인 내용에 관하여 이해하는 의미가 다를 수 있기 때문이다. 법원 등 분쟁해결기관은 당사자가 체결한 계약의 내용을 알지 못하며, 분쟁에 휘말린 당사자들은 서로 자기가 유리한 방향으로 계약을 체결하였다고 주장할

---

5) 대한민국 민법 제 105조는 "선량한 풍속 기타 사회질서에 관계없는 규정"을 "임의규정"이라 보고 있다. 이 규정을 반대로 해석하면 "선량한 풍속 기타 사회질서에 관계된 규정"이 "강행규정"이 되며, 선량한 풍속 기타 사회질서에 관계된 규정은 당사자가 마음대로 적용을 거부하거나 배제할 수 없는 것이 된다.

6) 예를 들어 책상 10개를 판매하고 대금 100만원을 받기로 하는 내용만으로 서면을 기재하지 않고 구두로 체결한 매매계약, 구두계약의 경우 상세한 합의를 하기가 어렵고, 한다고 하더라도 당사자 쌍방이 모두 동일한 내용으로 기억한다고 보장하기 어려우며, 분쟁이 발생하여 소송 등 해결절차에 들어가는 경우 그 내용을 입증할 방법도 없다.

것이다. 이 경우 상세하고 명확한 내용의 서면 계약서는 당사자가 체결한 계약의 내용과 해석 기준을 제공하고 입증하는 가장 강력한 증거가 된다[7].(분쟁해결의 근거 기능)

1.7.2 계약체결 절차

1) 일반적인 계약 체결 절차

일반적인 계약체결의 절차는 1) 협상으로 시작되어, 2) 의향서(Letter of Intent) /양해각서(Memorandum of Understanding) 등 상호 이해사항에 관한 법적 구속력이 없는 확인서를 주고받은 후, 3) 본 계약(contract)의 초안을 작성하여 검토하고 체결하는 순서를 거친다. 경우에 따라 2)의 단계가 생략되기도 하나, 최종적으로는 해당 거래에 관한 한 당사자들의 합의 내용을 법적인 구속력 또는 강제력을 발휘하도록 기재한 하나의 "계약서"가 존재하는 것이 원칙이다.

(1) 협상

계약을 하고자 하는 당사자는 우선 ① 매매, 플랜트 수출, 프랜차이즈, 라이센스 등 계약을 통하여 달성하고자 하는 목표가 무엇인지를 스스로 명확히 하고, ② 상대방으로 삼고자 하는 당사자가 그와 같은 목표를 달성할 만한 이행 능력이 있는지를 조사한 후, ③ 그 상대방을 접촉하고 협상을 개시하여 계약의 기본조건(계약의 목적, 수량 또는 서비스 제공 방법, 의무의 이행과 대가의 지급 시기 및 방법, 계약기간, 기타 특약사항 - ex. 배타적 권리의무 사항 - 등)에 대한 합의를 도출한다. 협상은 논의된 거래 조건

---

7) 바로 이 때문에 계약서는 계약 내용과 전혀 상관없는 제3자가 보더라도 그 체결 경위와 약정 사항을 쉽게 이해할 수 있도록 명확하고 간결하며 이해하기 쉽게 작성되어야 한다.

을 이행하는데 있어서 강행법규 또는 당사자인 기업의 정책을 위반하거나 당사자의 능력을 초과하는 등 법률적, 현실적 장애가 없는지를 지속적으로 점검하며 계약서를 작성하고 서명 또는 날인으로 체결을 완료할 때까지 계속되는 것이 보통이다.

(2) 의향서 · 양해각서(Letter of Intent · Memorandum of Understanding)

당사자의 합의가 법적구속력을 부여할 정도로 확정적이지 못한 상태에서 당사자 일방의 의사 또는 계획 내지 쌍방의 개략적 협의사항을 본 계약에 앞서 정리해 놓은 법적 구속력이 없는 비망록을, 그 형식에 따라 Letter of Intent(의향서), Memorandum of Understanding(양해각서)이라 부른다[8]. 즉 이와 같은 제목으로 당사자가 기재해 둔 사항들은 계약과 같은 법적 구속력 또는 강제력이 없어서, 당사자가 그 내용을 위반하더라도 제재를 취할 근거가 되지 못한다는 것이 계약과의 결정적인 차이점이다.

① Letter of Intent(LOI ; 의향서) : 서신형태. 내용상 구속력 또는 강제력이 없다는 점에서 양해각서와 동일하고 형식은 서신형식의 계약서와 동일.

② Memorandum of Understanding(MOU) : 형식은 쌍방 당사자의 서명 계약서 형식으로 일반적인 계약서와 동일하고 내용상 구속력 또는 강제력이 없다는 점은 의향서와 동일.

법률상 강제력을 갖지 못함에도 불구하고 위와 같은 서류들을 작성하는 취지 또는 의의는 다음과 같다.

① 복잡한 계약의 주요 사항들을 미리 정리하여 본계약의 목적과 협상의 주요 사항들을 분명히 하고 추후 본 계약 작성을 용이하게 한다.

---

8) 실무상 LOI를 제목으로 하고 MOU의 형식을 쓰는 등 제목과 무관한 형식을 사용하는 경우도 많다.

② 합병계약, 합작투자계약 등 본 계약 체결까지 시간이 많이 걸리는 계약들의 경우 당사자가 협상을 하고 있다는 사실을 공식적으로 확인함으로써 당사자의 본 계약 체결을 위한 노력을 촉진하고 간접적/심리적 구속력을 부여한다.

③ non-disclosure(기밀누설 금지), stand-still(일정 기간 동안 다른 당사자와 동일 문제를 논의하지 않기로 하는 약정) 등 예외적으로 법적 구속력을 부여하는 조항을 둠으로써 협상이 본 계약체결에 이르지 못하고 결렬될 경우라도 손해를 최소화할 수 있다.

여기서 유의할 것은, 실무상 의향서 또는 양해각서, 협정서("Memorandum of Agreement") 기타 "계약서"가 아닌 여하한 제목을 붙인 경우라도, 단순한 계획 내지 개략적 협의사항이 아니라, 사실상 "법적 구속력" 또는 "강제력"을 부여한 내용을 기재하는 경우가 종종 있다는 점이다. 따라서 서면의 제목이 무엇인가는 중요하지 않고, 그 내용이 당사자에 대하여 강제력을 가진 것이면 적어도 그 기재 부분에 관한 한 계약서가 된다[9]. 당사자들은 바로 이런 점을 이용하여 Non-disclosure Clause(기밀유지 조항)등 법적 구속력 있는 조항을 의도적으로 의향서 또는 양해각서 등에 집어넣기도 한다. 그러나 의향서 또는 양해각서가 기밀유지 등 특별한 목적을 위하여 의도적으로 일부 조항에 구속력을 부여하는 경우를 넘어 사실상 그 전체 또는 대부분이 계약으로 해석되는 경우, 동일한 사항에 관하여 다시 본 계약을 체결하게 되면 하나의 목표를 가진 당사자 사이에 "단일한" 계약이 아니라 복수의 계약이 존재하게 되므로 본 계약과의 관계가 문제되며, 특히 그 기재 내용이 서로 모순되는 경우 분쟁의 소지가 발생한다. 따라서 특별한 이유

9) 예를 들어 양해각서라는 제목으로 되어 있더라도 "A는 B에게 책상 10개를 판매하고, B는 100만원을 지급한다"는 기재가 있으면, A나 B가 책상 판매 또는 100만원 지급을 하지 않을 경우 상대방이 그 이행을 구하는 소송을 제기하여 강제집행을 할 수 있으므로, 이 부분은 "양해각서"가 아니라 "계약서"로 보아야 한다.

가 없는 한 의향서 또는 양해각서라는 제목을 사용하면서 사실상 강제력을 가지는 내용의 "계약"을 체결하는 일은 피하는 것이 좋다. 더욱이 당사자가 의도한 바와 달리 표현방식의 오류로 인하여[10)]당사자가 원하지 않는 구속력이 부여되는 위험을 피하려면, 문법률상 강제력이 없는 것처럼 보이는 서류라도 서의 제목에 연연하지 말고 법률전문가의 검토를 받는 것이 안전할 것이다.

(3) 계약서 초안 작성 및 검토와 체결

일정한 목표에 관한 협상이 개시되고 의향서나 양해각서 등을 통하여 당사자의 협의내용을 확인/선언하는 단계를 거쳐 당사자의 의도가 구체적으로 일치되는 합의에 도달하면, 그 합의를 서면에 기재함으로써 확정적인 법적 구속력을 부여하기 위하여 계약서를 작성한다. 이 때 계약서에 기재될 합의 사항에는 물건의 인도, 건설, 대금 지급 등 계약의 주된 목표 달성을 위한 상업적 의무들 이외에도 계약위반에 대한 구제수단, 준거법, 관할 등 법률적 안전장치로서의 의미가 강한 사항들도 포함된다. 계약서 초안이 완성되면 합의한 사항의 제대로 들어갔는지 당사자 쌍방이 각각 내용을 검토, 수정 한 후 각 당사자 또는 그 대표자나 대리인이 날자를 기재하고 서명, 날인함으로써 계약체결을 완료한다.

2) 건설계약/EPC (Turnkey) 계약의 체결 절차

좁은 의미의 건설계약을 포함하는 EPC 계약[11)](Engineering, Procurement,

---

10) 예를 들어 같은 문장이라도 영문 shall, will, be obliged to 등을 사용하게 되면 구속력을 부여하는 조항으로 해석된다. "Party A intends to provide Party B with the feasibility study report…"는 법적구속력이 없어서 이행하지 않더라도 법적 책임이 문제되지 않지만, "Party A shall provide Party B with the feasibility study report…"라고 하면 구속력을 가지고 그 이행이 강제된다.

11) 시공자가 공사 설계와 필요한 물자의 조달을 하여 건설을 하는 것을 목적으로 하는

and Construction Contract ; 편의상 이하에서는 EPC 계약과 건설계약을 통칭하여 "건설계약"이라고 한다.) 은 그 규모가 크고 합의 내용이 복잡하기 때문에, 일반적인 계약의 체결방식과는 달리 입찰을 통한 공개경쟁을 거치는 경우가 대부분이다[12]. 입찰방식으로 계약을 체결하는 경우에는 발주자와 낙찰 시공업자 사이에 입찰 공고시점으로부터 본 계약을 체결하기 전까지 입찰설명서, 현장 설명, 견적서, 입찰보증서, 낙찰 후 발주자가 낙찰자에게 발행하는 의향서(Letter of Intent) 등 긴 절차를 거쳐 수많은 서류를 주고받게 된다. 따라서 본 계약을 체결할 시점에 가면 이 모든 방대한 서류들을 하나의 계약서에 전부 모순 없이 기재하여 담기가 대단히 복잡하고 번거로운 작업이 된다.

한편, 건설실무자와 전문가들은, 공사의 규모와 건설목적물이 다양한 반면, 대부분의 건설공사가 당사자, 자재조달 및 공사수행, 하자 등에 있어서 전체적으로 유사한 구조와 내용을 가지고 유사한 방법으로 진행되며 유사한 유형의 문제를 발생시킨다는 사실을 알게 되었다. 이 때문에 건설업계에서는 건설계약에 특유한 체결 방식을 생각해 내게 되었다.

그 첫번째는 협상의 개시 또는 입찰공고 시점부터 당사자가 합의 사항을 기재하여 주고 받은 모든 서류를 모아 하나의 건설계약을 구성하도록 하는 것이다. 즉, 복수의 서류로서 하나의 계약을 구성하는 것이다[13].

계약으로, 일반적인 건설공사계약에 설계 및 조달계약이 혼합된 형태이다. 흔히 "EPC"계약 과 "Turnkey"형 계약을 혼용하여 사용하는데, "Turnkey"는 설계부터 건설까지를 일괄하여 발주하는 Project를 일컫는 말로 발주자 입장에서 바라본 개념이고 "EPC"는 설계, 조달, 건설 등 시공자가 이행하여야 할 의무를 단계별로 구별하여 일컫는 말로 시공자의 입장에서 바라본 개념으로 내용상 차이는 없다.

12) 공개경쟁입찰은 보통 입찰공고→입찰안내서(Instructions to Bidder ; ITB)교부→입찰→평가→낙찰→의향서(Letter of Intent ; LOI) 교부→본 계약 체결의 절차를 거친다. 입찰 공고는 일반적인 계약의 청약에 해당하며, 낙찰은 승낙에 해당하는 셈이어서 법률상으로는 낙찰로 계약은 성립한다. 다만 본 계약서를 작성하고 체결함으로써 계약의 성립과 존재가 명백해지는 것이다.

13) 물론 다른 계약들의 경우와 마찬가지로 하나의 서류에 계약의 내용을 전부 기재하여 하나의 서면으로 계약서를 작성하는 경우도 있다.

그 두번째는 "표준계약서[14)]" 또는 "표준약관"이라고 부르는, 일반적인 공사에 두루 적용될 수 있는 계약서식을 건설 관련 정부기관 및 단체에서 만들고, 당사자들은 이와 같은 계약서식 중 하나를 선택하여 실제 진행 중인 공사계약에 여과 없이 사용하는 것이다. 이처럼 당사자가 자신들의 계약으로 반영한 표준서식을 건설계약의 "일반조건"이라고 부른다. 이렇게 해서 "일반조건"은 협상개시 또는 입찰공고 시점부터 당사자가 주고받은 합의사항이 기재된 서류들과 함께 계약의 중요한 일부를 이루는 서류가 된다. 그런데 "일반조건"은 모든 유형의 건설계약에 있어서 공통적으로 문제 될 수 있는 사항들을 총망라하고 있는 반면, 그야말로 보편적이고 일반적인 내용들만은 담고 있으므로, 실제 진행 중인 건설계약의 특수한 내용 또는 당사자의 의사와 구체적인 상황에서 잘 맞지 않거나 언급이 없는 부분도 있을 수 있다. 따라서 당사자들은 구체적인 거래 상황에 따라 "일반조건"의 내용과 다른 합의 사항이 있거나 보충하여야 할 내용이 있으면 이를 다시 "특별조건"이라는 명칭의 별도 서류로 만들어서 계약을 이루는 서류에 포함시킨다.

그 세번째는, 도면, 시방서, 일반조건과 특별조건 등 비교적 긴 시간에 걸쳐 작성된 복수의 서류가 하나의 계약을 구성하는 이유로, 어떤 서류가 계약을 구성하는지, 그리고 각 서류가 내용상 서로 충돌하거나 모순이 발생하는 경우 그 적용 및 효력에 있어서 우선 순위를 서면으로 분명히 기재해 두는 것이다. 그리하여 당사자들은 "합의서"("Agreement")라는 제목하에, 일종의 지침서와 같은 계약서류를 작성하고, 그 합의서에 계약을 구성하는 모든 서류들을 특정하여 나열하면서 각 서류의 우선순위를 정하여 기재한다. 이때 계약 서류간의 순위는 "합의서"를 최우선으로 하여 보다 구체적이고 특별한 것이 보다 대략적이고 일반적인 것에 우선하도록 하는 것

14) 건설산업기본법에 따라 국토해양부 장관이 고시하는 "건축공사 표준계약서", 국제기술사협회(FIDIC)의 "계약조건(Conditions of Contract)"도 이 중 하나이다.

이 원칙이다. 이에 따라 합의서-시방서-도면-특별조건-일반조건과 같은 순서로 효력 순위가 결전된다. 건설계약을 구성하는 복수서류의 편철 순서도 위 서류간의 우선순위에 따르는 것이 편리할 것이다.

3) 합의서의 형식

복수서류로 구성된 건설계약서의 최우선 효력순위를 가지며 복수의 서류가 하나의 계약을 이룬다는 점을 명시하는 합의서는 일반적으로 다음과 같은 형태를 가진다.

Agreement

This Agreement is made on this ( ) day of ( ), by and between (*name of the Employer*), organized and operating under the laws of Philippines, and having its registered office at (*address*) (hereinafter "Employer"), and (*name of the Contractor*), organized and operating under the laws of Republic of Korea, and having its registered office at (*address*).

WHEREAS, the Employer wishes to have a iron manufacturing facility (hereinafter "Facility") to known as (*name of the Facility*) at (*place of the Facility*) and to this end wishes to retain the Contractor to supply equipments and materials to Employer, to design and to execute and complete the Works for the Facility,

WHEREAS, the Contractor is willing to supply such equipment and materials and render services for the Facility,

NOW, THEREFORE, in consideration of terms and conditions contained herein, the parties hereto agree as follows :

Article 1. The following documents shall constitute the Contract between the Employer and the Contractor and the term "Contract" shall in all documents be construed accordingly :

(a) This Agreement ;

(b) Letter of Acceptance ;

(c) Technical Specifications ;

(d) Drawings ;

(e) Work Schedule ;

(f) Special Conditions of Contract

(g) General Conditions of Contract[15)] and,

(h) Instruction to Bidders

(i) The Scope of work

Article 2. The documents listed in the Article 1 above are complementary and mutually explanatory of one another, but in the event of any conflict precedence shall be taken in the order listed in the Article 1 above.

Article 3. The Contract as hereinbefore defined constitutes a full statement of the contractual rights and liabilities of the Employer and the Contractor in relation to the Works and no negotiations between the parties nor any documents agreed or signed by the prior to the date of the Contract in relation to the Works shall hereinafter be of any contractual effect.

Article 4. The contractor here by covenants with the Employer to execute, complete and maintain the Works in conformity in all respects with the provisions of the Contract.

15) FIDIC "계약 일반조건" (Conditions of Contract)등을 사용한다.

Article 5. The Employer covenants to pay the Contractor the Contract Price at the time and in the manner prescribed by the Contract.

IN WITNESS WHEREOF the parties hereto have caused their respective Common Seals to be hereunto affixed on the date first above written.

Employer :	Contractor :
Company Name	Company Name
By ____Signature____	By ____Signature____
Name ( )	Name ( )
Title ( )	Title ( )

1.7.3 계약서의 형식과 내용

1) 일반적인 계약서의 형식

계약에 포함되어야 할 내용과 형식 및 구성서류는 체결하고자 하는 계약이 구체적으로 어떤 거래를 위한 것인가에 따라 다양하며, 당사자자치의 원칙이 지배하는 당사자 사이의 자유로운 약속인 만큼 꼭 서면으로 작성하여야 하는 것도 아니고 법률상 강제되는 형식이 있는 것도 아니다. 그러나 당사자가 목적하는 거래 자체에 관한 제 각각의 상세규정 부분을 제외하면, 대부분의 계약서는 보통 아래에서 보는 바와 같은 형태로 작성된다[16].

16) 다양한 계약유형에 따른 규정을 두고 있는 성문법 체계의 특성과 냉정하게 따지는 것을 섭섭하게 생각하여 상세한 내용의 계약의 체결을 꺼리는 법문화적 특성상, 우리나라에는 아직 일반적이고 정치한 계약서의 형식이 정립되어 있지 않은 것 같다. 나아가 국제계약은 대부분 영문으로 체결되므로, 여기서는 계약형식이 발달한 영미법계의 서식을 기본으로 살펴본다.

[일반형식]

표제

Construction and Engineering Service Agreement

서두

This Construction and EngineeringService Agreement (the "Agreement') is made and entered into this (   )th day of July 2010 by and between (Party A) and (Party B)…

전문

RECITALS:
Party A desires to erect hydro electronic power generation plants mentioned in Article 1 below (the "Projects") and is seeking for a corporation who may provide Party A with construction and engineering service to build and construct the Projects.
Party B, with ability to provide construction and engineering service for the Projects, desires to participate in the Projects.

본문

NOW, THEREFORE, both parties agree as follows;
Article 1 [Definition]
Article 2 [Responsibilities of the Parties]
Article 3 [Payment and Tax]
Article 4 [Terms and Termination]
Article 5 [Applicable Law and Settlement of Disputes]
…
Attachment: Details of Work Scope of Party B

말미

IN WITNESS WHEREOF, this Agreement was made and signed by the representatives of both parties as bellows:

Signed for and on behalf of Party A	Signed for and on behalf of Party B
By (signature) (seal)	By (signature) (seal)
Name	Name
Title	Title

[Offer Letter 형식]

LETTERHEAD

ADDRESS :
ATTENTION :

DATE

RE : Construction and Engineering Sevice Agreement

Dear Monsieur,

We are pleased to extend an offer you our service of construction and engineering for the Project (as detailed hereinbelow).
This offer is subject to the following terms and conditions :
1.
2.
...
Pleased express your acceptance of the terms and conditions written above by dating, singing, and returning a copy of this letter to us by(date).

Sincerely yours,
Party A
By (signature) (seal)
Name
Title

Accepted this ( ) day of (month), (year)
Party B
By (signature) (seal)
Name
Title

2) 계약서의 구성내용

(1) 표제와 서두

표제란 계약서의 제목을 말하고, 그 아래 당사자의 명칭 또는 이름, 주소, 계약체결 일자를 기재한 부분이 서두 부분이다.

(2) 전문

영미법계의 계약실무상 "Premises(전문)"이라고 하는 부분은 계약 체결의 경위와 목적을 간단히 설명하여 분쟁이 발생한 경우 중재인이나 법원 등 제3자가 보더라도 계약 체결에 관한 당사자의 의사를 쉽게 파악하도록 한 부분이다. 따라서 이 부분은 제3자라도 계약의 제목만보면 바로 어떤 계약인지 알 수 있고 체결 경위나 목적이 특별한 것이 없는 경우[17]에는 굳이 필요가 없고, 그와 같은 설명이 없으면 무슨 목적으로 왜 계약을 체결하였는지 알기 어려운 경우에만 기재하면 족하다. 우리나라에서 작성하는 국문계약에서는 전문부분을 흔히 제1조에 "목적"이라는 제목으로 기재하기도 하나, 계약상 구체적인 권리의무를 기재하는 부분이 아니므로 본문 계약조항의 하나로 나열하는 것보다는 본문에서 독립시켜 계약서 첫머리에 서두부분으로 기재하는 영미법계의 서식이 나아 보인다.

(3) 본문 실질조항

당사자의 권리와 의무를 상술한 부분을 본문이라 하며, 그 중 바로 당해 계약이 달성하고자 하는 계약의 특유한 목적에 관하여 상술한 부분을 실질조항이라고도 부른다. 그 내용은 각 계약에 따라 천차만별로 다양하므로 모든 계약에 적용되는 일반론으로 다룰 수는 없고 각 계약 유형별로 살펴

---

17) 예를 들어 주책임대차계약은 대부분 목적이나 경위를 특별히 설명할 필요가 없을 것이다.

보아야 한다. 여기서는 건설계약의 본문 실질조항만을 보기로 한다.

앞서 본 바와 같이 건설계약은 다수의 서류로 구성되어 있는 것이 보통이어서 "본문" 부분도 다수의 서류에 분산되어 있다. 건설계약을 구성하는 일반조건이나 특별조건 기타 서류들에 기재하는 것으로 본문 실질조항에 해당하는 주요사항들은 다음과 같다.

a) 용어의 정의와 해석(Definitions and Interpretation) : 계약상 일반적인 보통명사와 구별되도록 사용할 필요가 있거나 긴 용어를 거듭, 반복하여 사용하여야 하는 등 계약서 내에서 독자적인 의미를 가지고 있는 용어들을 정의하고 설명하는 조항이다.

b) 공사의 범위(Scope of Work) : 시공자가 수행하여야 할 공사의 범위를 규정하는 조항이다. 보통 "Scope of Work"라는 제목 하에 별도의 서류로 첨부한다.

c) 시공기술(Workmanship) : 공사 실행은 계약서, 특히 시방서에 정한 방법에 따르고 그밖에는 당해 업계에서 일반적으로 승인된 관행이나 기술수준을 따르도록 명시한다.

d) 일반적 의무(General Obligation) : 시공사의 공사수행, 자재 및 노동력 공급, 계약이행보증서 제출, 공사감독의 지시 순응 및 공정계획표 제출, 공사관리 책임, 공사중 손해 배상, 보험 가입 등 시공자의 의무사항들을 규정한다.

e) 착공과 지연(Commencement Time and Delays) : 신속한 착공 및 공사 수행 의무, 지연시 공기지연 여부, 지체배상금의 지급 등에 관하여 규정한다.

f) 유지 및 하자(Maintenance and Defects) : 하자보수 기간(maintenance period ; 통상 준공증명서 발급 후 1년), 시공자의 하자보수 및 비용부담의무, 하자보수 의무 불이행시 발주자의 직접 보수와 시공자에 대한 비용청구 등을 규정한다.

g) 변경, 추가, 생략(Alteration, Additions and Omissions) : 공사형태, 품질 또는 수량의 변경과 이로 인한 비용 부담에 관한 규정이다.

h) 계약금액에 관한 조항(Contract Price) : 총액계약(Lump-sum Contract), 단가계약(Unit Price)과 실비정산계약(Cost-Plus-Fee Contract) 등 계약금액 산정방식과 현금지급 또는 연불지급(deferred payment)[18] 등 지급 방법, 현금지급의 경우 선수금(advanced payment) 또는 착수금(mobilization payment), 기성고(progress payment)등의 지급 시기 등을 규정한다.

i) 위험과 보험(Risks and Insurance) : 당사자의 책임 없는 사유로 건설 목적물이 멸실, 훼손되는 경우 또는 제3자에게 손해를 가한 경우 당사자의 위험부담과 보험에 관한 규정이다. Full turnkey 방식의 경우 보통 시공자가 준공시까지의 위험을 부담하고 보험에 가입한다.

j) 발주자의 의무와 계약위반(Default of Employer) : 발주자의 시공자에 대한 공사현장 제공 의무, 인허가 등 발주자의 의무와 발주자의 책임 있는 사유로 계약의 이행에 문제가 생긴 경우 시공자의 권리와 책임 면제 등에 관하여 규정한다.

k) 준공(Construction Completion) : 공사의 실질적 완료(substantial completion) → 시운전(commissioning) → 성능시험(test) → 임시인수 (provisional acceptance) → 최종인수 (final acceptance)의 단계별 완공 절차를 규정한다.

l) 준공증명서(Certificate of Completion) 또는 임시인수증명서(Provisional Acceptance Certificate) : 공사의 실질적 완료 후에 발주자가 발급하는 준공증명서 또는 임시인수증명서에 관한 규정이다. 준공증명서에는 하자보수 기간 중에 완료하여야 할 잔여공사의 목록(Punch List)

---

18) 시공자가 일정 시점에 기성의 일부를 대출로 전환하여 발주자로부터 분할상환을 받는 방식이다.

이 기재된다.

m) 지체상금(Liquidated Damages) : 시공자가 준공 시기를 지키지 못한 경우 배상하여야 할 손해액을 예정하는 규정이다.

n) 하자보수증명서(Maintenance Certificates) : 시공자의 하자보수 완료시 발주자가 발급하는 하자보수증명서 또는 최종인수증명서(Final Acceptance Certificate)에 관한 규정이다.

o) 감리자(Engineer) : 발주자를 대리하는 시공 감독자인 감리자의 도면 검사권한, 준공증명서와 하자보수증명서 등 증명서 발급권한 등을 규정한다.

(4) 본문 관리조항(House Keeping Clauses)

본문 중 당해 계약이 달성하고자 하는 특유한 목적에만 관련된 것이 아니라 계약기간, 계약의 수정 및 변경, 분쟁해결 방법과 절차, 준거법과 관할 등 모든 계약을 체결하는 당사자들이 고려하여야 할 일반적인 규정을 "관리조항"이라고 한다. 일반적으로 모든 계약에서 대동소이하게 사용하는 다음과 같은 조항들이 있으며, 구체적인 계약에 따라 필요하다고 판단되는 규정들을 골라서 기재하면 된다.

a) 계약 기간(Term of Agreement) : 계약의 효력기간을 규정한다. 계약의 효력기간이 만료되더라도 자동으로 갱신되도록 하는 규정[19]을 함께 두기도 한다.

b) 계약의 해지 또는 해제(Termination) : 계약이 어떤 이유로 누구에 의하여 어떤 방법으로 해지 또는 해제될 수 있는지를 규정한다[20].

---

19) "This Agreement shall automatically be renewed from year to year, unless either party gives the other party 30 day prior written notice of intention not to extend the Agreement."

20) 법률상 "해지"란 임대차 등 계속적 거래관계를 중도에 중단시키는 것으로 과거 이행된 부분에 관하여 소급효를 가지지 않는 것을 말하며, "해제"란 매매계약 등 일시에

c) 계약위반과 구제(Events of Default) : 당사자 일방의 계약상 의무 불이행이 있는 경우 그 상대방에 대한 구제수단은, 법원의 개입을 필요로 하지 않고 당해 계약을 해지(rescission)하거나, 법원에 대하여 상대방의 의무 이행을 강제하여 줄 것을 청구하는 이행청구권(specific performance), 금전으로 손해의 보전을 해 줄 것을 청구하는 손해배상(damages) 등이 있다. 계약해지권과 손해배상 청구는 양쪽을 모두 행사하거나 선택할 수 있고, 이행청구권과 손해배상 청구권도 양쪽을 모두 행사하거나 선택할 수 있다. 그러나 계약해지권과 이행청구권은 하나를 선택할 수 있을 뿐 모두 행사할 수는 없다. 이행청구는 계약의 존재를 전제로 하기 때문이다.

d) 불가항력(Force Majeure) : 당사자가 통제 불가능한 상황으로 인하여 부득이 계약상 의무를 이행하지 못하게 된 경우 그 불이행 책임을 면할 수 있도록 하는 규정이다.

e) 양도(Assignment) : 상대방의 서면 동의 없이 계약 또는 계약상의 권리 양도를 금지한다는 규정이다. 그러나 건설계약의 경우 시공자가 담보를 위하여 은행 등 금융기관에 공사대금 채권을 지급보증과 함께 양도하는 것은 명시적으로 허용하는 경우가 많다.

f) 통지(Notice) : 당사자가 계약과 관련한 통지들을 받을 주소와 통지의 효력발생 시기, 방법 등을 규정한다.

g) 완전합의(Entire Agreement) : 당해 계약의 목적사항에 관한 한 당해 계약이 유일하고 완전한 약정이고, 그 외의 약정은 효력이 없다는 규정이다[21].

끝난 거래관계를 없던 것으로 하고 과거 이행된 부분까지 이행 전의 상태로 되돌려 원상회복시키는 것을 말한다.

21) "This AGREEMENT constitutes the entire and only agreement between the parties hereto with respect to the subject matter hereof, and supersedes, cancels and annuls all prior or contemporaneous negotiations or communications."

h) 수정 및 변경(Amendments) : 계약의 수정 또는 변경은 당사자 쌍방의 서면 합의로만 가능한 것으로 규정한다.

i) 포기(Waiver) : 계약상 어떤 권리를 행사하지 않는다고 해서 권리의 포기를 의미하는 것이 아니라는 규정이다[22].

j) 분리(Severability) : 계약의 일부 조항이 무효 또는 이행 불능이 되더라도 다른 조항은 영향을 받지 않는다는 규정이다[23].

k) 준거법(Governing Law) : 계약을 해석하는 기준이 될 법률을 정하는 규정. 특히 당사자의 소재지나 거래지 등이 각각 다른 국제계약에서 중요한 의미를 가진다.

l) 분쟁해결(Settlement of Disputes)/관할(Jurisdiction) : 계약으로 인하여 발생하는 분쟁을 어디에서 (관할) 어떤 방법으로 (중재/조정/소송 등) 해결할 것인가에 관한 규정이다. 국제계약에서 중요한 의미를 가진다.

(5) 말미문언 및 서명란

계약서 끝부분에 적법하게 계약을 체결한다는 취지를 기재하고("말미문언") 당사자 쌍방이 각자 서명, 날인한다.

---

22) "The failure to exercise or enforce any right conferredupon any of the parties hereto hereunder shall not be deemed to be a waiver of any such right, or shall not operate to bar the exercise or enforcement thereof on any other occasion."

23) "If any provision hereof is subsequently held invalid or unenforceable by any court, such invalidity or unenforceability shall in no way affect the validity or enforceability of any other provisions thereof."

1.7.4 맺음말 ; 해외 플랜트 건설사업 등에서의 응용

해외에서 EPC 방식으로 플랜트(산업설비) 전체를 시공하는 대규모 플랜트사업은 시공자가 복수인 경우가 많을 뿐 아니라 해당국 정부, 발주자, 하도급업체, 자금조달을 위한 금융기관 등 다양한 이해관계자가 참여하게 되므로, 발주자와 시공자 간의 EPC 계약 외에도 이들 각 이해관계자들 사이에 다수의 계약을 체결하게 된다. 복수의 시공자는 컨소시엄 계약(Consortium Agreement)을 체결하여 기업연합을 구성하기도 하고, 합작투자계약(Joint Venture Agreement)를 체결하여 현지 사업수행의 주체가 될 특별목적회사(Special Purpose Company)를 설립하기도 한다. 하도급업체는 시공자와 하도급계약(Sub Contract)를 체결하며, 금융기관과 발주자 또는 시공자는 금융조달계약(Financing Agreement)을 체결한다. 해당국 정부는 발주자가 아닌 경우에도 대규모 민간투자 사업의 주도권이나 건설 인허가권 등을 가지고 있는 관계로, 본 계약을 체결함이 없이 발주자나 시공자와의 우호적인 협력 관계를 확인하기 위한 양해각서(MOU) 등을 체결하기도 한다. 이처럼 다양한 당사자가 체결하는 수많은 계약들은 각 당사자가 당해 계약에 있어서 의도하는 목적과 구체적으로 이행하고자 하는 바를 분명히 하여 본문 실질조항으로 규정하고 나면, 나머지 부분은 일반적인 형식에 따라 변형하여 완성할 수 있다.

제2장 건설공사 계약유형 분석

2.1 건설사업 입찰방식

2.2.1 입찰방식

1) 공개경쟁입찰

입찰에 참가하는 모든 자에게 기회를 균등하게 제공하는 방법으로서 신문, 관보, 국가종합전자조달시스템 등을 통하여 공개적으로 입찰을 공고 또는 게시하고 응찰자로 하여금 입찰가격을 써내도록 하여 낙찰자를 선정하는 방법이다. 이때에 게시되는 내용에는 공사금액, 공사의 종류, 입찰참가자격 등의 정보를 제공하여야 하며 호혜평등의 원칙에 의거하여 입찰에 참여 시킨다. 많은 업체들을 입찰에 참여하여 경쟁하도록 함으로써 담합의 우려가 적고 공사비를 절감할 수 있으나, 수주를 위한 무리한 가격경쟁으로 덤핑계약이 될 소지가 크고, 가격을 낙찰기준으로 하다 보니 시공능력이 부족한 업체가 선정되어 부실공사를 할 소지도 크다. 수준이 떨어지는 업체가 선정되는 경우 공사추진 과정에서 발주자와의 불협화음이 예상되는 등 여러 장단점을 내포하고 있다.

2) 지명경쟁입찰

해당공사 실적 및 기술력 등을 고려하여 역량이 있는 몇 개의 업체를 지명하여 입찰에 참여시키는 방법이다. 발주자가 신뢰도가 높은 업체를 선정하여 경쟁을 시키는 방법이므로 공사의 품질면에서 높은 수준을 기대할 수 있으나, 발주자의 구미에 맞는 업체를 미리 지명하여 입찰에 참가 시킨다는 측면에서 불평등 입찰이 될 수 있는 여지가 있다. 또한 입찰 참가자로 지명된 업체들이 다른 참가업체들을 미리 파악 할 수 있으므로 담합의 소지도 충분하다.

3) 특명입찰

수의계약이라고도 하며 발주자가 신용, 자산, 공사경력, 보유기술 등을 고려하여 그 공사에 가장 적합한 업체를 지명하여 견적서를 제출하도록 하고 계약을 체결하는 방법으로서 공개경쟁을 거치지 아니하므로 부조리가 발생할 소지가 있다. 지명된 업체가 시공실적, 기술력 등에서 타 업체보다 확연한 우위에 서지 못하는 경우에는 타업체들로부터 반발이 있을 수도 있다. 그러나 경쟁입찰에서와 같이 수주를 위하여 무리한 가격을 하지 아니하므로 높은 시공 품질의 양질의 공사를 기대할 수 있고, 입찰 공고 절차가 없으므로 국가 안보 및 중요 공사의 기밀 유지에 유리하다. 그러나 가격경쟁을 거치지 아니하여 타업체와 공사비를 비교해 볼 수 있는 기회가 없으므로 공사비가 상승 할 수 있는 계약방식이다.

4) 입찰관련제도

(1) 사전자격심사(pre-qualification)

입찰시 참여자의 시공실적, 시공조직, 기술능력, 경영상태 등을 사전에 심사, 평가하여 입찰 참가자격을 부여하는 방식으로 업체를 선정하는 방식이다. 사전에 자격을 심사하므로 불량업체를 미리 제외시킬 수 있고 적합한 업체를 선정할 수 있다. 부실공사를 막기 위해 도입됐으며 교량, 공항,

철도, 지하철, 항만 등 22개 주요 공사는 반드시 이 과정을 거쳐 낙찰자를 선정하도록 돼 있다.

사전에 역량있는 업체를 선정한다는 장점이 있을 수 있겠으나 실적을 기준으로 자격을 심사하므로 신생업체의 발굴, 진출에 제약이 될 수 있다. 또 사전자격 심사조건 등이 합리적이지 못하면 선정되지 못한 업체들에게 논쟁거리를 제공할 수도 있다.

(2) 부대입찰

정부나 공공기관이 발주하는 건설공사에 응찰할 때 반드시 중소하도업체에 계약할 하도급 내용을 함께 기재토록 하는 제도이다.

공공기관이 발주하는 공사의 원도급업체가 중소건설업체에게 합리적인 금액으로 하도급 계약을 하도록 하여 도급자가 발주자와 계약한 이후에 하도급자에게 터무니없이 낮은 금액에 계약을 하지 못하도록 하여 중소건설하도업체를 보호하기 위한 것이다. 합리적인 계약금액을 하도급업체에게 보장함으로 인하여 하도급업체의 이윤확보 및 품질향상을 기할 수 있는 제도이기도 하다. 국가를 당사자로 하는 계약에 관한 법률 시행령 제19조는 원도급업체가 하도급업체와 계약하는 내용을 발주자에게 통보하도록 하고 있다.

(3) 대안입찰

입찰시 기존안의 대안을 제시하여야 하는 입찰제도로서 정부시설공사 입찰에 있어서 입찰자가 내놓은 안이 정부가 당초 설계한 안보다 공사비용이 적게 들고 공기가 단축되는 등 같은 공사를 기능 및 효과 면에서 더 효율적으로 할 수 있을 경우 시행된다. 대안입찰 여부는 입찰공고시에 공고하며, 국토해양부 설계심사위원회에서 대안심사를 한다. 현행 정부시설공사의 낙찰은 직접공사비 이상의 가격을 써 낸 입찰자 중 최저가를 택하고 있으나, 대안입찰을 할 경우 직접공사비 이하에서도 낙찰될 여지가 생긴다.

(4) 내역입찰

입찰시에 입찰서와 함께 입찰금액의 산출내역서(현장설명시에 배부된 물량내역서에 단가를 기재하여 입찰금액을 산정한 서류)를 제출하도록 하는 방법이다. 이 계약방법은 물량의 증감에 따라 정해진 단가에 수량만을 변경하므로 설계변경이 용이하고 항목에 대한 정확한 단가를 산출할 수 있다는 장점이 있다. 이와 대비되는 계약방법은 총액입찰인데, 총액입찰은 내역을 제출하지 않고 총공사금액만을 제출하도록 하고 낙찰자를 선정하는 방식이다.

대상 공사는 추정가격 100억 원 이상이며 건설업체의 입찰금액 견적능력을 향상시키고, 나아가 효율적인 시공방식 활용 곤란 등의 문제점을 해소하는데 그 목적이 있다. 운영방법에는 첫째, 물량내역 고정입찰이 있는데 이는 발주기관이 작성·배부하는 물량내역서에 입찰참가자가 단가를 기재한 산출내역서를 제출하는 것을 말한다. 둘째, 물량내역 수정입찰은 발주기관이 교부하는 물량내역서를 입찰참가자가 수정하여 단가를 기재한 산출내역서를 제출하는 것이다. 셋째, 순수내역입찰은 발주기관이 물량내역서를 배부하지 않고 입찰참가자가 설계서 범위 내에서 직접 물량을 산출하여 산출내역서를 작성토록 하는 제도이다.

2.2 입찰 절차

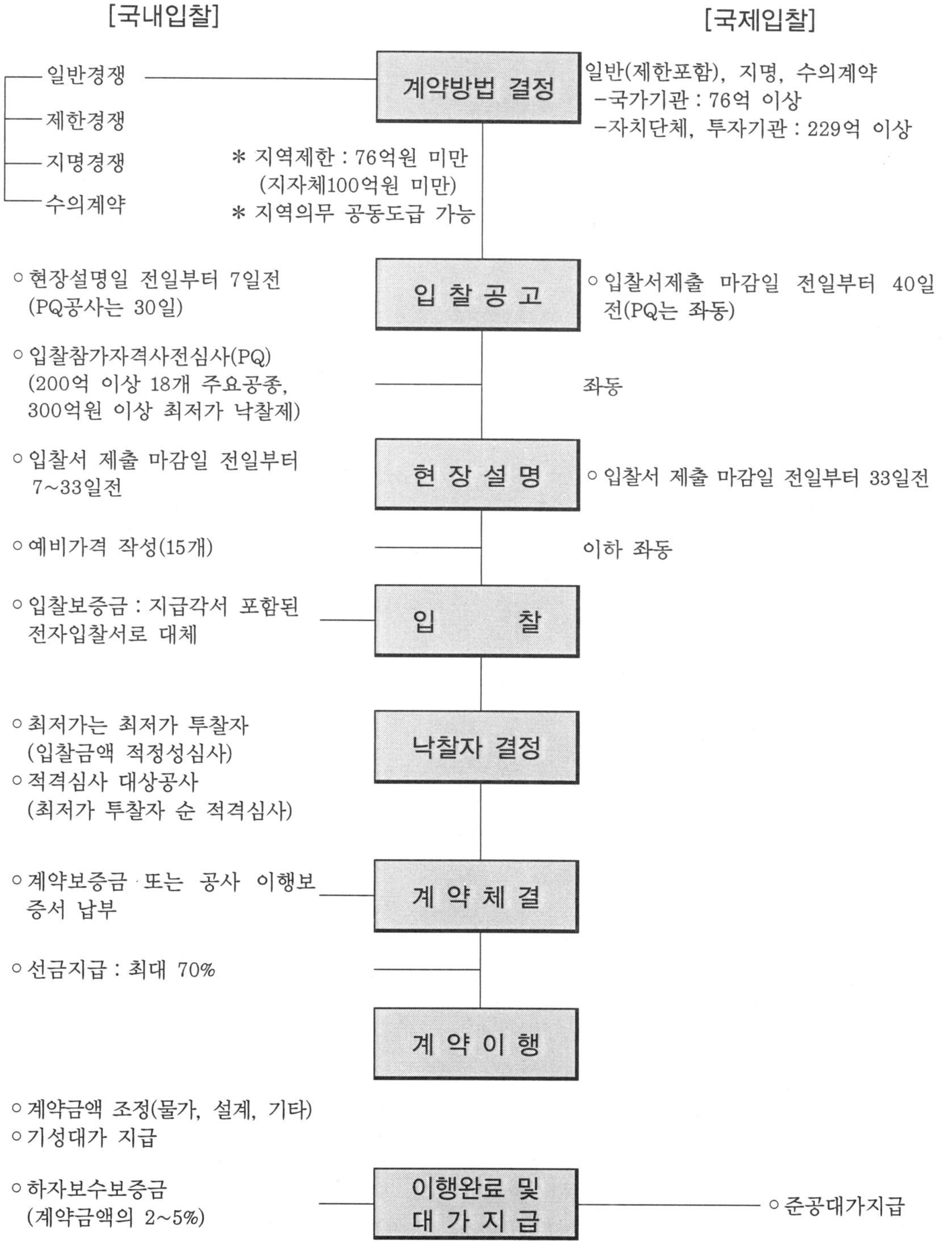
[국내입찰]
[국제입찰]
일반경쟁
제한경쟁
지명경쟁
수의계약
계약방법 결정
일반(제한포함), 지명, 수의계약
-국가기관 : 76억 이상
-자치단체, 투자기관 : 229억 이상
* 지역제한 : 76억원 미만
(지자체100억원 미만)
* 지역의무 공동도급 가능
○ 현장설명일 전일부터 7일전
(PQ공사는 30일)
입 찰 공 고
○ 입찰서제출 마감일 전일부터 40일 전(PQ는 좌동)
○ 입찰참가자격사전심사(PQ)
(200억 이상 18개 주요공종,
300억원 이상 최저가 낙찰제)
좌동
○ 입찰서 제출 마감일 전일부터
7~33일전
현 장 설 명
○ 입찰서 제출 마감일 전일부터 33일전
○ 예비가격 작성(15개)
이하 좌동
○ 입찰보증금 : 지급각서 포함된
전자입찰서로 대체
입 찰
○ 최저가는 최저가 투찰자
(입찰금액 적정성심사)
○ 적격심사 대상공사
(최저가 투찰자 순 적격심사)
낙찰자 결정
○ 계약보증금 또는 공사 이행보증서 납부
계 약 체 결
○ 선금지급 : 최대 70%
계 약 이 행
○ 계약금액 조정(물가, 설계, 기타)
○ 기성대가 지급
○ 하자보수보증금
(계약금액의 2~5%)
이행완료 및
대 가 지 급
○ 준공대가지급

2.2.1 입찰공고

먼저 입찰과정을 진행하기 위하여 일반 경쟁입찰일 경우에 입찰공고를 통하여 참가업체를 모집하게 된다. 입찰공고는 유능한 시공업자에게 입찰의 기본정보를 제공하며 또한 이러한 업체를 입찰에 참가시키고, 또한 이들로 하여금 입찰참가 여부를 결정하는 데 필요한 기본적인 정보를 제공한다. 공고 내용은 입찰사항으로서 공사의 명칭과 장소, 발주자와 설계자의 명칭과 주소, 개략적인 공사의 특성, 유형 및 규모, 입찰의 일시와 장소, 입찰도서의 입수방법과 장소, 계약도서 열람 장소의 명칭과 소재지, 입찰조건 입찰보증 등이며, 이외에도 필요에 따라 응찰자의 자격심사에 관한 사항이 포함되기도 한다.

2.2.2 입찰설명서

입찰자가 입찰에 참가할 때 입찰에 대한 내용을 기록한 설명서를 말하며 입찰서류를 제출하기 전 입찰하는 동안 응찰자가 준수해야 할 사항도 포함되는데, 이는 나중에 계약체결에 영향을 미치는 여러 조건들을 설명한다. 입찰설명서는 다른 서류에 포함되지 않는, 입찰서류를 준비하고 제출하는데 필요한 상세한 정보를 포함하고 있다.

입찰설명서의 내용에서 부족하거나 서로 충돌하는 부분을 발견하면 그 부분은 발주자와 질의회신의 과정을 통하여 명백하게 밝혀야 하며 그러한 과정이 생략될 경우 분쟁의 개연성이 있다.

입찰설명서에는 입찰공고 사본, 입찰참가자격 평가기준, 입찰관련 우의사항, 공사입찰유의서, 공사계약특수조건, 입찰, 계약관련 양식 및 기타 필요한 사항 등이 포함된다. 공사 진행 중에 논란거리가 생기지 않도록 입찰설명서에는 가능한 한 세부적인 사항까지 포함시켜 정확하고 많은 정보를 제공하는 것이 좋다.

2.2.3 현장설명

현장설명이란 발주자가 입찰에 관련한 내용에 대하여 입찰참가자에게 설명하는 것으로서 현장설명의 일시 및 장소는 입찰공고서에 명시되며, 현장설명에 참여할 수 있는 자격등도 명시하여야 한다. 현장설명 참여자에게 공사내용에 대한 개략적 설명과 더불어 공사금액에 영향을 미칠 수 있는 특이한 사항 등에 대하여 설명을 하여야 하며 또한 현장에 대한 개략적 설명, 교통, 가설전기, 현장의 특성, 용수, 기타 시공과 관련된 사항에 대해 가능한 한 현장의 실제 상황을 설명한다. 한편, 현장설명에 참여하는 자는 필요에 따라 재직증명서, 국가기술자격수첩 및 건설기술자 경력수첩으로 참가자격을 증명해야만 한다. 입찰참여자는 현장설명에 빠져 있더라도 문제가 될 수 있는 특이사항, 설계도서의 상이한 사항 등, 공사에 대하여 논란이 될 수 있는 사항 등을 질의 하여 명확하게 짚고 넘어가야 한다.

2.2.4 입찰보증

건설공사와 관련하여 수주자가 낙찰되고서도 입찰 조건에 따라 계약을 체결하지 않아 발주자에게 손해를 입히는 경우, 금융기관이 수주자와 연대하여 배상한다는 보증을 한 것이 입찰보증이다. 입찰참여자가 낙찰되고도 계약을 하지 않게 되면 발주자는 시간적, 경제적 손실을 면키 어렵기 때문이다. 응찰자는 입찰가격의 일정비율에 상당하는 입찰보증금을 현금 또는 지급보증서 등 발주자가 지정한 보증서류를 입찰 전에 발주자에게 제공하여야 한다. 발주자는 낙찰되지 않은 자에게는 이 보증서를 개찰 후에 반환하여 주고 낙찰자에게는 계약체결 후에 반환하여 준다. 만일 낙찰자로 결정된 후 계약을 체결하지 않을 경우에는 원칙적으로 반환하지 않고 발주자는 입찰보증에 따른 권리를 행사할 수 있다. 입찰보증의 서식 또는 보증회사의 서식에 따르며 입찰보증금액은 대개 입찰가에 대한 백분율로 정하게 되는데 공공공사의 경우 입찰설명서에 명시된 바에 따라 입찰금액의 5/100로 정하는 경우와 일정액을 지시하는 경우 및 기타 방식이 있다.

2.2.5 개찰

개찰은 입찰참여자가 제출한 서류를 열어보는 것을 말하며 개찰은 공개로 실시되는 경우와 비공개로 실시되는 경우가 있다. 국가종합전자조달시스템이 발달되어 있는 현시점에서는 컴퓨터 시스템을 통하여 개찰이 진행되고 웹화면상에 모든 정보를 제공하게 되는데 개찰방법은 입찰설명서에 명시되어 있다.

2.2.6 입찰심사

개찰이 실시되면 발주자는 입찰참가자가 제출한 입찰서류 심사를 실시하게 된다. 심사서류 검토를 담당하는 심사자는 각 입찰참가자의 서류를 검토하여 일목요연하게 작성한 심사보고서를 발주자에 제출한다.

2.2.7 낙찰

발주자는 입찰심사를 실시하여 입찰조건에 적합한 낙찰자를 결정하여야 한다. 입찰조건에 적합한 업체를 선정함에 있어 한치의 오차도 있어서는 아니 되며 다른 업체들의 이해하지 못하는 결과가 도출되었을 때는 많은 파장이 예상되므로 투명성 있게 진행하여야 한다. 국가를 당사자로 하는 계약에 관한 법률 시행령에 의하면 공공공사의 경우, 낙찰자를 선정할 시에는 예정가격이하로서 최저가격으로 입찰한 자의 순으로 당해 계약이행능력을 심사하여 낙찰자를 결정하는데 이것을 저가심의라 한다. 단, 입찰참가자격 사전심사의 대상이 되는 공사로서 추정가격이 300억 원 이상인 공사입찰의 경우에는 재정경재부장관이 정하는 바에 의하여 예정가격 이하로서 최저가격으로 입찰한 자부터 입찰금액의 적정성을 심사하여 낙찰자로 결정한다. 그리고 계약이행능력심사는 당해 입찰자의 이행실적, 기술능력, 재무상태, 과거 계약 이행 성실도, 자재 및 인력조달가격의 적정성, 계약질서의 준수정도, 과거공사의 품질정도 및 입찰가격 등을 종합적으로 고려하여 재정경제부장관이 정하는 심사기준에 따라 세부심사기준을 정하여 적격여부를 심사하며, 그 심사 결과 적격하다고 인정되는 경우 당해 입찰자를 낙찰자로 결정한다.

2.2.8 계약체결

발주자는 투명성을 가지고 입찰심사를 하여 적합한 낙찰자가 결정되면 낙찰자에게 그 내용을 송부한다. 낙찰자는 낙찰통지서를 접수하고 계약 내용에 맞추어 계약이행보증금을 납부하고 정식 계약절차에 의거 계약을 체결하게 된다. 계약이행보증금은 계약한 후에 계약에 맞추어 계약을 이행하겠다는 보증의 의미로 공사에 대한 계약을 이행하지 않을 경우 보증금에 대한 권리는 발주자에게 귀속된다.

계약이 체결됨과 동시에 도급자는 계약에 맞추어 공사를 이행할 준비를 하여야 하며 착공계획서 및 공사수행계획서등을 작성하고 주요공종에 대한 품질계획서 등을 작성하여 계약한 프로젝트에 대하여 성공적으로 계약상의 의무들을 이행하여야 한다. 모든 공사를 계약내용에 따라 합리적으로 진행하여야 한다.

2.3 건설사업 계약방식

2.3.1. 공사비 지불방식에 따른 계약

1) 직영방식

직영방식은 공사를 시공자와 계약하지 않고 건축주가 직접 자재를 구입하고 기능공을 고용하여 공사를 수행하는 것을 말하는데 공사의 수행 및 하자 보수에 대한 책임 등을 전적으로 건축주가 져야한다. 건축주는 공사에 대한 전반적인 흐름을 알고 있어야 하며 공사관리에도 어느 정도 해박한 지식이 필요하다. 공사를 직영으로 하는 경우는 중요한 건축물일 때, 어려운 공사일 때, 설계변경이 빈번하게 예측되는 공사일 때, 도급공사로는 극히 번잡해질 우려가 있을 때, 기밀유지가 필요할 때 등이다.

직영방식의 장점은 도급공사에서와 같이 입찰 및 계약 등과 같은 번잡한 수속과 입찰 시에 야기되기 쉬운 경쟁의 폐해, 감독상의 곤란을 피할 수 있을 뿐만 아니라, 공사비는 원칙적으로 저렴해지고 우수한 공사를 기대할 수 있다. 단점으로는 사무가 번잡해지고 도급공사의 경우에 비하여 경제적 개념이 희박하고 종업원의 능률이 저하되어 결국 공사비가 증대되고 공사기한이 지연되는 경향이 있다.

2) 도급계약방식

공사비 지불방식에 따라 다음과 같이 분류한다.

(1) 총액계약(lump-sum contract)

공사와 관련하여 총공사비로 공사 계약을 하는 것을 말하는데 총공사비, 일정액으로 시공업체를 선정할 수 있다. 공사에 투입되는 비용을 한눈에 파악할 수 있으므로 건축주가 대응하기가 유리한 계약방식이라 할 수 있다.

총액계약은 업체 간의 가격경쟁에 따른 공사비 절감 이득을 얻을 수 있으며 계약시점에 총공사비가 결정되므로 발주자가 공사에 투입되는 자금계획을 수립하기에 용이하다는 장점이 있다. 단점으로는 총공사비를 산출 할 수 있도록 입찰 전에 공사비 산출에 필요한 설계도서 등이 완료되어 있어야 하며 총액만이 결정되어 있어서 설계변경 시 각 항목의 단가 산정이 어려워지고 건축주와 시공자간의 의견이 대립될 수 있는 여지가 많다.

(2) 단가계약 (unit-price contract)

단가계약은 총액계약과 대비되는 개념의 계약으로서 재료비 노무비 경비 등의 단가만을 결정하여 계약하는 방식을 말하며 패스트 트랙(Fast Track)과 같은 공기 단축이 필요한 공사를 손쉽게 계약할 수 있는 방법이다. 항목별 단가는 결정되어 있기 때문에 추후 산출된 수량만을 대입하여 공사비를 산출하면 된다.

단가계약의 장점으로는 설계도서가 확정되지 않았을 경우, 긴급한 공사일 때 계약이 가능하며 단가가 확정되어 있기 때문에 설계변경이 용이하다. 단점으로는 단가만을 확정해 놓고 있기 때문에 완공시까지 총공사비를 파악하기가 어려워 건축주가 초기에 총공사비 예측이 어려워 사업비 증가에 대한 부담을 느낄 수 있으며 추후에 예상보다 공사비가 증가될 수 있다.

(3) 실비정산 보수가산 계약 (cost plus fee contract)

건축주와 시공자가 신뢰도가 깊을 때 활용될 수 있는 계약제도로서 전체 공사비의 파악이 곤란한 경우나 공사의 내용이 복잡하거나 긴급을 요하는 공사일 때 설계도서가 완료되기 전에 공사를 시작할 수 있는 계약제도이다. 사용된 직접비는 사용근거의 영수증이 발생되기 때문에 영수증을 발주처에 제출하여 실투입 공사비를 산출하고 그 실투입 공사비에 보수요율을 곱하여 보수를 지불하는 계약방식이다. 다른 계약방식과는 다르게 투입되는 공사비에 대하여 상호 신뢰가 필요하며 이러한 부분을 객관화하기 위한 시공자의 체계적인 일처리가 요구된다.

실비정산 보수가산 계약 방식의 보수 지급하는 방식은 여러 가지로 나눌 수 있는데 공사의 진척에 따라 실제 공사비의 일정 비율을 보수로 지급하는 방식이 있을 수 도 있으며 미리 일정액을 보수로 정하는 방식 또는 설계 변경에 관계되는 공사금액에 따라서 변동률을 적용하여 지급하는 방식이 있을 수가 있다.

장점으로는 계약이 손쉬워 조속한 공사의 진척이 가능하므로 설계시공병행 (Fast Track Method)이 가능하게 되어 공사기간을 단축할 수 있다 그러나 시공자는 실투입 공사비가 늘어날수록 보수가 늘어날 것을 기대하고 공사비를 증대시키려고 할 수 있다. 이러한 경우에 대한 발주자의 우려를 불식시키기 위하여 시공자는 계약체결 시에 투입이 예상되는 공사비의 최대값(GMP ; Guaranteed Maximum Price)을 제시할 수 있다. 발주자는 목표 공사금액과 목표 보수를 설정하고 보수조정공식을 정하여, 시공자의 실제 공사 투입비용이 예상 공사금약보다 초과된 경우에는 보수의 일정비율을 감하고, 절감된 경우에는 보수의 일정비율을 가산하는 것이다.

시공자는 예상 공사비보다 공사비를 절감하면 절감액 일부를 추가보수로 받을 수 있으므로 적극적으로 공사비 절감에 노력하기 때문에 발주자에게도 유리한 장점이 있을 수 있다. 그러나 예상 공사비의 산출이 어려울 수 있으며 시공자는 공사금액의 증가할 때 책임을 져야 하므로 손해를 볼 수도 있을 것이다.

2.4 공사수행방식에 따른 분류

공사수행방식에 따른 분류는 다음과 같이 분류한다.

1) 설계·시공 분리계약(design-bid-build contract)

과거부터 많이 시행되어 오던 전통적인 공사계약방식으로 발주자가 설계와 시공을 분리하여 계약하는 일반적 계약방식을 말한다. 설계자는 시공자와 분리되어 독립적으로 계약하며, 설계자와 시공자 사이에는 별도의 계약관계가 성립되지 않고 공사 목적물을 짓기 위한 업무상의 협력관계만 존재하게 된다.

설계·시공 분리계약의 장점으로는 과거부터 널리 사용되는 계약방식이므로 발주자, 설계자, 시공자 모두 각자의 업무진행 및 관계에 익숙하여 순조롭게 진행될 수 있다. 그리고 도면이 완성되고 시공자와 계약이 이루어지기 때문에 전체적인 공사비 산정이 용이하며 발주자입장에서 자금계획수립이 용이하다. 그리고 설계안 수립에 있어서 설계초기에 건축주와 설계자 간에만 업무가 진행되므로 설계에 건축주의 의지를 많이 반영할 수 있다. 단점으로는 설계가 완료되고 시공자가 선정되므로 전체 사업기간이 길어질 수 있으며 설계단계에 시공자의 의견이 개입되지 않아 설계안에 대한 시공의 최적화가 이루어지지 않으며 설계자와 시공자가 대립 관계로 인하여 좋은 건축물을 위한 시너지효과를 기대하기 어렵다. 또한 하자발생시 설계자와 시공자간의 책임회피로 인하여 처리에 난항을 겪을 수 있다. 그러므로 건축주가 여러 면에서 합리적인 조정자의 역할을 하여야 할 필요가 있다.

2) 설계·시공 일괄계약(design-build contract)

종래의 설계와 시공을 분리하여 계약하는 방식에서 벗어나 단일한 업체가 설계 및 시공을 모두 진행하도록 계약하는 방식을 말한다. 건축물을 만들기 위하여 건축주와 단일업체가 업무를 진행하므로 업무조직이 간소하며 설계와 시공의 양자간 조정작업이 쉽게 진행될 수 있다. 단일업체가 발주자와 관계하여 일이 진행되므로 업무가 신속하게 진행될 수 있다.

설계·시공 일괄계약의 장점으로는 설계와 시공을 모두 하나의 단일업체가 진행하므로 전체 사업기간이 단축될 수 있으며 하자 발생시 설계와 시공의 책임 소재가 단일업체로 귀속되어 책임관계가 명료하며 시공을 고려한 설계가 진행될 수 있다는 점이나, 설계안에 건축주의 의견이 무시될 수 있다는 단점도 있다.

3) 턴키계약(turnkey contract)

턴키계약은 건설의 전반적인 업무를 전부 수급자에게 맡기고 공사가 완료되면 발주자는 수급자로부터 키(Key)만 받아 돌려서(Turn) 사용한다는 의미를 가지고 있다. 건축주가 건설 관련하여 설계 및 시공 등의 세부적인 것을 신경쓰기 보다는 역량있는 업체를 선정하여 일괄적으로 맡긴다는 의미이다. 턴키계약은 설계와 시공을 묶어서 하는 협의의 턴키방식과 기획부터 타당성 검토, 설계, 시공을 모두 묶어서 하는 광의의 턴키방식으로 나눌 수 있다.

턴키방식계약은 발주자가 필요로 하는 시설에 대한 성능규정은 할 수 있으나 구체적인 안을 갖지 못한 경우나 발주자가 구체적인 안을 가졌다 하더라도 경쟁입찰 등에 의해 더 좋은 안을 구하고자 하는 경우에 주로 시행된다.

4) 건설사업관리계약(construction management contract)

건설관리계약방식은 건축주가 전문적인 지식이 부족할 경우 건축주의 입장에서 건설사업관리자가 프로젝트의 기획, 설계에서 시공까지의 전 과정에 걸쳐서 과학적이고 체계적인 관리기법을 적용하여 공기, 비용, 품질에 대한 효과적인 관리를 통하여 프로젝트의 목표를 달성하는 진보된 사업수행방식이다. 기본적으로 건설 관리계약(Construction Management Contract)에 따른 건설관리자가 발주자를 대신하여 설계 및 시공을 관리하여 발주자의 의도에 적합한 최종 완성물이 발주자에게 인도될 수 있도록 한다.

발주자, 설계자, 수급자의 역할은 기본적으로 설계, 시공 분리계약과 유사하며, 사업관리자는 전체 프로젝트 일정과 비용의 계획 및 조정, 설계도서의 검토 및 시공성 향상, 설계자와 시공자 사이의 중재 등의 업무를 수행하게 된다. 건설관리 방식은 시공단계의 업무범위 및 리스크 분담 정도에 따라 대리인(代理人)형 CM(Construction Management for Fee)과 시공자형 CM(Construction Management at Risk)의 두가지로 나눌 수 있으며, 프로젝트의 전반에 걸쳐 발주자의 컨설턴트 역할만을 수행하는 형태가 대리인형 CM이고 직접 공사를 수행하거나 전문시공자와 계약을 맺어 공사 전반을 책임지는 형태가 시공자형 CM이다.

건걸사업관리계약의 장점으로는 프로젝트의 전 과정에 걸쳐, 공사비, 공기 및 시공성에 대한 종합적인 평가 및 설계변경에 대한 효율적인 평가가 가능하여 발주자의 의사결정에 도움이 되며 설계시공병행방법을 적용할 수 있어 설계 및 시공기간을 크게 단축시킬 수 있다는 점이다. 단점으로는 건설사업관리자가 건축주의 입장에서 일을 진행하므로 프로젝트의 성공 여부는 건설사업관리자의 능력에 크게 의존하며 대리인형 CM은 일반적으로 공사비와 품질에 직접적인 책임을 지지 않으므로 문제발생시 책임의 소재가 명확하지 않다.

5) 공동도급방식

공동도급이란 공사의 목적을 성취하기 위하여 둘 또는 그 이상의 시공사가 연합하여 도급계약에 참여하는 것이다.

공사에 참여하는 다수의 시공사들은 일정한 공사의 완성이라고 하는 하나의 목표를 위하여 역할과 의무를 분담 또는 협동하는 법률적인 조직체("공동도급체")를 형성하게 되므로, 시공사들의 합의로 그공동도급체 내부를 규율할 공동도급계약 (또는 일반적인 양자간 계약과 구별하여 "공동도급협정"라고도 할 수 있다)을 체결한다. 공동도급체가 불합리하게 구성이 되거나 필요한 시점에 적절한 공동도급 계약이 체결되지 못하면 공동도급체 운영상의 혼란이나 재정적인 손실이 발생할 수 있으므로, 공동도급에 참가하는 회사들 간에는 합리적이고 명확한 내용의 공동도급계약을 지체없이 체결하여야 한다.

공동도급체를 구성하는 각 시공사들은 공동도급의 범위, 각 회사들이 조달하여야 하는 것들, 그리고 이익과 손실의 분배 방법 및 권한행사 방법에 관한 합의를 한다. 공동도급을 통하여 시공사들은 자본력, 기술적인 공법, 경영관리기법, 기술력 등을 조달하여야 하며 프로젝트의 이익을 함께 나눌 수 있다는 이점이 있다.

국내의 공동도급계약제도는 1983년 중소건설업체의 수주기회 확대 및 기술이전의 필요성에 따라 예산회계법 시행령 개정시 처음으로 도입되었다. 그러나 이후에도 발주관청의 공동도급계약제도에 대한 이해 부족으로 거의 활용되지 못하다가 1987년 개정된 예산회계법 시행령에서는 예정가격이 재무부장관이 정하는 금액이하인 경우(지역제한 대상)와 계약의 목적·성질상 공동도급계약에 의하여 공사수행이 곤란하다고 인정되는 경우를 제외하고는 경쟁입찰에 의한 업체선정시 공동도급계약제도에 의하여 업체선정이 가능하다는 뜻을 입찰공고에 명시하도록 규정하여 경쟁입찰에 있어서는 공동도급계약 방법의 이용을 원칙화 하였고, 1989년 예산회계법 개정시에는 공동도급에 의한 계약의 근거를 법문에 명시하여 명실상부한 법정계약의 한 형태로서의 지위를 확고히 하였다.

이행방식의 분류로는 공동이행방식과 분담이행방식이 있는데 공동이행방식은 공동수급체의 각 구성원이 자금, 인원, 기계 등을 공동으로 제공하고, 공동계산에 의하여 계약을 이행하는 방식으로, 각 구성원의 경험과 기술을 효과적으로 발휘할 수 있다. 이 방식은 건축공사에 적합하다. 그리고 분담이행방식은 공동수급체의 각 구성원이 대상공사를 분할하여 각자 분담부분만을 시공하고 손익에 대해서는 공동계산을 하지 않고 계약을 이행하는방식이다. 공구분할이 용이한 토목공사에 적합한 방식이다.

공동도급방식의 특성은 프로젝트로 인하여 발생하는 손익부담의 공동계산과 프로젝트의 완성을 목적으로 공동수급체가 형성되었으므로 그 목적의 단일성과 프로젝트가 종결되면 공동수급체가 해체되어 버리는 일시성 등이 있다.

공동도급방식의 이점은 발주자가 갖는 위험을 공동도급체로 분산 시키고 각 사의 기술력이 공동수급회원사에 이전될 수 있으며 중소규모업체에서도 대기업의 기술력을 도입할 수 있는 기회가 제공된다는 점 등이다.

이상과 같은 성격으로 볼 때 단일회사에 대규모의 공사를 도급함으로써 위험을 수반하는 공사인 경우에는 공동도급방식이 효과가 크다고 볼 수 있다. 국내에서도 건설업체간의 기술 이전 및 능력배양과 중소업체의 보호측면에서 많이 활용되고 있다.

6) BOT방식(Build-Operate-Transfer Contract)

BOT방식은 사회기반시설에 대한 민간투자법이 규정하는 민간자본 유치방식의 하나로 건설, 운영, 양도를 약칭하는 사업집행 형태로서 흔히 적용되는 턴키방식에 추가해서 계약에 앞서 프로젝트의 자금조달과 공사 완성 후 일정한 기간의 운영, 그 후의 양도까지 포함된다는 점에서 단순한 건설공사계약을 넘는 것이라고 볼 수 있다. 즉, 수입을 수반한 공공 또는 공익프로젝트(유료도로, 도시철도, 발전소 등)에서 BOT방식은 자금을 조달하고 설계, 엔지니어링, 그리고 시공의 전부를 도급받아 시설물을 완성하고 그 시설을 일정 기간 운영하여 운영수입으로부터 투자자금을 회수한 후 발주자에게 그 시설을 인도하는 방식이다. 발주자가 BOT 계약자에 대해서 운영수입을 어느 정도 보증하느냐 하는 것이 핵심적인 관심사항이고 계약자는 금융기관 및 운영전문가와 긴밀하게 협력하여 위험을 해소해야 한다.

7) BTL방식(Builde-Transfer-Lease Contract)

BTL방식은 민간이 자금을 투자해 공공시설을 건설하고 시설완공시점에서 소유권을 정부해 이전하는 대신 일정기간 동안 시설의 사용, 수익권한을 획득하는 방식으로서, 민간은 시설물을 정부에 임대하고 그 임대료를 받아 시설투자비를 회수한다.

BOT방식은 수급자가 시설물의 운영수입으로 투자회수금을 회수하지만, BTL방식은 수급자가 최종사용자에게 부과하는 사용료 등을 통하여 투자비를 회수하기 어려운 시설에 적용되며, 정부가 직접 시설임대료를 지급해 민간의 투자자금을 회수시켜 주는 방식이다. 정부가 국민에게 기초적 서비스 제공을 위해 의무적으로 건설, 운영해야 하는 국·공립시설로서 일반시민에 대해 시설사용료 부과가 어렵거나, 시설이용료 수입으로는 민간투자비 회수가 어려운 시설(학교시설, 의료복지시설, 환경시설 등)이 대상이 된다.

8) 파트너링 방식(Partnering Agreement)

발주자와 수급자가 상호 신뢰를 바탕으로 팀을 구성하여 프로젝트의 성공과 상호이익 확보를 목표로 공동으로 프로젝트를 집행 및 관리하는 새로운 방식으로 미국에서는 1980년대 초부터 활용되고 있으며, 민간 및 공공사업부문에 적용되고 있다.

발주자와 수급자와의 관계는 기본적으로 공동 또는 동맹관계일 뿐 파트너링의 주요 업무내용에 대하여 실질적인 계약이 체결되는 것은 아니다. 유형으로는 수년간에 걸친 장기적인 파트너링 협정과 프로젝트 단위로 수행되는 단기적인 파트너링이 있다. 일반적으로 건설공사에 적용되는 형식은 후자이다.

이 방식은 계약 이행을 둘러싸고 필연적으로 발생하는 대립이나 분쟁 등을 회피 하고자 하는 목적으로 창출된 것이며, 주로 미국에서 적용되고 있다. 최근 파트너링을 활용한 건설공사계약의 성공적 수행사례들이 많이 나타나고 있어, 이 방식의 효과와 운영방식에 대한 연구가 요구된다.

9) 프로젝트 파이낸싱 방식(Project Financing)

최근 언론에 많이 보도되는 프로젝트 파이낸싱(Project Financing, 줄여서 PF라고 함)이란 금융기법의 하나인데, 이 금융기법이 건설사업과 결합되면 금융부분에서의 분쟁이 건설사업에 직접적인 영향을 미치게 된다.

원래 프로젝트 파이낸싱이란 대출금의 원리금 상환이 해당프로젝트에서 발생되는 현금흐름에 의존하여 이루어지는 금융거래를 말하는 것으로서 자금조달의 기초를 차주의 신용이나 물적 담보의 가치에 두지 않고 해당 프로젝트 자체의 수익성에 중점을 두는 금융기법을 의미한다. 그러나 현재 우리나라에서 건설사업과 관련하여 프로젝트 파이낸싱이라는 이름으로 이루어지는 대부분의 금융거래는 차주인 시행사와 비교할 수 없는 규모인 시공사의 연대보증과 기타 여러 가지 채무변제를 위한 장치를 확보한 연후에 발생하기 때문에 담보대출이라고 불러도 크게 다르지 않아 진정한 의미의 프로젝트 파이낸싱이라고 하기에는 곤란한 점이 있다. 우리나라에서 이루어지는 프로젝트 파이낸싱의 일반적인 형태를 살펴보면 다음과 같다.

재개발이나 재건축과 같이 조합이 주체가 되지 않는 일반 아파트건설사업을 예로 들면, 소위 시행사라고 하는 토지의 소유자가 토지확보에 필요한 자금을 금융기관으로부터 조달하게 되는데, 금융기관은 시행사에게 토지매입대금과 기타 사업에 소요되는 일정금액을 합하여 대여하고, 그 변제를 담보하기 위하여 시공을 담당하는 건설회사의 연대보증을 받는다(책임준공보증을 받기도 한다).

때로는 연대보증에 더하여 시행사 명의로 취득하는 토지의 소유권을 신탁회사에 신탁하게 하고, 신탁계약에 따라 발생하는 수익권을 취득하기도 한다(신탁회사가 개입하는 경우 신탁회사가 시행사로부터 토지의 소유권을 신탁받는 관계로 시행사 대신 아파트건설사업의 주체가 되어 건설회사와 아파트건설공사계약을 체결하고, 아파트의 분양도 실시하는 경우가 많은데, 이 경우 시행사는 신탁계약상 위탁자 겸 수익권자가 되지만 시행사가 가지는 수익권에 우선하여 금융회사에게 선순위 수익권을 부여하게 된다). 시행사는 금융기관의 대여금으로 토지의 소유권을 확보하고 시공사라고 하는 건설회사와 아파트건축공사계약을 체결하고, 추후 분양자를 모집한다.

시공사는 시행사와의 공사계약에 따라 건축공사를 시공한다. 아파트의 분양이 성공적으로 이루어지는 경우 아파트신축공사가 이루어지는 도중에 분양계약에 따른 분양대금이 계약금, 중도금, 잔금 등의 형태로 시행사에게 지급되고 시행사는 이 돈으로 금융기관의 차입금과 시공사에 대한공사대금을 변제한다.

프로젝트 파이낸싱에 의한 건설사업에 있어서는 현금의 흐름, 즉 분양의 성패가 대여금의 회수나 공사대금의 조달에 결정적인 역할을 하게 되고, 분양의 실패에 따른 위험은 시공사가 공사대금의 회수에 대하여, 금융기관이 대여금의 회수에 대하여 부담하게 되지만, 전술한 바와 같이 금융기관은 자신의 위험을 시공사에 전가하고 있는 실정이다, 분양이 성공적으로 이루어진다면 어떤 형태의 프로젝트 파이낸싱이 이루어지든 소송으로 비화될 정도의 분쟁이 발생하는 경우는 드물다. 그러나 반대로 분양이 실패로 돌아가는 경우 금융기관과 시행사, 시행사와 시공사, 시행사와 수분양자 사이에서 복잡한 법률문제가 발생하게 된다.

2.5 건설사업표준계약서

2.5.1 건축공사표준계약서

국토해양부 고시 제 2009 - ○○○호

건축공사표준계약서

1. 공 사 명 :
2. 대지위치 :
3. 공사기간 :

착 공	년	월	일
준 공	년	월	일

4. 도 급 금 액 : 일금 원정
   공 급 가 액 : 일금 원정
   부가가치세액 : 일금 원정
5. 선 금 : 일금 원정
6. 기성부분급의 시기 및 방법 :
7. 하자담보책임기간 :
8. 하자보수보증금율 :
9. 지 체 상 금 율 :
10. 계약보증금 :
11. 기타사항 :

건축주와 시공자는 이 계약서 및 별첨설계도와 시방서에 의하여 공사계약을 체결하고 그 증거로 이 계약서 및 관련문서를 2통 작성하여 각 1통씩 보관한다.

년 월 일

건 축 주		건축주 보증인	
상 호		상 호	
주 소 :		주 소 :	
성 명 :	인	성 명 :	인
시 공 자(또는 현장관리인)		시공자 보증인	
상 호		상 호	
주 소 :		주 소 :	
성 명 :	인	성 명 :	인

제1조(총칙) 건축주(이하 "갑"이라 한다)와 시공자(이하 "을"이라 한다)는 대등한 입장에서 서로 협력하여 신의에 따라 성실히 계약을 이행한다.

제2조(계약보증) ① "갑"과 "을"은 계약상의 의무이행을 보증하기 위해 계약보증금을 계약체결전까지 상호교부하도록 하되, 계약보증금액이 계약금액에서 차지하는 비율은 갑·을 상호간에 협의하여 정한다.

② 제1항의 계약보증금은 당사자의 협의에 따라 제24조제1항 각호의 보증기관이 발행한 보증서로 갈음할 수 있다.

제3조(보증인) 이 계약에 관하여 보증인을 세우는 경우에 그 보증인은 당사자의 계약불이행으로 인한 손해에 대하여 당사자와 연대하여 책임을 진다.

제4조(공사감독원) ① "갑"은 자신을 대리하여 다음 각호의 사항을 행하는

자(이하 "공사감독원"이라 한다)를 선임할 수 있다.

1. 시공일반에 대하여 감독하고 입회하는 일
2. 공사의 재료와 시공에 대한 검사 또는 시험에 입회하는 일
3. 공사의 기성부분 검사, 준공검사 또는 공사목적물의 인도에 입회하는 일
4. 기타 공사감독에 관하여 "갑"이 위임하는 일

② "갑"은 제1항의 규정에 의하여 공사감독원을 선임한 때에는 그 사실을 즉시 "을"에게 통지하여야 한다.

③ "을"은 공사감독원의 감독 또는 지시사항이 공사수행에 현저히 부당하다고 인정할 때에는 "갑"에게 그 사유를 명시하여 필요한 조치를 요구할 수 있다.

제5조(현장대리인) ① "을"은 착공전에 현장대리인을 임명하여 이를 "갑"에게 통지 하여야 한다.

② 현장대리인은 공사현장에 상주하여야 하며 시공에 관한 일체의 사항에 대하여 "을"을 대리한다.

③ "갑"은 제1항의 규정에 의하여 임명된 현장대리인이 신체의 허약, 시공능력부족 등으로 인하여 업무수행의 능력이 없다고 인정할 때에는 "을"에게 현장대리인이 교체를 요청할 수 있으며 이 경우에 "을"은 정당한 사유가 없는 한 이에 응하여야 한다.

제6조(공사예정공정표와 공사가격 내역서) ① "을"은 계약체결후 착공신고서 제출시 까지 설계도서(설계도면, 공사시방서 등 건축법 제2조제14호의 규정에 의한 설계도서와 현장설명서를 말한다. 이와같다)를 기초로 작성한 공사예정 공정표와 내역서를 "갑"에게 제출하여야 한다.

② 제1항의 규정에 불구하고 총액단가 계약과 같이 공사물량이 기재된 산출내역서를 제시하고 이에따라 계약금액을 정한 경우에는 동 산출내역서는 제1항의 설계도서에 포함되며, 이 경우 "을"은 착공신고서 제출시까

지 공사예정 공정표를 "갑"에게 제출하여야 한다.

제7조(선금) ① "갑"이 선금을 지급한 경우 "을"은 이를 도급목적외에 사용할 수 없으며, 노임지급 및 자재확보에 우선 사용하여야 한다.

② 선금은 기성부분의 대가를 지급할 때에는 다음과 같은 방법으로 정산한다.

$$\text{선금정산액} = \text{선금액} \times \frac{\text{기성부분의 대가}}{\text{계약금액}}$$

제8조(재료의 검사등) ① 공사에 사용할 재료중에서 "갑"이 품목을 지정하여 검사를 요구하는 경우에는 "을"은 사용전에 "갑"의 검사를 받아야 하며, 설계도서와 상이하거나 품질이 현저히 저하되어 불합격된 재료는 즉시 대품으로 대체하여 다시검사를 받아야 한다.

② "을"은 제1항의 재료검사에 소요되는 비용을 부담하여야 하며, 검사 또는 재검사 등을 이유로 계약기간의 연장을 요구할 수 없다.

③ 공사에 사용하는 재료중 조립 또는 시험을 요하는 것은 "갑"의 입회하에 그 조립 또는 시험을 하여야 한다.

④ 수중 또는 지하에서 행하여지는 공사나 준공후 외부에서 확인할 수 없는 공사는 "갑"의 입회하에 시공하여야 한다.

제9조(지급재료와 대여품) ① 계약에 의하여 "갑"이 지급하는 재료와 대여품은 공사예정공정표에 의한 공사일정에 지장이 없도록 적기에 인도되어야 하며, 그 인도장소는 시방서등에 따로 정한 바가 없으면 공사현장으로 한다.

② "을"은 지급재료 및 대여품의 품질 또는 규격이 시공에 적당하지 아니하다고 인정할 때에는 즉시 "갑"에게 이를 통지하고 그 대체를 요구할 수 있다.

③ 재료지급의 지연으로 공사가 지연될 우려가 있을 때에는 "을"은 "갑"의 서면 승락을 얻어 자기가 보유한 재료를 대체 사용할 수 있다. 이 경우

"갑"은 현품 또는 사용당시 가격을 지체없이 "을"에게 지급하여야 한다.

④ "을"은 "갑"이 지급한 재료와 기계·기구등 대여품을 선량한 관리자의 주의로 관리하여야 하며, 계약의 목적을 수행하는 데에만 사용하여야 한다.

⑤ "을"은 공사내용의 변경으로 인하여 필요없게된 지급재료 또는 사용완료된 대여품을 지체없이 "갑"에게 반환하여야 한다.

제10조(상세시공도면 작성) ① "을"은 건축법 제19조의2제4항에 따라 공사감리자 로부터 상세시공도면의 작성을 요청받은 경우에는 상세시공도면을 작성하여 공사감리자의 확인을 받아야 하며, 이에따라 공사를 하여야 한다.

② "갑"은 상세시공도면의 작성범위에 관한 사항을 설계자 및 공사감리자의 의견과 공사의 특성을 감안하여 계약서상의 시방에 명시하고, 상세시공도면의 작성비용을 공사비에 반영한다.

제11조(안전관리 및 재해보상) ① "을"은 산업재해를 예방하기 위하여 안전시설의 설치 및 보험의 가입등 적정한 조치를 하여야 한다. 이때 "갑"은 계약금액에 안전관리비 및 보험료 상당액을 계상하여야 한다.

② 공사현장에서 발생한 산업재해에 대한 책임은 "을"에게 있다. 다만, 설계상의 하자 또는 "갑"의 요구에 의한 작업으로 인한 재해에 대하여는 그러하지 아니하다.

제12조(응급조치) ① "을"은 재해방지를 위하여 특히 필요하다고 인정될 때에는 미리 긴급조치를 취하고 즉시 이를 "갑"에게 통지하여야 한다.

② "갑"은 재해방지 기타 공사의 시공상 긴급 부득이하다고 인정할 때에는 "을"에게 긴급조치를 요구할 수 있다.

③ 제1항 및 제2항의 응급조치에 소요된 경비에 대하여는 제16조제2항의 규정을 준용한다.

제13조(공사기간의 연장) ① "갑"의 책임있는 사유 또는 천재지변, 불가항

력의 사태등 "을"의 책임이 아닌 사유로 공사수행이 지연되는 경우 "을"은 공사기간연장을 "갑"에게 요구할 수 있다.

② 제1항의 규정에 의거 공사기간이 연장되는 경우 이에 따르는 현장관리비등 추가경비는 제18조의 규정을 적용하여 조정한다.

제14조(부적합한 공사) ① "갑"은 "을"이 시공한 공사중 설계도서에 적합하지 아니한 부분이 있을 때에는 이의 시정을 요구할 수 있으며, "을"은 지체없이 이에 응하여야 한다.

② 제1항의 경우 설계도서에 적합하지 아니한 공사가 "갑"의 요구 또는 지시에 의하거나 기타 "을"의 책임으로 돌릴 수 없는 사유로 인한때에는 "을"은 그 책임을 지지 아니한다.

제15조(불가항력에 의한 손해) ① "을"은 검사를 마친 기성부분 또는 대여품에 대하여 천재지변 기타 불가항력에 의한 손해가 발생한 때에는 즉시 그 사실을 "갑"에게 통지하여야 한다.

② "갑"은 제1항의 통지를 받은 경우 즉시 그 사실을 조사, 확인하고 그 손해의 보전에 관하여 "을"과 협의하여야 한다.

③ 제2항의 합의가 성립되지 않은 때에는 제32조의 규정에 의한다.

제16조(설계변경으로 인한 계약금액의 조정) ① 설계서의 내용이 공사현장의 상태와 일체하지 않거나 불분명, 누락, 오류가 있을때 또는 시공에 관하여 예기하지 못한 상태가 발생되거나 사업계획이 변경된 때에는 설계를 변경한다.

② 제1항의 설계변경으로 인하여 공사량의 증감이 발생한 때에는 다음 각호의 기준에 의하여 계약금액을 조정한다.

1. 증감된 공사의 단가는 제6조의 규정에 의한 공사가격 내역서상의 단가를 기준으로 한다.
2. 공사가격 내역서에 포함되어 있지 아니한 신규비목의 단가는 설계변경 당시 를 기준으로 산정한 단가로 한다.

3. 증감된 공사에 대한 일반관리비 및 이윤은 산출내역서상의 율을 적용한다.

제17조(물가변동으로 인한 계약금액의 조정) ① 계약체결후 120일 이상 경과한 경우에 잔여공사에 대하여 공사가격 내역서에 포함되어 있는 품목 또는 비목의 가격등의 변동으로 인한 등락액이 잔여공사에 해당하는 계약금액의 100분의5 이상인 때에는 계약금액을 조정한다.

② 제1항의 규정에 의한 계약금액의 조정은 공사예정공정표상으로 물가변동이 있은날 이후에 이행되어야 하는 부분의 대가에 적용하되, 물가변동이 있은날 이전에 이미 계약이행이 완료되어야 할 부분에 대하여는 적용하지 아니한다. 다만, "갑"의 책임이 있는 사유 또는 천재지변등 불가항력으로 인하여 지연된 경우에는 그러하지 아니하다.

제18조(기타 계약내용의 변경으로 인한 계약금액의 조정) 제16조 및 제17조에 의한 경우이외에 계약내용의 변경으로 계약금액을 조정하여야 할 필요가 있는 경우에는 그 변경된 내용에 따라 계약금액을 조정하며, 이경우 제16조제2항제3호를 준용한다.

제19조(기성부분급) ① 계약서에 기성부분급에 관하여 명시한 때에는 "을"은 이에 따라 기성부분에 대한 검사를 요청할 수 있으며, 이때 "갑"은 지체없이 검사를 하여야 한다.

② "을"은 제1항의 검사결과와 제6조의 공사가격 내역서의 단가에 의하여 산출한 기성금액을 요구할 수 있으며 "갑"은 계약서에 명시한 바에따라 지급하여야 한다.

③ "갑"이 제2항의 규정에 의한 기성금액의 지급을 지연하는 경우에는 제22조 제4항의 규정을 준용한다.

제20조(부분사용) ① "갑"은 공사목적물의 인도전이라 하더라도 "을"의 동의를 얻어 공사목적물의 전부 또는 일부를 사용할 수 있다.

② 제1항의 경우 "갑"은 그 사용부분을 선량한 관리자의 주의로써 사용

한다.

③ "갑"은 제1항에 의한 사용으로 "을"에게 손해가 있거나 "을"의 비용을 증가하게 한 때는 그손해를 배상하거나 증가된 비용을 부담한다.

제21조(준공) ① "을"은 공사를 완성한 때에는 "갑"에게 통지하여야 하며 "갑"은 통지를 받은후 지체없이 "을"의 입회하에 검사를 하여야 한다.

② "을"은 제1항의 검사에 합격하지 못한 때에는 지체없이 이를 보수 또는 개조하여 다시 검사를 받아야 한다.

③ "을"은 검사의 결과에 이의가 있을 때에는 재검사를 요구할 수 있으며, "갑"은 이에 응하여야 한다.

제22조(대가지급) ① "을"은 "갑"의 준공검사에 합격한 후 즉시 잉여자재, 폐물, 가설물 등을 철거, 반출하는등 공사현장을 정리하고 공사대금의 지급을 "갑"에게 청구할 수 있다.

② "갑"은 특약이 없는 한 계약의 목적물을 인도받음과 동시에 공사대금을 지급하여야 한다.

③ "갑"이 공사대금을 어음으로 지급하는 경우 그 어음은 금융기관에서 할인이 가능한 것에 한하며, 공사대금 지급기일로부터 어음만기일까지의 할인료는 어음을 교부하는날 "을"에게 지급하여야 한다.

④ "갑"은 공사대금을 지급기한내에 지급하지 못하는 경우에는 그 미지급금액에 대하여 지급기한의 다음날부터 지급하는 날까지의 일수에 시중은행의 일반 대출시 적용되는 연체이자율을 적용하여 산출한 이자를 지급하여야 한다.

제23조(지체상금) ① "을"은 준공기한내에 공사를 완성하지 아니한 때에는 매 지체일수마다 지체상금률을 계약금액에 곱하여 산출한 금액(이하 "지체상금"이라 한다)을 "갑"에게 납부하여야 한다. 다만, 천재지변, 전쟁, 항만폐쇄, 전염병, 방역을 위한 출입제한, 기타 "을"의 책임으로 돌릴 수 없는 사유로 지체된 경우에는 그러하지 아니하다.

② 제1항의 경우에 성질상 분할할 수 있는 공사의 완성부분으로서 "갑"이 검사를 거쳐 인수한 부분에 상당하는 금액은 계약금액에서 공제한다.

③ "갑"은 제22조에 의한 공사대금 또는 대금지급 지연에 대한 이자와 지체상금을 순차로 상계할 수 있다.

제24조(하자담보) ① "을"은 계약서에 정한 하자보수 보증금율을 계약금액에 곱하여 산출한 금액(이하 "하자보수보증금"이라 한다)을 준공검사후 그 공사의 대가를 지급할 때까지 현금 또는 다음 각호의 증서로서 "갑"에게 납부하여야 한다.

1. 건설공제조합의 보증서
2. 보증보험증권
3. 은행의 지급보증서
4. 은행의 정기예금증서
5. 신탁회사의 수익증권
6. 증권회사의 수익증권
7. 전문건설공제조합의 보증서
8. 신용보증기금의 보증서

② "을"은 준공검사를 마친날로 부터 계약서에 정한 하자담보 책임기간중 당해 공사에 발생하는 일체의 하자를 보수하여야 한다. 다만, 공사목적물의 인도후에 천재지변등 불가항력이나 "을"의 책임이 아닌 사유로 인하여 발생한 것일때에는 그러하지 아니하다.

③ "을"이 "갑"으로부터 제2항의 규정에 의한 하자보수의 요구를 받고 이에 응하지 아니하는 경우 "갑"은 "을"의 부담으로 직접 하자보수를 행할 수 있다. 이때 발생하는 비용은 하자보수 보증금으로 우선 충당하며, 부족액이 있는 경우에는 "을"에게 이를 청구할 수 있다,

④ 제1항의 규정에 의한 하자보수 보증금은 하자담보 책임기간이 종료한 후 "을"의 청구에 의하여 반환한다. 다만, 제3항의 규정에 의하여 "갑"이

직접 이행한 하자보수 비용은 공제한다.

제25조(하도급의 제한) ① "을"은 계약된 공사의 일부를 제3자에게 하도급하고자 할 때에는 "갑"의 서면승인을 받아야 한다. 다만, 건설업법의 규정에 의하여 전문공사를 당해 전문공사업자에게 하도급하는 경우에는 "갑"에 대한 통지로 갈음할 수 있다.

② "갑"은 제1항의 규정에 의해 통보된 하도급업자가 부적당하다고 인정될때에는 "을"에 대하여 하도급자의 교체를 요구할 수 있다. 이 경우 "을"은 특별한 사유가 없는한 하도급자를 교체하여야 한다.

제26조("갑"의 계약해제등) ① "갑"은 다음 각호의 1에 해당하는 경우에는 계약의 전부 또는 일부를 해제 또는 해지할 수 있다.

1. "을"이 정당한 사유없이 약정한 착공기일을 경과하고도 공사에 착수하지 아니한 경우
2. "을"이 책임있는 사유로 인하여 준공기일내에 공사를 완성할 가능성이 없음이 명백한 경우
3. 기타 "을"의 계약조건 위반으로 인하여 계약의 목적을 달성할 수 없다고 인정되는 경우

② 제1항의 규정에 의한 계약의 해제 또는 해지는 그 이유를 명시하여 "을"에게 통지함으로써 효력이 발생한다.

③ "을"은 제2항의 규정에 의한 통지를 받은 때에는 다음의 사항을 준수하여야 한다.

1. 당해공사를 지체없이 중지하고 모든 공사기구들을 공사장으로부터 철거한다.
2. 제9조의 규정에 의한 지급재료의 잔여분과 대여품은 지체없이 "갑"에게 반환한다.

제27조("을"의 계약해제등) ① "을"은 다음 각호의 1에 해당하는 경우에는 계약의 전부 또는 일부를 해제 또는 해지할 수 있다.

1. 공사내용을 변경함으로써 계약금액이 100분의 40이상 감소된 때
2. “갑”의 책임있는 사유에 의한 공사의 정지기간이 90일을 초과하거나 계약서상 공사기간의 100분의50을 초과한 때
3. “갑”이 정당한 이유없이 계약내용을 이행하지 아니함으로써 공사의 적정이행이 불가능하다고 명백히 인정되는 때

② 제1항의 규정에 의한 계약의 해제 또는 해지는 그 사유를 명시하여 “갑”에게 통지함으로써 효력이 발생한다.

第28條(손해배상등) ① 제26조 및 제27조의 규정에 의하여 계약이 해지된 때에는 “갑”과 “을”은 지체없이 기성부분의 공사금액을 청산하여야 한다.

② 제26조 및 제27조의 규정에 의한 계약의 해제 또는 해지로 인하여 손해가 발생한 때에는 상대방에게 그에대한 배상을 청구할 수 있다.

第29條(권리의무의 양도) 이 계약에 의하여 발생하는 권리 또는 의무는 제3자에게 양도하거나 위임할 수 없다. 다만, 상대방의 서면승락과 보증인의 동의를 얻었을 때에는 그러하지 아니하다.

第30條(법령의 준수) ① “갑”과 “을”은 이공사의 시공 및 계약의 이행에 있어서 건설업법등 관계법령의 제규정을 준수한다.

② “을”은 도급받은 공사에 대하여 하도급하는 경우에도 건설업법 및 하도급거래 공정화에 관한 법률등 관계법령의 제 규정을 준수한다.

第31條(적용의 완화) 건설업법의 적용을 받지않는 건축물에 대하여는 “갑”과 “을”의 합의에 따라 제4조, 제5조, 제6조, 제10조, 제11조, 제17조, 제24조, 제30조 제2항의 규정을 완화하여 정할 수 있다.

第32條(분쟁의 해결) ① 계약에 별도로 규정된 것을 제외하고는 계약에서 발생하는 문제에 관한 분쟁은 계약당사자가 쌍방의 합의에 의하여 해결한다.

② 제1항의 합의가 성립되지 못할때에는 당사자는 관련법령에 의하여 설치된 조정 또는 중재기관의 조정 또는 중재에 의하여 해결할 수 있다.

제33조("갑"으로 볼 수 있는 자) 제8조, 제12조, 제14조, 제19조제1항, 제21조, 제25조의 규정을 적용함에 있어 공사감리계약에 따라 공사감리자를 "갑"으로 볼 수 있다.

제34조(특약사항) 기타 이 계약에서 정하지 아니한 사항에 대하여는 "갑"과 "을"이 합의하여 별도의 특약을 정할 수 있다.

제35조(재검토기한) 「훈령·예규 등의 발령 및 관리에 관한 규정」(대통령 훈령 제248호)에 따라 이 고시 발령 후의 법령이나 현실여건의 변화 등을 검토하여 이 고시의 폐지, 개정 등의 조치를 하여야 하는 기한은 시행일로부터 3년까지로 한다.

부　칙(제2009-　호, 2009. 9)

제1조(시행일) 이 고시는 고시한 날부터 시행한다.

제2조(경과조치) 이 고시 시행당시 건축허가를 신청(건축위원회의 심의를 신청한 것을 포함한다)한 경우와 건축허가를 받거나 건축신고를 하고 건축중인 경우에는 종전의 기준에 의한다. 다만, 종전의 규정이 개정규정에 비하여 건축주·시공자 또는 공사감리자에게 불리한 경우에는 개정규정에 의한다.

2.5.2 건설공사 표준하도급계약서

건설공사 표준하도급계약서 (기본, 변경)

1. 발　주 자 :
   원도급공사명 :

2. 하도급공사명 :

3. 공 사 장 소 :

4. 공 사 기 간 : 착공　　　　년　　월　　일
   준공　　　　년　　월　　일

5. 계 약 금 액 : 일금　　　　원정 (₩　　　　)
   ㅇ 공급가액 : 일금　　　　원정 (₩　　　　) (노무비 : 일금　　　　원정)
   * 건설산업기본법시행령 제84조 규정에 의한 노무비
   ㅇ 부가가치세 : 일금　　　　원정 (₩　　　　)
   ※ 변경전 계약금액 : 일금　　　　원정 (₩　　　　)

6. 대금의 지급
   가. 선급금
   (1) 계약체결후 (　)일 이내에 일금　　　　원정 (₩　　　　)
   (2) 발주자로부터 지급받은 날 또는 계약일로부터 15일이내 그 내용과 비율에 따름
   나. 기성부분금 : (1) 월 (　)회
   (2) 목적물 수령일로부터 (　)일 이내
   (3) 지급방법 : 현금　　%, 어음　　%

다. 설계변경, 경제상황변동 등에 따른 대금조정 및 지급
  (1) 발주자로부터 조정 받은 날로부터 (30)일이내 그 내용과 비율에 따라 조정
  (2) 발주자로부터 지급받은날로부터 15일이내 지급

7. 지급자재의 품목 및 수량 : 별도첨부

8. 계약보증금 : 원정 (₩)

9. 하자보수보증금률 : %

10. 하자담보책임기간 :

11. 지체상금률 : %

당사자는 위 내용과 별첨 공사하도급 계약조건, 설계도( )장, 시방서 ( ) 책에 의하여 이 공사하도급 계약을 체결하고 계약서 2통을 작성하여 각각 1통씩 가진다.

년 월 일

* 원사업자
 주 소 :
 상 호 :
 성 명 : (인)

* 수급사업자
 주 소 :
 상 호 :
 성 명 : (인)

건설공사 표준하도급계약서(본문)

제정 1987. 03
개정 1995. 11
개정 1998. 10
개정 2006. 07
개정 2008. 12. 31
개정 2009. 11. 6

제1조(기본원칙) ① 원사업자 ㅇㅇㅇ주식회사(이하 "갑"이라 한다)와 수급사업자 ㅇㅇㅇ주식회사 (이하 "을"이라 한다)는 대등한 입장에서 서로 협력하여 신의에 따라 성실히 계약을 이행한다.

② 갑과 을은 이 공사의 시공 및 이 계약의 이행에 있어서 건설산업기본법, 하도급거래 공정화에 관한 법률 및 관계법령의 제 규정을 준수하다.

③ 이 계약의 내용과 배치되는 타 계약에 대해서는 이 계약에 의한 내용을 우선하여 적용한다. 다만, 제30조(특수조건)에 의거 이 계약에서 정하지 아니한 사항에 대하여 갑과 을이 대등한 지위에서 합의하여 특약으로 정한 내용은 그러하지 아니한다.

제2조(원사업자의 협조) ① 갑은 하도급계약을 체결한 날로부터 30일 이내에 하도급계약통보서(건설산업기본법 시행규칙 별지 제23호 서식)에 다음 각호의 1의 서류를 첨부하여 발주자에게 제출한다. 다만, 갑이 기한 내에 통지를 하지 아니한 경우에는 을이 발주자에게 이를 통지할 수 있다.

1. 하도급계약서(변경계약서를 포함한다) 사본
2. 공사량(규모)·공사단가 및 공사금액 등이 명시된 공사내역서
3. 예정공정표
4. 하도급대금지급보증서 사본(다만 하도급대금지급보증서 교부의무가 면제되는 경우에는 그 증빙서류)

② 갑은 을에게 이 공사 이행에 필요한 협조와 지원을 한다.

제3조(공사시공 등) ① 을은 이 계약조건과 설계도서(공사시방서, 설계도면 및 현장설명서를 포함한다. 다만, 총액단가계약의 경우는 산출내역서를 포함하며, 양식은 재정경제부 회계예규의 양식을 준용한다. 이하 같다)에 의하여 공사를 시공한다.

② 을은 공사예정공정표를 작성하여 계약체결 후 지체 없이 갑의 승인을 받아야 하며, 계약체결 후 지체 없이 갑에게 산출내역서를 제출하여야 한다.

제4조(관련공사와의 조정) ① 갑은 도급공사를 원활히 수행하기 위하여 이 공사와 관련이 있는 공사(이하 "관련공사"라 한다)와의 조정이 필요한 경우에 을과 협의하여 이 공사의 공사기간, 공사내용, 계약금액 등을 변경할 수 있다.

② 을은 관련공사의 시공자와 긴밀히 연락 협조하여 도급공사의 원활한 완성에 협력한다.

제4조의2(부당한 하도급대금의 결정 금지) ① 갑은 을에게 부당한 방법을 이용하여 목적물등과 같거나 유사한 것에 대하여 일반적으로 지급되는 대가보다 현저하게 낮은 수준으로 하도급대금을 결정(이하 "부당한 하도급대금의 결정"이라 한다)하거나 하도급 받도록 강요하여서는 아니 된다.

② 다음 각 호의 어느 하나에 해당하는 갑의 행위는 부당한 하도급대금의 결정으로 본다.

1. 정당한 사유 없이 일률적인 비율로 단가를 인하하여 하도급대금을 결정하는 행위
2. 협조요청 등 어떠한 명목으로든 일방적으로 일정 금액을 할당한 후 그 금액을 빼고 하도급대금을 결정하는 행위
3. 정당한 사유 없이 특정 수급사업자를 차별 취급하여 하도급대금을 결정하는 행위
4. 을에게 발주량 등 거래조건에 대하여 착오를 일으키게 하거나 다른

사업자의 견적 또는 거짓 견적을 내보이는 등의 방법으로 을을 속이고 이를 이용하여 하도급대금을 결정하는 행위

5. 갑이 을과의 합의 없이 일방적으로 낮은 단가에 의하여 하도급대금을 결정하는 행위
6. 수의계약으로 하도급계약을 체결할 때 정당한 사유 없이 갑의 도급내역상의 재료비, 직접노무비 및 경비의 합계(다만, 경비 중 갑과 을이 합의하여 갑이 부담하기로 한 비목 및 갑이 부담하여야 하는 법정경비를 제외한다)보다 낮은 금액으로 하도급대금을 결정하는 행위
7. 경쟁입찰에 의하여 하도급계약을 체결할 때 정당한 사유 없이 최저가로 입찰한 금액보다 낮은 금액으로 하도급대금을 결정하는 행위

제5조(의견의 청취) 갑은 시공상 공정의 세부작업 방법 등을 정함에 있어 미리 을의 의견을 청취한다.

제6조(권리·의무의 양도) ① 갑·을은 이 계약으로부터 발생하는 권리 또는 의무를 제3자에게 양도하거나 승계하게 할 수 없다. 다만 상대방의 서면에 의한 승낙을 받았을 때에는 그러하지 아니하다.

② 을은 공사목적물 또는 공사현장에 반입하여 검사를 마친 공사자재를 제3자에게 매각, 양도 또는 대여하거나 담보목적으로 제공할 수 없다.

제7조(계약이행 및 공사대금지급보증) ① 갑과 을은 다음 각호의 1의 방법으로 계약이행 및 공사대금의 지급을 상호 보증한다.

1. 을이 갑에게 계약금액의 10%에 해당하는 금액의 계약이행 보증을 하는 방법
2. 갑이 을에게 다음 각목의 1에 해당하는 금액의 공사대금 지급보증을 하는 방법
   가. 공사기간이 4월 이하인 경우에는 계약금액에서 계약상 선급금을 제외한 금액
   나. 공사기간이 4월을 초과하는 경우로서 기성금지급 주기가 2월이

내 이면 「(하도급계약금액-계약상 선급금)÷공사기간인 월수」에 4를 곱한 금액

다. 공사기간이 4월을 초과하는 경우로서 기성금지급 주기가 2월을 초과하면 「(하도급계약금액-계약상 선급금)÷공사기간인 월수」에 기성금지급주기인 월수의 배수를 곱한 금액

② 다음 각호의 경우에는 제1항 규정을 적용하지 아니한다.

1. 갑이 을에게 건설위탁을 하는 경우로서 1건 공사의 공사금액이 4천만원 이하인 경우
2. 갑이 「신용정보의 이용 및 보호에 관한 법률」 제2조 제5호에 따른 신용정보회사(신용평가업무를 주된 사업으로 하는 자에 한한다)가 실시한 신용평가에서 공정거래위원회가 정하여 고시하는 기준 이상의 등급을 받은 경우
3. 발주자가 하도급대금을 직접 을에게 지급하기로 갑·을 및 발주자 간에 합의한 때 발주자가 하도급대금을 직접 지급하여야 하는 경우

③ 제1항의 규정에 의한 갑과 을 상호간의 보증은 현금의 납부 또는 다음 각호의 1에 의한 보증서의 교부에 의한다.

1. 건설공제조합, 전문건설공제조합 또는 보증보험회사, 신용보증기금등 이와 동등한 보증기관이 발행하는 보증서
2. 국채 또는 지방채
3. 금융기관의 지급보증서 또는 예금증서

④ 갑이 을에 대하여 제3항 제1호의 방법으로 공사대금지급보증서를 교부하는 경우 갑이 도급받은 공사의 공사기간 중 하도급 하는 모든 공사에 대한 공사대금 일괄지급보증서 또는 갑이 1 회계년도에 하도급 하는 모든 공사에 대한 공사대금 일괄지급보증서로 갈음할 수 있다.

⑤ 갑이 제20조의 규정에 의한 공사대금의 지급을 지체하여 을로부터 서면으로 지급독촉을 받고도 이를 지급하지 아니한 경우 을은 제3항 제1호

의 보증기관에 공사대금 중 미지급액에 상당하는 보증금의 지급을 청구할 수 있다. 다만, 갑이 현금납부 또는 제3항 제2호 및 제3호의 증서를 교부한 경우에는 동 금액에서 공사대금 중 미지급액에 상당하는 금액을 을에게 귀속한다.

⑥ 을이 계약상 의무를 이행하지 아니하여 갑이 제25조 제1항의 규정에 의거 계약의 전부 또는 일부를 해제 또는 해지한 경우 갑은 제3항 제1호의 보증금에 대해 계약의 해제 또는 해지에 따른 손실에 상당하는 금액의 지급을 청구할 수 있다. 다만, 을이 현금납부 또는 제3항 제2호 및 제3호의 증서를 교부한 경우에는 손실액에 상당하는 금액은 갑에게 귀속된다.

⑦ 갑의 공사대금 미지급액 및 을의 계약불이행 등에 의한 손실액이 제1항의 규정에 의한 보증금을 초과하는 경우에는 갑과 을은 그 초과액에 대하여 상대방에게 청구할 수 있다.

⑧ 갑과 을이 납부한 보증금은 계약이 이행된 후 계약상대방에게 지체없이 반환한다. 이 경우 갑이 을에게 공사대금을 어음으로 지급한 경우는 어음만기일을 공사대금 지급보증에 있어서의 계약이행완료일로 본다.

제8조(감독원) ① 갑은 자기를 대리하는 감독원을 임명하였을 때에는 이를 서면으로 을에게 통지한다.

② 감독원은 다음과 같은 직무를 수행한다.

1. 시공일반에 대하여 감독하고 입회하는 일
2. 계약이행에 있어서 을 또는 을의 현장대리인에 대한 지시, 승낙 또는 협의하는 일
3. 공사재료와 시공에 대한 검사 또는 시험에 입회하는 일
4. 공사의 기성부분검사, 준공검사 또는 공사목적물의 인도에 입회하는 일

③ 을이 갑 또는 감독원에 대하여 검사입회 등을 요구한 때에는 갑 또는 감독원은 지체없이 이에 응한다.

④ 을은 감독원의 감독 또는 관리에 있어서 그 처리가 현저히 부당하다

고 인정될 때에는 갑에 대하여 그 사유를 명시한 서면으로써 필요한 지시를 요구할 수 있다.

제9조(현장대리인) ① 을은 현장대리인을 두며 이를 미리 갑에게 통지한다.

② 현장대리인은 법률에 의하여 2개 현장에 배치할 수 있는 경우를 제외하고는 공사현장에 상주해야 하며 을을 대리하여 일체의 사항을 처리한다.

③ 현장대리인이 건설산업기본법 시행령 제35조 별표5의 규정에 의한 건설기술자의 현장배치 기준에 적합한 기술자가 아닌 경우에는 을은 공사관리 기타 기술상의 관리를 위하여 적격한 건설기술자를 별도로 배치하고 갑에게 통지한다.

제10조(종업원 및 고용원) ① 을이 공사를 시공함에 있어서 종업원이나 고용원을 사용할 때에는 당해 공사의 시공 또는 관리에 관한 상당한 기술과 경험이 있는 자를 채용한다.

② 을은 그의 대리인, 안전관리책임자, 종업원 또는 고용원의 행위에 대하여 사용자로서의 모든 책임을 지며, 갑이 을의 대리인, 종업원 또는 고용원에 대하여 공사의 시공 또는 관리에 있어 현저히 부적당하다고 인정하여 이의 교체를 요구한 때에는 정당한 사유가 없는 한 지체 없이 이에 응한다.

③ 을은 제2항에 의하여 교체된 대리인, 종업원 또는 고용원을 갑의 동의없이 당해공사를 위하여 다시 채용할 수 없다.

제11조(공사재료의 검사) ① 공사에 사용할 재료는 신품이어야 하며, 품질·품명 등은 반드시 설계도서와 일치하여야 한다. 다만, 설계도서에 품질·품명 등이 명확히 규정되지 아니한 것은 표준품 또는 표준품에 상당하는 재료로서 계약의 목적을 달성하는데 가장 적합한 것이어야 한다.

② 공사에 사용할 재료는 사용 전에 공사 감독원의 검사를 받아야 하며 불합격된 재료는 즉시 대체하여 다시 검사를 받아야 한다. 이 경우에 을은 이를 이유로 계약기간의 연장을 청구할 수 없다.

③ 검사결과 불합격품으로 결정된 재료는 공사에 사용할 수 없다. 다만, 감독원의 검사에 이의가 있을 때에는 을은 갑에 대하여 재검사를 요청할 수 있으며, 재검사의 필요가 있을 때에는 갑은 지체 없이 재심사하도록 조치한다.

④ 갑은 을로부터 공사에 사용할 재료의 검사를 요청받거나 제3항의 규정에 의한 재검사의 요청을 받은 때에는 정당한 사유 없이 검사를 지체할 수 없다

⑤ 을이 불합격된 재료를 즉시 이송하지 않거나 대품으로 대체하지 않을 경우에는 갑은 일방적으로 불합격된 재료를 제거하거나 대품으로 대체시킬 수 있으며, 그 비용은 을의 부담으로 한다.

⑥ 을은 재료의 검사를 받을 때에는 감독원의 지시에 따라야 하며, 검사에 소요되는 비용은 별도로 정한 바가 없으면 자재를 조달하는 자가 부담한다. 다만, 검사에 소요되는 비용을 발주자로부터 지급받았을 경우에는 갑이 이를 부담한다.

⑦ 공사에 사용하는 재료중 조합 또는 시험을 요하는 것은 감독원의 참여하에 그 조합 또는 시험을 한다.

⑧ 을은 공사현장내에 반입한 공사재료를 감독원의 승낙없이 공사현장 밖으로 반출하지 못한다.

⑨ 수중 또는 지하에 설치하는 공작물과 기타 준공후 외부로부터 검사할 수 없는 공작물의 검사는 감독원의 참여없이 시공할 수 없다.

제12조(지급재료 및 대여품) ① 계약에 의하여 갑이 지급하는 재료의 인도시기는 공사예정공정표에 의하고, 그 인도장소는 시방서에 따로 정한 바가 없으면 공사현장으로 한다.

② 제1항에 의하여 지급된 재료의 소유권은 갑에게 속하며 감독원의 서면 승낙 없이 공사현장에 반입된 재료를 이동할 수 없다.

③ 을은 갑 또는 감독원이 지급재료가 비치된 장소에 출입하여 이를 검

사하고자 할 때에는 이에 협조한다.

④ 갑은 목적물의 품질유지, 개선이나 기타 정당한 사유가 있는 경우 또는 을의 요청이 있는 때에 건설위탁과 관련된 기계·기구(이하 "대여품"이라 한다) 등을 대여할 수 있다. 이 경우 갑은 대여품을 지정된 일시와 장소에서 인도하며 인도후의 반송비는 을의 부담으로 한다.

⑤ 제1항의 지급재료와 제4항의 대여품을 지급한 후에 멸실 또는 훼손이 있을 때에는 을은 이에 대하여 책임을 진다. 다만 선량한 관리자의 주의의무를 다한 경우에는 그러하지 아니한다.

⑥ 갑이 지급한 재료와 기계, 기구 등은 계약의 목적을 수행하는 데에만 사용한다.

⑦ 재료지급의 지연으로 공사가 지연될 우려가 있을 때에는 을은 갑의 서면승락을 얻어 자기가 보유한 재료를 대체 사용할 수 있다. 다만, 대체사용에 따른 경비는 갑이 부담한다.

⑧ 갑은 제7항의 규정에 의하여 대체사용한 재료를 그 사용당시의 가격에 의하여 그 대가를 공사기성금에 포함하여 을에게 지급하여야 한다. 다만 현품반환을 조건으로 하여 재료의 대체사용을 승인한 경우에는 그러하지 아니하다.

⑨ 감독원은 지급재료 및 대여품을 을의 입회하에 검사하여 인도한다.

⑩ 을은 공사내용의 변경으로 인하여 필요 없게 된 지급재료 또는 대여품을 지체 없이 갑에 반환한다.

제12조의 2(물품 등의 구매강제 금지) 갑은 을에게 그 목적물 등에 대한 품질의 유지·개선 등 정당한 사유가 있는 경우 외에는 그가 지정하는 물품·장비 또는 역무의 공급 등을 을에게 매입 또는 사용(이용을 포함한다. 이하 같다)하도록 강요하여서는 아니 된다.

제13조(부적합한 공사) ① 갑은 을이 시공한 공사중 설계도서에 적합하지 아니한 부분이 있을 때에는 이에대한 시정을 요청할 수 있으며, 을은 지

체없이 이에 응한다. 이 경우 을은 계약금액의 증액 또는 공기의 연장을 요청할 수 없다.

② 제1항의 경우에 그 부적합한 시공이 갑의 요청 또는 시공에 의하거나 기타 을의 책임으로 돌릴 수 없는 사유로 인한 때에는 을은 그 책임을 지지 아니한다.

제13조의 2(부당한 위탁취소 금지) 갑은 건설위탁을 한 후 을의 책임으로 돌릴 사유가 없음에도 불구하고 다음 각호의 어느 하나에 해당하는 행위를 하여서는 아니된다.

1. 위탁을 임의로 취소하거나 변경하는 행위
2. 목적물 등의 납품에 대한 수령을 거부하거나 지연하는 행위

제14조(공사의 변경·중지) ① 갑은 발주자의 요청 혹은 자신의 설계변경 등에 의하여 공사내용을 변경·추가하거나 공사의 전부나 일부에 대한 시공을 일시 중지할 경우에는 변경계약서 등을 사전에 을에게 교부하여야 한다.

② 갑의 지시에 의하여 을이 추가로 시공한 공사물량에 대하여 갑은 발주자로부터 증액받지 못하였다 하더라도 을에게 증액 지급한다.

③ 을은 동 계약서에 규정된 계약금액의 조정사유 이외의 계약체결 후 계약조건의 미숙지, 덤핑 수주 등을 이유로 계약금액의 변경을 요구하거나 시공을 거부할 수 없다.

제14조의 2(설계변경으로 인한 계약금액의 변경) ① 갑은 발주자의 요청 혹은 자신의 설계변경 등에 의하여 공사량의 증감이 발생한 경우에는 당해 계약금액을 조정하여야 한다.

② 제1항의 규정에 의한 계약금액의 조정은 다음 각호의 기준에 의한다. 다만 발주자로부터의 설계변경의 경우 발주자로부터 조정 받은 범위내에서 그러하다.

1. 증감된 공사의 단가는 제3조제2항의 규정에 의한 산출내역서상의 단가(이하 "계약단가"라 한다)로 한다.

2. 계약단가가 없는 신규 비목의 단가는 설계변경 당시를 기준으로 산정한 단가에 낙찰률을 곱한 금액으로 한다.
3. 발주자가 설계변경을 요구한 경우에는 제1호 및 제2호의 규정에 불구하고 증가된 물량 또는 신규비목의 단가는 설계변경당시를 기준으로 하여 산정한 단가와 동 단가에 낙찰률을 곱한 금액을 합한 금액의 100분의 50이내에서 계약 당사자간에 협의하여 결정한다.

③ 계약금액의 증감분에 대한 일반관리비 및 이윤은 계약체결 당시의 율에 의한다.

④ 갑이 발주자로부터 설계변경에 따른 하도급대금의 조정을 받은 경우 하도급대금의 증액 또는 감액은 원사업자가 발주자로부터 증액 또는 감액을 받은날 부터 30일 이내에 하여야 한다.

⑤ 갑의 지시에 따라 공사량이 증감되는 경우 갑과 을은 공사시공 전에 증감되는 공사량에 대한 대금을 확정하여야 한다. 다만 긴급한 상황이나 사전에 대금을 정하기가 불가능할 경우에는 갑과 을은 서로 합의하여 시공완료 후 즉시 대금을 확정하여야 한다.

⑥ 발주자의 설계변경으로 인한 하도급계약금액의 조정에 있어 갑이 추가금액을 지급받은 날부터 15일을 초과하여 지급하는 경우에는 지연이자를, 추가금액을 어음으로 지급하는 경우에는 추가금액을 지급받은 날부터 15일을 초과한 날이후 만기일까지의 기간에 대한 할인료(공정거래위원회가 정하여 고시하는 할인료를 의미함. 이하 같음.)를 각각 지급한다.

제15조(물가변동으로 인한 계약금액의 조정) ① 을은 계약체결 후 90일 이상 경과하고 잔여 납품물량에 대하여 다음 각호에 해당하는 사유가 발생한 경우에는 계약금액의 조정을 신청할 수 있으며, 신청이 있은 날로부터 30일 이내에 상호 협의하여 계약금액을 조정한다. 다만, 원재료 가격이 급등하는 등 계약금액을 조정하지 않고서는 계약이행이 곤란하다고 인정되는 경우에는 을은 계약체결일(계약체결 후 계약금액을 조정한 경

우 그 조정일)부터 90일 이내에도 계약금액의 조정을 신청할 수 있다.

1. 산출내역서에 포함되어 있는 품목의 가격 또는 요금등의 변동으로 인한 등락액이 잔여납품물량에 해당하는 계약금액의 100분의 3 이상인 때
2. 계약금액에서 차지하는 비중이 100분의 1 이상인 납품물량의 원재료 가격이 100분의 20 이상 증감된 경우

② 갑은 제1항에 따른 신청이 있은 날부터 10일 이내에 하도급대금 조정을 위한 협의를 개시하여야 하며, 정당한 사유 없이 협의를 거부하거나 게을리 하여서는 아니 된다.

③ 제1항에 따른 신청이 있은 날부터 10일이 지난 후에도 갑이 하도급대금의 조정을 위한 협의를 개시하지 아니하거나 제1항에 따른 신청이 있은 날부터 30일 이내에 하도급대금 조정에 관한 합의에 도달하지 못한 경우에는 갑 또는 을은 하도급분쟁조정협의회에 조정을 신청할 수 있다.

④ 하도급계약금액의 조정을 요청하는 경우에는 조정요건에 해당하는 사유를 명시하여 증빙자료와 함께 서면(전자서면 포함)으로 요청하여야 한다.

⑤ 계약금액의 조정은 물가변동 기준일 이후에 반입한 재료와 제공된 역무의 대가에 적용하되, 시공 착수전에 제출된 납품예정공정표상 물가변동기준일 이전에 이미 계약이행이 완료되었어야 할 부분을 제외한 잔여부분의 대가에 대하여만 적용한다. 다만, 갑의 귀책사유 또는 천재지변 등 불가항력으로 인하여 지연된 경우에는 그러하지 아니하다.

제16조(응급조치) ① 을은 화재방지 등을 위하여 필요하다고 인정될 때에는 미리 응급조치를 취하고 즉시 이를 갑에게 통지한다.

② 갑 또는 감독원은 화재방지, 기타 공사의 시공상 긴급하고 부득이하다고 인정할 때에는 을에게 응급조치를 요구할 수 있다. 이 경우에 을은 즉시 이에 응한다. 다만, 을이 요구에 응하지 아니할 때에는 갑은 제3자로 하여금 필요한 조치를 하게 할 수 있다.

③ 제1항 및 제2항의 응급조치에 소요된 경비에 대하여는 갑과 을이 협의하

여 정한다. 다만, 응급조치 원인에 대한 책임이 을에게 있는 경우 을의 부담으로 한다.

제17조(검사 및 인도) ① 갑은 을로부터 기성부분 검사 또는 준공검사의 요청이 있는 때에는 갑과 을이 협의하여 납품 등을 한 목적물 등에 대하여 객관적이고 공정·타당하게 정한 검사 기준 및 방법에 따라 즉시 검사를 하여야 하며, 정당한 사유가 없는 한 10일 이내에 검사결과를 을에게 서면으로 통지하여야 한다. 갑이 10일 이내에 통지를 하지 아니하는 경우에는 검사에 합격한 것으로 본다.

② 제1항의 검사합격 통지시 갑에게 목적물이 인도된 것으로 보며, 갑은 즉시 이를 인수하여야 한다.

③ 을은 제1항의 검사에 합격하지 못한 때에는 지체 없이 이를 보수 또는 개조하여 다시 검사를 받아야 한다.

④ 을은 갑의 검사에 이의가 있을 때에는 갑에 대하여 재검사를 요구 할 수 있으며, 재검사의 요구가 있을 때에는 갑은 지체 없이 재검사를 한다.

⑤ 을은 공사를 완성하였을 때에는 모든 공사시설, 잉여자재, 폐물질 및 가설물 등을 공사현장으로부터 즉시 철거, 반출하고 공사현장을 정돈한다.

제18조(손해의 부담) ① 공사의 목적물이 갑에게 인도되기 전에 갑·을 쌍방의 책임 없는 사유로 공사의 목적물이나 제3자에게 손해가 생긴 경우 이는 을이 부담한다, 단, 갑의 귀책사유가 있는 경우나 갑의 인수지연 중 갑·을 쌍방의 책임 없는 사유로 목적물 또는 제3자에게 손해가 생긴 경우 이는 갑이 부담한다.

② 공사목적물 검사기간 중 갑·을 쌍방의 책임 없는 사유로 공사의 목적물이나 제3자에게 손해가 생긴 경우 다른 약정이 없는 한 갑과 을이 협의하여 결정한다.

③ 갑에게 공사의 목적물이 인도된 후 갑·을 쌍방의 책임 없는 사유로 공사의 목적물이나 제3자에게 손해가 발생한 경우 이는 갑이 부담한다.

그리고 천재지변 기타 불가항력에 의하여 검사를 마친 기성부분에 손해가 발생한 때에는 을은 그 사실을 지체 없이 갑에게 통지한다.

④ 을은 고의·과실로 인하여 하도급받은 공사를 조잡하게 하여 타인에게 손해를 가한 때에는 그 손해를 배상한다.

⑤ 갑이 제4항의 규정에 의한 손해를 건설산업기본법 제44조 (건설업자의 손해배상책임) 제3항의 규정에 따라 배상한 때에는 을에게 구상권을 행사할 수 있다.

제19조(부분사용) ① 갑은 공사목적물의 인도전이라 하더라도 을의 동의를 얻어 공사목적물의 전부 또는 일부를 사용할 수 있다.

② 제1항의 경우 갑은 그 사용부분을 선량한 관리자의 주의로서 사용한다.

③ 갑은 제1항에 의한 사용으로 을에게 손해가 있거나 을의 비용을 증가하게 한 때에는 그 손해를 배상하거나 증가된 비용을 부담한다. 이 경우 배상액 또는 부담액은 갑과 을이 협의하여 정한다.

제20조(대금지급) ① 갑은 목적물인수일로부터 60일이내의 기한으로 정한 지급기일까지 을에게 대금을 지급하여야 한다.

② 갑이 발주자로부터 준공금을 받은 때에는 하도급대금을, 기성금을 받은 때에는 을이 시공한 분에 상당한 금액을 그 지급받은 날로부터 15일(대금지급기일이 그전에 도래한 경우에는 지급기일)이내에 을에게 지급하여야 한다.

③ 갑이 국가를 당사자로하는 계약에 관한 법률 또는 지방자치단체를 당사자로 하는 계약에 관한 법률의 적용을 받는 기관이 발주하는 건설공사를 수주한 경우에는 위 ②항의 규정에도 불구하고 기성금을 월 1회 을에게 지급한다. 다만, 기성부분이 없거나 갑이 발주자에게 기성금의 지급을 신청하였음에도 발주자가 기성금을 지급하지 아니하는 등과 같이 갑이 기성금을 지급할 수 없는 정당한 사유가 있는 경우에는 그러하지 아니하다.

④ 갑이 대금을 어음으로 지급하는 경우에는 그 어음은 법률에 근거하여 설립된 금융기관에서 할인이 가능한 것이어야 하며, 어음을 교부한 날부터 어음의 만기일까지의 기간에 대한 할인료를 어음을 교부하는 날에 을에게 지급하여야 한다. 다만, 목적물인수일로부터 60일(발주자로부터 준공금 또는 기성금을 받은 때에는 제2항에서 정한 기일을 말함. 이하 같음.) 이내에 어음을 교부하는 경우에는 목적물의 인수일로부터 60일을 초과한 날이후 만기일까지의 기간에 대한 할인료를 목적물의 인수일로부터 60일 이내에 을에게 지급하여야 한다.

제20조의 2(부당감액의 금지) ① 갑은 을에게 책임을 돌릴 사유가 없음에도 불구하고 건설위탁을 할 때 정한 하도급대금을 부당하게 감액하여서는 아니된다.

② 다음 각 호의 어느 하나에 해당하는 갑의 행위는 부당감액으로 본다.

1. 위탁할 때 하도급대금을 감액할 조건 등을 명시하지 아니하고 위탁 후 협조요청 또는 거래 상대방으로부터의 발주취소, 경제상황의 변동 등 불합리한 이유를 들어 하도급대금을 감액하는 행위
2. 을과 단가 인하에 관한 합의가 성립된 경우 그 합의 성립 전에 위탁한 부분에 대하여도 일방적으로 합의 내용을 소급하여 적용하는 방법으로 하도급대금을 감액하는 행위
3. 하도급대금을 현금으로 지급하거나 지급기일 전에 지급하는 것을 이유로 지나치게 하도급대금을 감액하는 행위
4. 갑에 대한 손해발생에 실질적 영향을 미치지 아니하는 을의 경미한 과오를 이유로 일방적으로 하도급대금을 감액하는 행위
5. 목적물 등의 시공 등에 필요한 물품 등을 자기로부터 사게 하거나 자기의 장비 등을 사용하게 한 경우에 적정한 구매대금 또는 적정한 사용대가 이상의 금액을 하도급대금에서 공제하는 행위
6. 하도급대금 지급 시점의 물가나 자재가격 등이 납품 등의 시점에 비

하여 떨어진 것을 이유로 하도급대금을 감액하는 행위

7. 경영적자 등 불합리한 이유로 부당하게 하도급대금을 감액하는 행위
8. 「고용보험 및 산업재해보상보험의 보험료징수 등에 관한 법률」, 「산업안전보건법」 등에 따라 갑이 부담하여야 하는 고용보험료, 산업안전보건관리비, 그 밖의 경비 등을 을에게 부담시키는 행위

제20조의 3(부당결제청구 등의 금지) ① 갑은 을에게 건설위탁에 필요한 물품 등을 자기로부터 사게 하거나 자기의 장비 등을 사용하게 한 경우에 정당한 이유 없이 당해 위탁에 대한 하도급대금의 지급기일에 앞서 구매대금이나 사용대가의 전부 또는 일부를 지급하게 하거나 자기가 구입사용 또는 제3자에게 공급하는 조건보다 현저하게 불리한 조건으로 지급하여서는 아니 된다.

② 갑은 정당한 사유 없이 을에게 자기 또는 제3자를 위하여 금전, 물품, 용역 그 밖에 경제적 이익을 제공하도록 하는 행위를 하여서는 아니 된다.

제20조의 4(부당한 대물변제의 금지) 갑은 을의 의사에 반하여 하도급대금을 물품으로 지급하여서는 아니 된다.

제21조(하도급대금의 직접지급청구) ① 건설산업기본법 등 관계법령에 의거 발주자가 하도급대금을 직접 지급할 수 있는 사유에 해당하는 경우, 을은 발주자에게 하도급대금의 직접지급을 청구할 수 있다.

② 을이 제1항의 규정에 의하여 하도급대금의 직접지급을 청구하거나 발주자가 관계법령에 의하여 하도급대금을 을에게 직접 지급하고자 할 때에는 갑은 특별한 사유가 없는 한 그 지급의 방법 및 절차에 관하여 협조한다.

제22조(선급금) ① 갑은 계약서에 정한 바에 따라 선급금을 을에게 지급한다.

② 갑이 발주자로부터 선급금을 받은 때에는 을이 시공에 착수할 수 있

도록 그가 받은 선급금의 내용과 비율에 따라 선급금을 지급받은 날로부터 15일 이내의 범위안에서 계약서에 정한 바에 따라 선급금을 을에게 지급한다.

③ 을이 선급금을 지급받고자 할 때에는 제23조제1항 각호의 1에 해당하는 증서를 갑에게 제출한다.

④ 선급금은 계약목적외에 사용할 수 없으며, 노임지급 및 자재확보에 우선 사용하도록 한다.

⑤ 선급금은 기성부분의 대가를 지급할 때마다 산식에 의하여 산출한 금액을 정산한다.

제22조의 2(부당한 경영간섭의 금지) 갑은 하도급거래량을 조절하는 방법 등을 이용하여 을의 경영에 간섭하여서는 아니 된다.

제23조(하자담보) ① 을은 계약서에서 정한 하자보수보증금율을 계약금액에 곱하여 산출한 금액 (이하 "하자보수보증금"이라 한다)을 준공검사후 그 공사의 대가를 지급받을 때까지 현금 또는 다음의 증서로써 갑에게 납부한다. 다만, 공사의 성질상 보증금의 납부가 필요하지 아니한 경우에는 그러하지 아니하다.

1. 건설공제조합, 전문건설공제조합, 설비공사공제조합, 전기공사공제조합 및 정보통신공제조합이 발행하는 보증서
2. 보증보험증권
3. 신용보증기금의 보증서
4. 국채 또는 지방채
5. 금융기관의 지급보증서
6. 금융기관의 예금증서

② 을은 준공검사를 마친 날로부터 계약서에 정하는 하자보수의무기간중 을의 귀책사유로 하자가 발생한 것에 대하여는 이를 보수하여야 한다.

③ 을이 제2항의 하자보수의무기간 중 갑으로부터 하자보수의 요구를 받

고 이에 응하지 아니하면 제1항의 하자보수보증금은 갑에게 귀속한다.

④ 제1항의 하자보수보증금은 하자보수의무기간이 종료한 후 을의 청구가 있는 날로부터 10일 이내에 반환하여야 한다.

제24조(이행지체) ① 을이 계약서에서 정한 준공기한 내에 공사를 완성하지 못하였을 때에는 계약금액에 계약서에 정한 지체상금율과 지체일수를 곱한 금액(이하 "지체상금"이라 한다)을 갑에게 지급한다.

② 제1항의 경우 기성부분에 대하여 검사를 거쳐 이를 인수한 때에는 그 부분에 상당하는 금액을 계약금액에서 공제한 금액을 기준으로 지체상금을 계산한다. 이 경우 기성부분의 인수는 성질상 분할할 수 있는 공사의 완성부분으로서 인수하는 것에 한한다.

③ 다음 각 호의 1에 해당되는 사유로 공사가 지체되었다고 인정될 때에는 그 해당일수에 상당한 일수를 지체일수에 산입하지 아니한다.

1. 태풍, 홍수, 기타 악천후, 전쟁 또는 사변, 지진, 화재, 폭동, 항만봉쇄, 방역 및 보안상 출입제한 등으로 인한 경우
2. 갑이 지급키로한 지급재료의 공급이 지연되어 공사진행이 불가능하였을 경우
3. 갑의 귀책사유로 인하여 착공이 지연되거나 시공이 중단된 경우
4. 을의 부도 등으로 연대보증인이 보증이행을 할 경우(부도 등이 확정된 날부터 갑이 보증이행을 지시한 날까지를 의미함)
5. 을의 부도 등으로 보증기관이 보증이행업체를 지정하여 보증이행할 경우(갑으로부터 보증채무이행청구서를 접수한 날부터 보증이행개시일 전일까지를 의미함, 다만 30일이내에 한함)
6. 기타 을의 책임에 속하지 아니하는 사유로 인하여 지체된 경우

④ 갑은 제1항의 지체상금을 을에게 지급하여야 할 공사비 또는 기타 예치금에서 합의 후 공제할 수 있다.

제25조(계약해제, 해지) ① 갑 또는 을은 다음 각호의 1에 해당하는 경우

서면으로 상당한 기간을 정하여 계약의 이행을 최고한 후 동 기간 내에 계약이 이행되지 아니하는 때에는 당해 계약의 전부 또는 일부를 해제 혹은 해지할 수 있다.

1. 갑 또는 을이 계약조건에 위반하여 그 위반으로 계약의 목적을 달성할 수 없다고 인정될 때
2. 부도·파산 등 을의 귀책사유로 공기 내에 공사를 완성할 수 없는 것이 명백히 인정될 때
3. 갑이 정당한 이유 없이 계약내용을 이행하지 아니하고 그 위반으로 공사를 완성하는 것이 불가능한 때
4. 을이 정당한 이유 없이 약정한 착공기간을 경과하고도 공사에 착공하지 아니한 때
5. 갑이 공사내용을 변경함으로써 계약금액이 40/100이상 감소한 때
6. 제14조 제1항에 의한 공사의 정지기간이 전체공사 기간의 50/100이상 인때
7. 갑이 정당한 이유 없이 제7조에 정한 대금지급보증을 하지 아니한 때
8. 을이 정당한 이유 없이 제7조에 정한 계약이행보증을 하지 아니한 때

② 제1항 각호의 사유로 계약을 해제 또는 해지한 경우 을은 기성부분 검사를 필한 부분에 대한 하자보수보증금을 제23조 제1항의 규정에 의거 갑에게 납부한다.

③ 을은 제2항의 하자보수보증금을 현금으로 납부한 경우 공사 준공검사 후 하자보수보증서로 대체할 수 있다.

④ 갑이 제1항 각호의 사유로 계약을 해제 또는 해지한 경우 을은 다음 각호의 사항을 이행한다.

1. 해약통지서를 받은 부분에 대한 공사를 지체없이 중지하고 모든 공사 관련시설 및 장비 등을 공사현장으로 부터 철거한다.
2. 제12조에 의한 대여품이 있을 때에는 지체없이 갑에게 반환한다. 이

경우 당해 대여품이 을의 고의 또는 과실로 인하여 멸실 또는 파손되었을 때에는 원상회복 또는 그 손해를 배상한다.

3. 제12조에 의한 지급자재 중 공사의 기성부분으로서 인수된 부분에 사용한 것을 제외한 잔여재료는 갑에게 반환한다. 이 경우 당해재료가 을의 고의 또는 과실로 인하여 멸실 또는 파손되었거나 공사의 기성부분으로서 인수되지 아니한 부분에 사용된 때에는 원상으로 회복하거나 그 손해를 배상한다.

⑤ 갑 또는 을은 제1항에 의한 계약의 해제 또는 해지로 손해가 발생한 때에는 상대방에게 손해배상을 청구할 수 있다.

제25조의 2(공사의 중지) ① 갑이 계약조건에 의한 선급금과 기성부분의 지급을 하지 않는 경우로서 을이 상당한 기한을 정하여 그 지급을 독촉하였음에도 불구하고, 갑이 이를 지급하지 아니하면 을은 공사중지기간을 정하여 갑에게 통보하고 공사의 전부 또는 일부를 일시 중지할 수 있다.

② 제1항의 공사중지에 따른 기간은 제24조의 지체상금 산정시 지체일수에서 제외한다.

제26조(서류제출) 을은 하도급공사의 임금, 산업재해보상보험금의 지급, 요양 등에 관한 서류에 대하여 갑의 요구가 있을 때에는 이에 협조한다.

제27조(보험가입 등) ① 관계법령에 의하여 가입이 의무화된 고용보험, 산재보험 등은 갑이 가입하고(다만, 을이 관련 공단으로부터 하도급사업자 승인을 얻은 경우에는 을이 가입) 국민연금보험, 국민건강보험은 갑과 을이 각각 가입함을 원칙으로 하며, 을은 시공에 있어서 재해방지를 위하여 만전을 기한다.

② 갑은 을이 관계 법령에 의하여 의무적으로 보험에 가입해야 하는 경우에는 을의 하도급내역을 기초로 산출된 보험가입에 필요한 금액을 별도로 계상하여 을에게 지급한다.

③ 갑은 제1항에 의해 보험 등에 가입한 경우에는 당해 사업장의 근로자

가 보험금 등을 지급받아야할 사유가 발생한때에는 관계법령에 의한 보험금 등의 혜택을 받을 수 있도록 하여야 한다.

④ 갑은 재해발생에 대비하여 을에게 아래각호의 보험을 택일 또는 중복가입토록 요구할 수 있고, 이 경우 동보험료 상당액을 지급한다.

1. 사용자 배상책임보험
2. 영업배상 책임보험
3. 공사보험

⑤ 갑이 산업재해보험에 일괄 가입하였을 경우 을이 책임이 있는 경우를 제외하고는 갑이 재해발생으로 인한 모든 책임을 져야 한다.

제28조(안전관리비) ① 갑은 건설공사 표준안전관리비계상 및 사용기준에 따라 안전관리비를 책정하여야 한다.

② 갑은 계상된 안전관리비의 범위안에서 을의 위험도 등을 고려하여 적정하게 지급하여 사용하게 할 수 있다.

③ 을은 계약체결 후 지체 없이 안전관리비 사용기준, 공사특성에 적합한 안전관리계획 및 안전관리비 사용계획을 작성, 갑에게 제출하고 이에 따라 안전관리비를 사용하여야 한다.

제29조(지적재산권 등) ① 을은 목적물 시공과 관련하여 갑으로부터 사용을 허락받은 특허권, 실용신안권, 디자인권, 저작권 기타 지적재산권 및 기술, 노하우(이하 "지적재산권 등"이라 한다)를 목적물 시공 외에는 사용하지 못하며, 갑의 승낙 없이 제3자에게 지적재산권 등을 사용하게 할 수 없다.

② 갑 또는 을은 목적물 시공과 관련하여 지적재산권 등과 관련한 분쟁이 발생한 경우 상대방에게 지체 없이 통지하여야 한다. 당사자 일방의 귀책사유로 인하여 분쟁이 발생한 경우 해당 당사자는 자신의 비용부담으로 분쟁해결을 위해 필요한 조치를 취하여야 하며 상대방에게 손해가 발생한 경우 이를 배상하여야 한다.

③ 갑과 을이 공동 연구하여 개발한 지적재산권 등의 귀속은 상호 협의하여 정하되, 다른 약정이 없는 한 공유로 한다.

제30조(특수조건) 이 계약에서 정하지 아니한 사항에 대하여는 갑과 을이 대등한 지위에서 합의하여 특약으로 정할 수 있다.

제31조(이의 및 분쟁의 해결) ① 갑과 을은 이 계약 및 개별계약에 명시되지 아니한 사항 또는 계약의 해석에 다툼이 있는 경우에는 기타 서면상의 자료에 따르며 자료가 없는 경우에는 상호 협의하여 해결한다.

② 제1항의 합의가 성립하지 못할 때는 건설산업기본법 제69조의 규정에 의한 건설분쟁조정위원회나 하도급거래 공정화에 관한 법률 제24조의 규정에 의한 하도급분쟁조정협의회 등에 조정을 신청하거나 다른 법령에 의하여 설치된 중재기관에 중재를 신청할 수 있다.

2.5.3 건축설계표준계약서

건축물의 설계계약서

1. 설계계약 건명 : ______________________

2. 대 지 위 치 : ______________________

3. 설 계 개 요
   1) 대 지 면 적 : ____________________
   2) 용 도 : ____________________
   3) 규 모 : ____________________
   4) 구 조 : ____________________
   5) 연면적의 합계 : ____________________

4. 계 약 금 액 : 일금 〈V.A.T 별도〉

20_____년 ______월 ______일

"갑"과 "을"은 이 계약서에 의하여 설계계약을 체결하고 각1부씩 보관한다.

건 축 주(갑) 주　　소 :
성　　명 : (인)
등 록 번 호 :
전화 / Fax :

건 축 사(을) 사무소 주소 :
사 무 소 명 :
면 허 번 호 :
성　　명 :
전화 / Fax :

제1조(총칙) 이 계약은 건축법 제9조의2 및 건축사업무 및 보수기준(이하 "보수기준"이라 한다)에 의하여 건축주(이하 "갑"이라 한다)가 건축사법 제23조 제1항의 규정에 의하여 등록한 건축사(이하 "을"이라 한다)에게 위탁한 설계업무의 수행에 필요한 상호간의 권리와 의무 등을 정한다.

제2조(용역기간) 설계용역업무의 수행기간은 2000년 12월 1일부터 2001년 2월 28일까지로 한다.

제3조(용역범위) "을" 이 "갑"에게 제공할 용역의 범위는 건축물의 건축을 위한 기본설계도, 실시설계도, 기타 공사실시에 필요한 설계도서를 작성하는 업무(이하 "설계업무"라 한다)로 한다.

제4조(용역비의 산출 및 지불방법) ① 용역비의 산출기준 및 방법은 보수

기준에 의한다. 단, 현장여건 및 설계조건이 특수하거나 업무가 추가되는 경우에는 "갑"과 "을"이 협의하여 정한다.

② 설계업무의 보수는 일시불로 또는 분할하여 지불할 수 있다.

③ 보수를 분할하여 지불하는 경우에 그 지불시기 및 지불금액은 다음과 같이 이행함을 원칙으로 하되, "갑"과 "을"이 협의하여 조정할 수 있다.

지 불 시 기	지 불 비 율	지 불 금 액	비 고
용역계약시 기본설계(허가신청용)인도시	50%	₩	
실시설계(착공신고용)인도시	50%	₩	
계	100%	₩	

제5조(특약 등) 이 계약에서 정하는 사항외에 "갑"과 "을"간의 특약이 있는 경우에는 이에 부수되는 개별계약을 추가로체결할 수 있으며, 이에 소요되는 비용은 보수기준에 의하여 별도로 산정한다.

제6조(보수의 조정) 설계업무의 수행기간이 1년을 초과하는 경우에 이 기간중 보수기준에 의한 인건비의 변경이 있을 때에는 국가를 당사자로하는 계약에 관한 법률시행규칙 제74조의 규정에 의하여 "갑"과 "을"이 협의하여 보수를 조정할 수 있다.

제7조(자료의 제공 및 성실의무) ① "갑"은 "을"이 설계업무를 수행하는데 필요한 다음 각호의 자료를 요구할 때에는 지체없이 제공하여야 하며 이 때 "갑"은 제공해야할 자료의 수집을 "을"에게 위탁할 수 있다.

1. 건축물의 구체적 용도와 이에 관련된 요망 사항
2. 설계진행 및 건축허가에 필요한 제반서류(소유권 관계 등)
3. 토지이용에 관한 증빙서류(도시계획 확인원, 지적도, 토지대장, 건축물 관리대장 등)
4. 대지 측량도(현황 및 대지경계명시 측량도)

5. 지질조사서 및 지내력 검사서, 굴토설계도서
6. 대지에 관한 급·배수, 전기, 가스등 시설의 현황을 표시하는 자료
7. 교통영향평가서, 환경영향평가서에 필요한 제반서류
8. 기타 업무수행에 필요한 자료

② "갑"이 제1항의 자료수집을 "을"에게 위탁한 경우에는 "갑"은 이에 소요되는 비용을 지불한다.

③ "갑"은 본인이 의도하는 바를 "을"에게 요구할 수 있으며, "을"은 "갑"의 요구내용을 수용하여 맡은바 업무를 성실히 수행한다.

④ "갑"과 "을"은 계약이 종료될때까지 신의와 성실의 관계를 유지하고 "을"은 설계도서에서 의도한 바를 "갑"에게 설명하며 자문한다.

제8조(자재검사 등의 의뢰) ① "을"은 설계도서에서 지정한 건축자재를 선정하기 위하여 자재검사 및 품질시험을 관계전문기관에 의뢰할 수 있다.

② "을"은 제1항의 검사 및 시험의뢰에 앞서 "갑"과 협의하여야 하며, "갑"은 협의된 검사 및 시험에 소요되는 비용을 지불한다.

제9조(설계도서의 작성·제출) ① "을"이 설계도서를 작성함에 있어서는 건축법 제19조제2항의 규정에 의하여 건설교통부장관이 승인한 설계도서 작성기준에 의한다.

② "을"은 완성된 설계도서를 청사진으로 3부를 작성하여 "갑"에게 제출한다.

③ 제2항에 의한 설계도서는 자기디스켓·광디스크·마이크로필름 등으로 작성하여 제출할 수 있으며, 수록내용을 임으로 수정할 수 없도록 작성한다.

④ "갑"과 당해 건축물의 시공자는 "을"이 제출한 설계도서를 검토하여 미진한 부분이 있을 때에는 "을"에게 그 보완을 요구할 수 있다.

제10조(설계도서의 총괄) ① "갑"이 전기 및 기계설비 등에 대한 설계도서 작성을 별도로 발주한 경우에 "을"은 그 설계도서의 작업수행을 총괄한다.

② “갑”은 제1항에 의해 설계도서를 별도로 작성하는 자로 하여금 “을”의 총괄업무에 협조 하도록 조치한다.

③ “갑”은 “을”의 총괄업무에 소요되는 경비를 지불한다.

제11조(계약의 양도 및 변경등) ① “갑”과 “을”은 상대방의 승낙없이는 이 계약상의 권리·의무를 제3자에게 양도, 대여, 담보제공 등 기타 처분행위를 할 수 없다.

② “갑”의 계획변경, 관계법규의 개·폐, 천재지변등 불가항력적인 사유의 발생으로 설계업무를 수정하거나 계약기간을 연장할 상당한 이유가 있는 때에는 “갑”과 “을”은 서로 협의하여 계약의 내용을 변경할 수 있다.

③ 제2항의 규정에 의하여 이미 진행한 설계업무를 수정하거나 재 설계를 할 때에는 이에 소요되는 비용은 보수기준에 따라 산정하여 추가로 지불한다.

제12조(이행지체) ① “을”은 설계업무를 약정기간내에 완료할 수 없음이 명백한 경우에는 이 사실을 지체없이 “갑”에게 통지한다.

② “을”이 약정기간내에 업무를 완료하지 못한 경우에는 지체일수 매1일에 대하여 보수의 2.5/1000에 해당하는 지체상금을 “갑”에게 지불한다.

③ 천재지변 등 부득이한 사유 또는 “을”의 책임이 아닌 사유로 인하여 이행이 지체된 경우에는 제2항의 규정을 적용하지 아니한다.

④ “갑”은 “을”에게 지급하여야 할 보수에서 지체상금을 공제할 수 있다.

제13조(이행보증보험증서의 제출) ① “갑”과 “을”은 계약의 이행을 보증하기 위하여 계약체결시에 상대방에게 이행보증보험증서를 제출할 수 있다.

② 제1항의 규정에 의하여 이행보증보험증서를 제출받은 경우에는 이를 계약서에 첨부하여 보관한다.

제14조(“갑”의 계약해제·해지) ① “갑”은 다음 각호의 경우에 계약의 전부 또는 일부를 해제·해지할 수 있다.

1. “을”이 관할 행정청으로부터 면허 또는 등록의 취소, 업무정지 등의

처분을 받은 경우

2. “을”이 금융기관의 거래정지 처분, 어음 및 수표의 부도, 제3자에 의한 가압류·가처분·강제집행, 금치산·한정치산·파산선고 또는 회사정리의 신청 등으로 계약이행이 곤란한 경우

3. “을”이 상대방의 승낙없이 계약상의 권리 또는 의무를 양도한 경우

4. 사망, 실종, 질병, 기타 사유로 계약이행이 불가능한 경우

② 천재지변 등 부득이한 사유로 계약이행이 곤란하게 된 경우에는 상대방과 협의하여 계약을 해제·해지할 수 있다.

③ “을”은 제1항 각호의 해제·해지 사유가 발생한 경우에는 “갑”에게 지체없이 통지한다.

④ “갑”은 제1항의 규정에 의하여 계약을 해제·해지하고자 할 때에는 그 뜻을 미리 “을”에게 14일전까지 통지한다.

제15조(“을”의 계약의 해제·해지) ① “을”은 다음 각호의 경우에는 계약의 전부 또는 일부를 해제·해지할 수 있다.

1. “갑”이 “을”의 업무를 방해하거나 그 보수의 지불을 지연시켜 “을”의 업무가 중단되고 30일이내에 이를 재개할 수 없다고 판단된 때

2. “갑”이 계약 당시 제시한 설계요구조건을 현저하게 변경하여 약정한 “을”의 업무수행이 객관적으로 불가능한 것이 명백할 때

3. “갑”이 상대방의 승낙 없이 계약상의 권리 또는 의무를 양도한 경우

4. “갑”이 “을”의 업무수행상 필요한 자료를 제공하지 아니하여 “을”의 업무수행이 곤란하게 된 경우

5. 사망, 실종, 질병, 기타 사유로 계약이행이 불가능한 경우

② 천재지변등 부득이한 사유로 계약이행이 곤란하게 된 경우에는 상대방과 협의하여 계약을 해제·해지할 수 있다.

③ “갑”은 제1항 각호의 해제·해지 사유가 발생한 경우에는 “을”에게 지체없이 통지한다.

④ "을"은 제1항의 규정에 의하여 계약을 해제·해지하고자 할 때에는 그 뜻을 미리 "갑"에게 14일전까지 통지한다.

제16조(손해배상) "갑"과 "을"은 상대방이 제11조제2항의 규정에 의한 계약 변경, 제14조 및 제15조의 규정에 의한 계약의 해제·해지 또는 계약 위반으로 인하여 손해를 발생 시킨 경우에는 상대방에게 손해배상을 청구할 수 있다.

제17조("을"의 면책사유) "을"은 다음 각호의 사항에 대하여는 책임을지지 아니한다.

1. "갑"이 임의로 설계업무 보수의 지불을 지연시키거나 요구사항을 변경함으로써 설계업무가 지체되어 손해가 발생한 경우
2. 설계도서가 완료된 후 건축관계법령등이 개·폐되어 이미 작성된 설계도서 및 문서가 못쓰게 된 경우
3. 천재지변등 불가항력적인 사유로 인하여 업무를 계속적으로 진행할 수 없는 경우

제18조(설계업무 중단시의 보수지급) ① "갑"의 귀책사유로 인하여 설계업무의 전부 또는 일부가 중단된 경우에는 "갑"은 "을"이 이미 수행한 설계업무에 대하여 중단된 시점까지의 보수를 지불한다.

② 중단된 시점까지 수행한 업무에 대한 보수는 보수기준에 의하여 산정한다.

③ "을"의 귀책사유로 인하여 설계업무의 전부 또는 일부가 중단된 경우에는 "갑"이 "을"에게 이미 지불한 보수에 대하여 이를 정산·환불한다.

제19조(설계도서의 보관 등) ① "을"은 그가 작성한 설계도서를 당해 건축물의 사용승인을 받은 후 10년간 그 사무소에 보관한다.

② 제1항의 규정에 의한 설계도서는 자기디스켓·광디스켓·마이크로필름 등으로 보관 할 수 있다.

③ "을"은 설계수급대장을 기록·유지하여야 한다.

제20조(저작권 보호) 이 계약과 관련한 설계도서의 저작권은 "을"에게 귀속되며, "갑"은 "을"과 협의없이 이 설계도서를 사용하여 다른 곳에 건축을 할 수 없다.

제21조(비밀보장) "갑"과 "을"은 업무수행중 알게 된 상대방의 비밀을 제3자에게 누설하여서는 아니된다.

제22조(외주의 제한) ① "을"은 건축법 제59조의2의 규정에 의하여 관계전문기술자의 협력을 받아야 하는 경우를 제외하고는 "갑"의 승낙없이 제3자에게 외주를 주어서는 아니된다.

② 관계전문기술자의 협력을 받은 경우에 외주내용에 대한 책임은 당해 관계전문기술자가 지되, "을"이 업무수행을 총괄한다.

③ 외주를 주는 경우에 보수의 지불은 제4조의 규정에 의한 보수의 범위내에서 "을"이 지불한다.

제23조(분쟁조정) ① 이 계약과 관련하여 업무상 분쟁이 발생한 경우에는 관계기관의 유권 해석이나 관례에 따라 "갑"과 "을"이 협의하여 정한다.

② "갑"과 "을"이 협의하여 정하지 못한 경우에는 건축법 제76조의2의 규정에 의한 건축분쟁조정위원회에 신청하여 이의 결정에 따른다.

③ 건축분쟁조정위원회의 결정에 불복이 있는 경우에는 "갑"의 소재지 관할법원의 판결에 따른다.

제24조(통지방법) ① "갑"과 "을"은 계약업무와 관련된 사항을 통지할 때에는 서면통지를 원칙으로 한다.

② 통지후 7일 이내에 회신이 없는 경우에는 통지내용을 승낙한 것으로 본다.

2.5.4 건축물의 공사감리계약서

건축물의 공사감리계약서

1. 공사감리계약 건명 : ______________________

2. 대 지 위 치 : ______________________________

3. 공 사 개 요

   1) 대 지 면 적 : ________m² (______평)

   2) 용 도 : ______________________

   3) 층 수 : ______________________

   4) 구 조 : ______________________

   5) 건 축 면 적 : ________m² (______평)

   6) 연 면 적 : ________m² (______평)

   7) 건 축 허 가 일 : ______년 _____월 _____일

4. 설 계 자

   1) 사 무 소 명 : ____________________

   2) 성 명 : ____________________

   3) 전 화 / Fax : ________________________

5. 계 약 금 액 : 일금______________________〈V.A.T 별도〉

20____년 _____월 _____일

"갑"과 "을"은 이 계약서에 의하여 공사감리계약을 체결하고 각 1부씩 보관한다.

건 축 주(갑) 주　　소 :
성　　명 :
등 록 번 호 :
전화 / Fax :

공사감리자(을) 사무소 주소 :
사 무 소 명 :
면 허 번 호 :
성　　명 :
전화 / Fax :

제1조(총칙) 이 계약은 건축법 제9조의2 및 건축사업무및보수기준(이하 "보수기준"이라 한다)에 의하여 건축주(이하 "갑"이라 한다)가 공사감리자(이하 "을"이라 한다)에게 위탁한 공사감리업무의 수행에 필요한 상호간의 권리와 의무 등을 정한다.

제2조(업무기간) 공사감리업무의 수행기간은 착공일부터 완공일까지로 한다.

______년 ____월 ____일부터　　______년 ____월 ____일까지

제3조(공사감리비의 산출 및 지불방법) ① 공사감리비의 산출기준 및 방법은 보수기준에 의한다. 단, 현장여건 및 공사감리조건이 특수한 경우에는 "갑"과 "을"이 협의하여 정하며, 다중이용건축물의 감리대가는 건설기술관리법이 정하는 바에 의한다.

② 공사감리업무의 보수는 일시불로 또는 분할하여 지불할 수 있다.

③ 보수를 분할하여 지불하는 경우에 그 지불시기 및 지불금액은 다음과 같이 이행함을 원칙으로 하되, "갑"과 "을"이 협의하여 조정할 수 있다.

지 불 시 기	지 불 금 액	비 고
착 공 시	₩	
골조공사 완료시	₩	
준 공 시	₩	
-	-	
계	₩	

제4조(특약 등) 이 계약에서 정하는 공사감리의 기본업무 외에 "갑"과 "을" 간의 특약이 있는 경우에는 이에 부수되는 개별계약을 추가로 체결할 수 있으며, 이에 소요되는 비용은 보수기준에 의하여 별도로 산정한다.

제5조(보수의 조정) 공사감리업무의 수행기간이 1년을 초과하는 경우에 이 기간중 보수기준에 의한 인건비의 변경이 있을 때에는 국가를당사자로하는계약에관한법률시행규칙 제74조의 규정에 의하여 "갑"과 "을"이 협의하여 보수를 조정할 수 있다.

제6조(자료의 제공 및 성실 의무) ① "갑"은 공사감리 업무를 수행하는데 필요한 다음 각호의 자료를 "을"이 요구할 때는 지체없이 제공하여야하며 이때 "갑"은 "을"에게 자료수집을 위탁할 수 있다.

1. 건축허가 설계도서 및 공사계획 신고서
2. 공사도급계약서 및 현장관리인의 인적사항 관련자료
3. 시공계획서, 시공도면 및 공정표
4. 지적공사의 대지경계명시측량도 및 건축물의 현황측량도
5. 사용자재납품서 및 시험성적표
6. 지반 및 지질조사서
7. 보험가입증서, 산재보험가입 증서
8. 기타 공사감리업무수행에 필요한 자료

② "갑"이 제1항의 자료수집을 "을"에게 위탁한 경우에는 "갑"은 이에 소

요되는 비용을 지불한다.

③ "갑"과 "을"은 신의와 성실의 관계를 유지하고 관계 법령을 준수하며, "을"은 건축물의 품질향상을 위하여 노력한다.

제7조(업무의 착수시기) ① "갑"은 착공 3일전까지 "을"에게 착공 일자를 통지하고, "을"은 착공일부터 공사감리업무를 착수한다.

② "갑"은 공사시공자에게 "을"의 인적 사항을 착공전까지 통지한다.

제8조(업무의 수행) ① "을"은 관계 법령이 정하는 바에 의하여 건축물이 설계도서의 내용대로 시공되는지의 여부를 확인하고, 건축공사감리세부기준에 의하여 건축물의 규모에 따라 공사감리업무를 수행한다.

② "을"은 당해 공사가 설계도서대로 시행되지 아니하거나 관계 법령 및 이 규정에 의한 명령이나 처분에 위반된 사항을 발견한 경우에는 이를 "갑"에게 통보한 후 공사시공자에게 이를 시정 또는 재시공하도록 요청한다.

③ "을"은 제2항의 규정에 의한 요청에 대하여 공사시공자가 취한 조치의 결과를 확인한 후 이를 "갑"에게 통보한다.

④ "을"은 공사시공자가 제2항의 규정에 의한 요청에 응하지 아니하는 경우에는 당해 공사를 중지하도록 요청할 수 있다.

⑤ "을"은 공사시공자가 시정·재시공 또는 공사 중지 요청에 응하지 아니하는 경우에는 이를 시장·군수·구청장에게 보고한 후 "갑"에게 통보한다.

⑥ "갑"은 제2항·제4항 및 제5항의 규정에 의하여 위반사항에 대한 시정·재시공 또는 공사중지를 요청하거나 위반사항을 시장·군수·구청장에게 보고한 "을"에 대하여 이를 이유로 공사감리자의 지정을 취소하거나 보수의 지불을 거부 또는 지연시키는 등 불이익을 주어서는 아니된다.

⑦ "갑"은 공사시공자가 "을"의 시정·재시공 또는 공사중지 요청에 응하도록 협조한다.

제9조(현장확인지도) "을"은 다음 각호의 경우에 대하여는 현장에서 확인지도를 실시한 후에 공사 진행을 하게 한다.

1. 공사착공시
2. 건물의 배치, 수평 보기, 기초 및 지하층 흙파기시
3. 기초 및 각층 철근배근과 거푸집 설치시
4. 외벽 등 주요구조부 공사시
5. 단열, 방수, 방습 및 주요취약부 공사시
6. 주요 설비 및 전기공사시
7. 기타 건축물의 규격 및 품질관리상 주요 부분의 공사시

제10조(주요 공정의 확인 점검) ① "을"은 공사의 주요 공정의 경우에는 그 적합성을 확인하고 서명한 후 "갑"에게 그 결과를 통보한다.

② 제1항의 규정에 의한 주요 공정은 설계도서에 따른 시공 여부의 확인과 건축물의 품질 향상을 위하여 필요한 공정으로서 건축물의 유형에 따라 "갑"과 "을"이 협의하여 다음과 같이 정한다.

1. ________________
2. ________________
3. ________________
4. ________________
5. ________________
6. ________________

제11조(상세시공도면의 작성 요청 등) ① "을"은 연면적의 합계가 5천제곱미터이상인 건축공사의 경우에 공사시공자에게 상세시공도면을 작성하도록 요청할 수 있다.

② "을"은 작성된 상세시공도면을 반드시 확인·검토하여 공사시공자에게 의견을 제시하고 "갑"에게 이를 통보한다.

제12조(공기 및 공법의 변경) ① "갑" 또는 공사시공자가 공기 및 공법을 변경할 때에는 7일 전까지 "을"에게 통보한다.

② 제1항의 규정에 의한 공법의 변경과 관련하여 공법의 안전성, 건축물의 품질 확보, 공사시공자의 기술력 확보 등에 대한 검토 의견을 제시할 수 있다.

제13조(감리보고서 등) ① "을"은 "갑"에게 감리결과를 매월(30)일에 통보하되, 건축법시행령 제19조제3항에서 정한 진도에 다다른 때에는 감리중간보고서를, 공사를 완료한 때에는 감리완료보고서를 각각 작성하여 "갑"에게 제출한다.

② "을"은 감리일지와 공사감리수급대장을 기록·유지한다.

제14조(감리보조원 등) ① "을"을 대리하여 감리보조원이 공사감리업무를 수행하는 경우에는 "을"이 하는 것으로 본다.

② "을"은 감리보조원의 변경이 있는 경우에는 변경 후 3일 이내에 "갑"과 공사시공자에게 통지한다.

③ "을"은 공사감리업무에 참여하는 감리보조원의 신상명세, 자격 여부 등을 기록한 현황표를 공사 현장에 비치한다.

제15조(자재의 검사 등) ① "을"은 자재의 검사 및 품질시험을 "갑"과 협의하여 관련전문기관에 의뢰할 수 있으며, "갑"은 이에 소요되는 비용을 지불한다.

② "을"은 자재의 검사 및 품질시험의 결과를 확인·검토한다.

③ "갑" 또는 공사시공자가 자재의 검사 및 품질시험을 의뢰하는 경우에는 그 일시, 장소, 시험목록을 시험일 7일전까지 "을"에게 통지한다.

④ "을"은 제3항의 규정에 의한 자재의 검사 및 품질시험에 입회할 수 있다.

제16조(계약의 양도 및 변경) ① "갑"과 "을"은 상대방의 승낙없이는 이 계약상의 권리·의무를 제3자에게 양도, 대여, 담보 제공등 기타 처분행위

를 할 수 없다.

② "갑"의 계획 변경, 관계법규의 개·폐, 천재지변등 불가항력적인 사유의 발생 기타 공사감리업무를 수정하거나 계약 기간을 연장할 상당한 이유가 있는 때에는 "갑"과 "을"은 서로 협의하여 계약의 내용을 변경할 수 있다.

제17조(이행보증보험증서의 제출) ① "갑"과 "을"은 계약의 이행을 보증하기 위하여 계약체결시에 상대방에게 이행보증보험증서를 제출할 수 있다.

② 제1항의 규정에 의하여 이행보증보험증서를 제출받은 경우에는 이를 계약서에 첨부하여 보관한다.

제18조("갑"의 계약 해제·해지) ① "갑"은 다음 각호의 경우에 계약의 전부 또는 일부를 해제·해지할 수 있다.

1. "을"이 관할 행정청으로부터 면허 또는 등록의 취소, 업무정지 등의 처분을 받은 경우
2. "을"이 금융기관의 거래정지 처분, 어음 및 수표의 부도, 제3자에 의한 가압류·가처분·강제집행, 금치산·한정치산·파산선고 또는 회사정리의 신청 등으로 계약이행이 곤란한 경우
3. "을"이 상대방의 승낙없이 계약상의 권리 또는 의무를 양도한 경우
4. 사망, 실종, 질병, 기타 사유로 계약 이행이 불가능한 경우

② 천재지변등 부득이한 사유로 계약이행이 곤란하게 된 경우에는 상대방과 협의하여 계약을 해제·해지할 수 있다.

③ "을"은 제1항의 각호의 해제·해지 사유가 발생한 경우에는 "갑"에게 지체없이 통지한다.

④ "갑"은 제1항의 규정에 의하여 계약을 해제·해지하고자 할 때에는 그 뜻을 미리 "을"에게 14일전까지 통지한다.

제19조("을"의 계약을 해제·해지) ① "을"은 다음 각호의 경우에 계약의 전부 또는 일부를 해제·해지할 수 있다.

1. "갑"이 "을"의 업무를 방해하거나 그 보수의 지불을 지연시켜 "을"의 업무가 중단되고 30일 이내에 이를 재개할 수 없다고 판단된 때
2. "갑"이 계약 당시 제시한 설계요구조건을 현저하게 변경하여 그 실현이 객관적으로 불가능한 것이 명백할 때
3. "갑"이 상대방의 승낙없이 계약상의 권리 또는 의무를 양도한 경우
4. "갑"이 "을"의 업무수행상 필요한 자료를 제공하지 아니하여 "을"의 업무 수행이 곤란하게 된 경우
5. 사망, 실종, 질병, 기타 사유로 계약이행이 불가능한 경우

② 천재지변등 부득이한 사유로 계약이행이 곤란하게 된 경우에는 상대방과 협의하여 계약을 해제·해지할 수 있다.

③ "갑"은 제1항의 각호의 해제·해지 사유가 발생한 경우에는 "을"에게 지체없이 통지한다.

④ "을"은 제1항의 규정에 의하여 계약을 해제·해지하고자 할 때에는 그 뜻을 미리 "갑"에게 14일전까지 통지한다.

제20조(손해배상) "갑"과 "을"은 상대방이 제16조제2항의 규정에 의한 계약변경, 제18조 및 제19조의 규정에 의한 계약의 해제·해지 또는 계약 위반으로 인하여 손해를 발생시킨 경우에는 상대방에게 손해배상을 청구할 수 있다.

제21조("을"의 면책사유) "을"은 다음 각호의 경우에는 책임을 지지 아니한다.

1. "갑"이 임의로 공사감리업무에 대한 보수의 지불을 지연시켜 업무가 중단된 경우
2. 공사시공자의 공사중단으로 인하여 손해가 발생한 경우
3. 공사시공자가 제8조의 규정에 의한 "을"의 요청에 응하지 아니하고 임의로 공사를 계속 진행하여 손해가 발생된 경우
4. 공사시공자가 제9조의 규정에 의한 현장확인지도를 받지 아니하고 공

사를 진행하여 손해가 발생한 경우

제22조(공사감리 업무 중단시의 보수지불) ① "갑"의 귀책사유로 인하여 공사감리업무의 전부 또는 일부가 중단된 경우에는 "갑"은 "을"이 이미 수행한 공사감리 업무에 대하여 중단된 시점까지의 보수를 지불한다.

② 중단된 시점까지 수행한 업무에 대한 보수는 보수기준에 의하여 산정한다.

③ "을"의 귀책사유로 인하여 공사감리 업무의 전부 또는 일부가 중단된 경우에는 "갑"이 "을"에게 이미 지불한 보수에 대하여 이를 정산·환불한다.

제23조(기성공사비의 지불검토) ① "갑"은 "을"에게 공사시공자로부터 제출받은 기성공사비의 지불청구에 대한 검토·확인을 요구할 수 있다.

② "을"은 제1항의 규정에 의한 기성공사비의 지불청구에 대한 검토·확인결과를 "갑"에게 통보한다.

제24조(특정공사에 대한 확인점검) ① "갑"이 전기 및 기계설비 등의 특정공사에 대하여 제3자에게 도급을 준 경우에는 "을"이 그 특정공사에 대하여 확인·점검 할 수 있도록 보장한다.

② "갑"은 "을"이 전기 및 기계설비 등의 특정공사의 시공자에게 공사감리에 필요한 자료를 제시 받을 수 있도록 보장한다.

제25조(비밀보장) "갑"과 "을"은 업무수행중 알게 된 상대방의 비밀을 제3자에게 누설하여서는 아니된다.

제26조(외주의 제한) ① "을"은 공사감리 업무의 전부를 "갑"의 승낙없이 제3자에게 외주를 주어서는 아니된다. 단, 특수전문분야에 대한 감리의 경우에는 "갑"과 협의하여 관계전문기술자에게 의뢰할 수 있다.

② 관계전문기술자에게 감리를 의뢰한 경우에 외주내용에 대한 책임은 당해 관계전문기술자가 진다.

제27조(분쟁조정) ① 이 계약과 관련하여 업무상 분쟁이 발생한 경우에는

관계기간의 유권해석이나 관례에 따라 “갑”과 “을”이 협의하여 정한다.

② “갑”과 “을”이 협의하여 정하지 못한 경우에는 건축법 제76조의2의 규정에 의한 건축분쟁조정위원회에 신청하여 이의 결정에 따른다.

③ 건축분쟁조정위원회의 결정에 불복이 있는 경우에는 “갑”의 소재지 관할법원의 판결에 따른다.

제28조(통지·통보방법) ① “갑”과 “을”은 계약업무와 관련된 사항을 통지·통보할 때에는 서면으로 하는 것을 원칙으로 한다.

② 통지·통보 후 7일이내에 회신이 없는 경우에는 통지·통보내용을 승낙한 것으로 본다.

2.5.5 건설사업관리표준계약서

건설사업관리용역계약일반조건

제1조(총칙) 이 조건은 건설산업기본법 제26조제1항의 규정에 의하여 발주자(이하 “갑”이라 한다)가 건설사업관리자(이하 “을”이라 한다)에게 위탁한 건설사업관리용역업무의 수행에 필요한 계약당사자 상호간의 권리와 의무등을 정한다.

제2조(용어의 정의) 이 조건에서 사용하는 용어의 정의는 다음과 같다.

1. “용역”이라 함은 건설산업기본법 제2조제6호의 규정에 의한 건설사업관리를 말한다.
2. “용역대상사업”라 함은 건설공사에 관한 기획타당성조사·분석·설계·조달·계약·시공관리·감리·평가·사후관리등의 업무를 말한다.
3. “이행보증서”라 함은 국가를당사자로하는계약에관한법률시행령 제37조제2항 각호의 규정에 의한 보증서를 말한다.

제3조(용역의 범위) "을"이 수행하여야 할 용역의 범위는 과업내용서에 의한 기본업무와 "갑"이 "을"과 협의하여 정한 추가업무 또는 특별업무로 한다.

제4조(용역비의 산출 및 지급방법) ① 용역비는 용역여건등을 감안하여 "갑"과 "을"이 협의하여 정한다.

② 용역비는 용역이 완료된 때에 일괄하여 지급하거나 계약기간중에 분할하여 지급할 수 있다. 이 경우 용역비를 분할하여 지급하는 경우에는 그 지급시기 및 지급액을 "갑"과 "을"이 협의하여 다음과 같이 정한다.

지 급 시 기	지 급 액	비 고
계약후 10일 이내		일정율의 착수금
계		

제5조(용역비의 조정) 계약기간이 1년을 초과하여 용역비의 조정이 필요한 경우에는 국가를당사자로하는계약에관한법률시행령 제64조의 규정에 준하여 "갑"과 "을"이 협의하여 조정한다.

제6조(자료등의 제공) ① "갑"은 용역업무를 수행하는데 필요한 각종인·허가도서, 계획서, 신고서, 조사서, 도면등 "을"이 요구하는 자료를 제공하여야 한다.

② "을"이 제1항의 규정에 의하여 "갑"으로부터 제공받은 관련자료가 용역의 수행에 불충분하여 추가로 필요한 자료를 수집하는 경우에는 그에 소용되는 비용을 "갑"에게 請求할 수 있다.

제7조(용역의 착수신고등) ① 용역의 착수시기는 "갑"과 "을"이 협의하여 정하되 "갑"은 용역대상업무의 착수일자를 "을"에게 통지하여야 한다.

② "을"은 용역계약 체결후 제1항의 규정에 의한 통지를 받은 때에는 과업내용서를 토대로한 용역수행계획서와 함께 용역수행신고서를 "갑"에게 제출하여야 한다.

제8조(관련자들의 책임) ① "갑"은 용역대상업무수행자(용역대상업무를 수행하기 위하여 "갑"과 수급계약을 체결한 자를 말한다. 이하 "병" 이라 한다)와의 계약내용을 "을"에게 통지하고 "을"은 이를 숙지하여 용역수행에 차질없도록 하여야 한다.

② "갑"은 "을"과의 용역계약을 "병"에게 통지하고 "병"은 그 계약내용을 숙지하여 "을"의 자료요구 및 지시등 용역수행에 협력하여야 한다.

③ "을"과 "병"간에 의견이 상이하거나 상호업무수행상에 문제가 있어 협력이 되지않는 경우에는 "갑"의 결정에 따른다.

제9조(용역의 수행) ① "을"은 관계법령이나 "갑"과 "병"과의 계약내용에 따라 용역대상업무가 계획대로 수행되고 있는지를 확인하고 과업내용서에 따라 용역업무를 수행하여야 한다.

② "을"은 용역대상업무가 "갑"과 "병"과의 계약내용대로 이행되지 아니하거나 관계법령이나 행정처분에 위반하여 수행되고 있는 경우에는 이를 "병"에게 시정토록 하고 이 사실을 "갑"에게 통보하여야 한다.

③ "을"은 제2항의 규정에 의한 시정요청에 대하여 "병"이 취한 조치결과를 확인하여 이를 "갑" 에게 통보하여야 한다.

④ "을"은 "병"이 제2항의 규정에 의한 요청에 응하지 아니하므로서 품질향상이나 원가절감등에 문제가 있을 것으로 예상되는 경우에는 그 용역대상업무의 수행을 중지 하도록 "갑"에게 요청할 수 있다.

⑤ "을"은 "병"의 용역대상업무수행사항을 확인 점검하여 그에 대한 의견과 함께 그의 용역수행사항을 매 30일마다 "갑"에게 제출하여야 한다.

제10조(계약변경의 협의) ① "갑"은 "을" 또는 "병"과 체결한 계약내용을 변경코자 하는 경우에는 사전에 "을"과 협의하여야 한다.

② "을"은 제1항의 규정에 의한 협의요청을 받은 경우에는 그가 "갑"에게 제출한 과업내용서에 따라 용역결과물의 품질의 확보, 수행기간 및 소요예산등을 고려하여 필요한 의견을 제시하여야 한다.

제11조(채권의 양도등) ① "을"은 계약의 이행을 위한 목적이 아닌 다른 목적으로 이 계약에 의하여 발생한 채권(용역대금청구권을 말한다)을 제3자에게 양도하거나 그 용역의 전부 또는 일부를 하도급하여서는 아니된다.

② "을"은 채권의 양도나 하도급등을 하고자 하는 경우에는 미리 보증인 또는 보증기관의 동의를 얻어 "갑"의 승낙을 받아야 한다.

제12조(이행보증) ① "갑"과 "을"은 상호 계약의 이행을 보증하기 위하여 보증인을 세우거나 보증기관의 이행보증서를 제출하게 할 수 있다.

② 제1항의 규정에 의한 보증인은 당사자의 계약불이행으로 인한 손해에 대하여 당사자 와 연대하여 책임을 지며, 이행보증서를 제출하게 하는 경우에는 보증의 종류·금액 및 보증기관등에 대하여는 당사자가 협의하여 정한다.

제13조("갑"에 의한 계약의 해제 또는 해지) ① "갑"은 다음 각호의 1에 해당하는 경우에는 이 계약의 전부 또는 일부를 해제하거나 해지할 수 있다.

1. "을"이 약정한 착수기일을 경과하고도 용역수행에 착수하지 아니한 경우
2. "을"의 귀책사유로 인하여 계약기간내에 용역을 완료하지 못하거나 완료할 가능성이 없다고 인정할 경우
3. "을"이 관할 행정기관으로부터 면허 또는 등록의 취소, 업무정지등의 처분을 받은 경우
4. "을"이 금융기관의 거래정지, 어음 또는 수표의 부도, 제3자에 의한 압류·가압류·가처분등 강제집행, 금치산·한정치산·파산선고 또는 회사정리절차의 개시 등으로 계약이행이 곤란한 경우
5. "을"이 "갑"의 승낙없이 계약상의 권리 또는 의무를 양도한 경우

6. 사망·실종·질병 기타 사유로 계약의 이행이 불가능하다고 판단되는 경우
7. 기타 계약조건의 위반으로 계약의 목적을 달성할 수 없다고 판단되는 경우

② "을"은 제1항 각호의 1에 해당하는 사유가 발생한 경우에는 지체없이 "갑"에게 그 사실을 통지하여야 하며, "갑"은 통지를 받았거나 제1항 각호의 1에 해당하는 사유가 발생한 사실을 알았을 때에는 그로부터 5일이내에 해제 또는 해지하고자 하는 뜻 을 통지하여야 한다.

③ 불가항력의 사유로 계약의 이행이 곤란하게된 경우에는 "갑"과 "을"은 협의하여 계약을 해제하거나 해지할 수 있다.

제14조("을"에 의한 계약의 해제 또는 해지) ① "을"은 "갑"이 제13조제1항 제3호 내지 제7호에 준하거나 용역대상업무의 수행을 위한 계약이 해제 또는 해지된 경우에는 이 계약을 해제하거나 해지할 수 있다.

② 제13조제2항의 규정은 제1항의 경우에 준용한다.

제15조(손해배상) "갑"과 "을"은 계약의 변경·해제 또는 해지로 인하여 손해가 있는 경우에는 상대방에게 손해배상을 청구할 수 있다.

제16조("을"의 면책사유) 다음 각호의 1에 해당하는 경우에는 "을"은 책임을 지지 아니한다.

1. "갑"이 약정한 용역대가의 지급을 지연시켜 업무가 중단된 경우
2. "병"의 용역대상업무의 수행지연으로 인하여 손해가 발생한 경우
3. "병"이 제9조의 규정에 의한 "을"의 요청에 응하지 아니하고 임의로 용역대상 업무의 수행을 계속진행하여 손해가 발생된 경우

제17조(용역수행의 일시중지) ① "갑"은 다음 각호의 1에 해당하는 경우에는 용역의 전부 또는 일부의 수행을 중지시킬 수 있다. 이 경우 "을"은 중지기간중 선양한 관리자의 주의의무를 다하여야 한다.

1. 용역의 수행이 계약내용과 일치하지 아니하는 경우

2. 용역의 전부 또는 일부의 안전을 위하여 필요한 경우
3. 기타 "갑"이 필요한 경우

② "갑"의 귀책사유로 인하여 용역업무의 전부 또는 일부가 중지된 경우에는 "갑"은 "을"이 이미 수행한 용역완료부분에 대하여는 제4조제2항 및 제3항의 규정에 불구하고 그 대가를 지급하여야 한다.

제18조(비밀보장) "갑"과 "을"은 업무수행중 알게된 상대방의 비밀이나 정보(상대방의 동의를 얻은 사항은 제외한다)를 제3자에게 누설하여서는 아니된다.

제19조(용역수행과정에서 발생한 부산물등의 처리) 용역수행을 위하여 개발하였거나 작성한 모든 계획서·절차서·보고서·컴퓨터응용프로그램 등은 용역이 완료된 후에는 "갑"에게 귀속되며 "갑"은 이들에 의하여 얻은 지식의 전부 또는 일부를 그의 이익을 위하여 복사·이용할 수 있다.

제20조(분쟁의 해결) ① 이 계약의 이행중 분쟁이 발생한 경우에는 관계기관의 권고나 관례에 따라 "갑"과 "을"이 협의하여 정한다.

② 분쟁이 발생한 날로부터 15일 이내에 제1항의 규정에 의한 협의가 이루어지지 아니한 때에는 다음 각호의 정하는 바에 의한다.

1. 관계법률의 규정에 의하여 설치된 분쟁조정위원회의 조정 또는 중재법에 의한 중재기관의 중재에 의한다.
2. 제1호의 조정 또는 중재에 불복하는 경우에는 "갑"의 소재지를 관할하는 법원의 판결에 의한다.

제21조(통지등의 방법 및 효력) ① "갑"과 "을"은 계약업무와 관련된 사항을 통지·통보·청구하고자 하는 경우에는 서면으로 하여야 한다.

② 통지나 통보사항은 서면 발송후 7일 이내에 회신이 없는 경우에는 그 내용을 승낙한 것으로 본다.

제22조(특약사항) 이 조건에서 정하지 아니한 사항에 대하여는 "갑"과 "을"이 합의하여 별도의 특약을 정할 수 있다.

2.6 기획재정부 계약예규 공사계약일반조건

계약예규 2200.04-104-24, 2011.05.13.

제1조(총칙) 계약담당공무원과 계약상대자는 공사도급표준계약서(이하 "계약서"라 한다)에 기재한 공사의 도급계약에 관하여 제3조의 규정에 의한 계약문서에서 정하는 바에 따라 신의와 성실의 원칙에 입각하여 이를 이행한다.

제2조(정의) 이 조건에서 사용하는 용어의 정의는 다음과 같다.

1. "계약담당공무원"이라 함은 「국가를 당사자로 하는 계약에 관한 법률 시행규칙」(이하 "시행규칙"이라 한다) 제2조의 규정에 의한 공무원을 말한다. 이 경우 각 중앙관서의 장이 계약에 관한 사무를 그 소속공무원에게 위임하지 아니하고 직접 처리하는 경우에는 이를 계약담당공무원으로 본다.
2. "계약상대자"라 함은 정부와 공사계약을 체결한 자연인 또는 법인을 말한다.
3. "공사감독관"이라 함은 제16조에 규정된 임무를 수행하기 위하여 정부가 임명한 기술직원 또는 그의 대리인을 말한다. 다만, 「건설기술관리법」 제27조의 규정에 의하여 책임감리를 하는 공사에 있어서는 당해공사의 감리를 수행하는 감리원을 말한다.
4. "설계서"라 함은 공사시방서, 설계도면, 현장설명서 및 공종별 목적물 물량내역서(가설물의 설치에 소요되는 물량 포함하며, 이하 "물량내역서"라 한다)를 말하며, 다음 각 목의 내역서는 설계서에 포함하지 아니한다.

   가. 〈삭 제〉

   나. 시행령 제78조에 따라 일괄입찰을 실시하여 체결된 공사와 대안

입찰을 실시하여 체결된 공사(대안이 채택된 부분에 한함)의 산출내역서

다. 시행령 제98조에 따라 실시설계 기술제안 입찰을 실시하여 체결된 공사와 기본설계 기술제안입찰을 실시하여 체결된 공사의 산출내역서

라. 수의계약으로 체결된 공사의 산출내역서. 다만, 시행령 제30조제2항 본문에 따라 체결된 수의계약 공사의 물량내역서는 제외

5. "공사시방서"라 함은 공사에 쓰이는 재료, 설비, 시공체계, 시공기준 및 시공기술에 대한 기술설명서와 이에 적용되는 행정명세서로서, 설계도면에 대한 설명 또는 설계도면에 기재하기 어려운 기술적인 사항을 표시해 놓은 도서를 말한다.

6. "설계도면"이라 함은 시공될 공사의 성격과 범위를 표시하고 설계자의 의사를 일정한 약속에 근거하여 그림으로 표현한 도서로서 공사목적물의 내용을 구체적인 그림으로 표시해 놓은 도서를 말한다.

7. "현장설명서"라 함은 시행령 제14조의2의 규정에 의한 현장설명시 교부하는 도서로서 시공에 필요한 현장상태 등에 관한 정보 또는 단가에 관한 설명서 등을 포함한 입찰가격 결정에 필요한 사항을 제공하는 도서를 말한다.

8. "물량내역서"라 함은 공종별 목적물을 구성하는 품목 또는 비목과 동 품목 또는 비목의 규격·수량·단위 등이 표시된 다음 각 목의 내역서를 말한다.

가. 시행령 제14조제1항에 따라 계약담당공무원 또는 입찰에 참가하려는 자가 작성한 내역서

나. 시행령 제30조제2항 및 계약예규 「정부입찰·계약집행기준」 제10조제3항에 따라 견적서제출 안내공고 후 견적서를 제출하려는 자에게 교부된 내역서

9. "산출내역서"라 함은 입찰금액 또는 계약금액을 구성하는 물량, 규격, 단위, 단가 등을 기재한 다음 각 목의 내역서를 말한다.
   가. 시행령 제14조제6항과 제7항에 따라 제출한 내역서
   나. 시행령 제85조제2항과 제3항에 따라 제출한 내역서
   다. 시행령 제103조제1항과 제105조제3항에 따라 제출한 내역서
   라. 수의계약으로 체결된 공사의 경우 착공신고서 제출시까지 제출한 내역서
10. 이 조건에서 따로 정하는 경우를 제외하고는 「국가를 당사자로 하는 계약에 관한 법률 시행령」, 「특정조달을 위한 국가를 당사자로 하는 계약에 관한 법률 시행령 특례규정」(이하 각각 "시행령", "특례규정"이라 한다), 시행규칙 및 계약예규 공사입찰유의서(이하 "유의서"라 한다)에 정하는 바에 의한다.

제3조(계약문서) ① 계약문서는 계약서, 설계서, 유의서, 공사계약일반조건, 공사계약특수조건 및 산출내역서로 구성되며 상호보완의 효력을 가진다. 다만, 산출내역서는 이 조건에서 규정하는 계약금액의 조정 및 기성부분에 대한 대가의 지급시에 적용할 기준으로서 계약문서의 효력을 가진다.

② 시행령 제42조제4항에 따른 입찰금액의 적정성 심사과정에서 계약상대자가 절감사유서를 통해 제시한 설계조건 및 내용(가설재료 또는 시공장비 등)대로 설계서 및 산출내역서 를 수정하지 못한 경우에는 당해 설계조건 및 내용대로 수정되어 계약이 체결된 것으로 본다. 〈신설 2011. 5.13.〉

③ 계약담당공무원은 「국가를 당사자로 하는 계약에 관한 법령」, 공사관계 법령 및 이 조건에 정한 계약일반사항 외에 당해 계약의 적정한 이행을 위하여 필요한 경우 공사계약특수조건을 정하여 계약을 체결할 수 있다.

④ 제2항의 규정에 의하여 정한 공사계약특수조건에 「국가를 당사자로 하는 계약에 관한 법령」, 공사 관계법령 및 이 조건에 의한 계약상대자의 계약상 이익을 제한하는 내용이 있는 경우 특수조건의 동 내용은 효력이 인정되지 아니한다.

⑤ 이 조건이 정하는 바에 의하여 계약당사자간에 행한 통지문서등은 계약문서로서의 효력을 가진다.

제4조(사용언어) ① 계약을 이행함에 있어서 사용하는 언어는 한국어로 함을 원칙으로 한다.

② 계약담당공무원은 계약체결시 제1항의 규정에 불구하고 필요하다고 인정하는 경우에는 계약이행과 관련하여 계약상대자가 외국어를 사용하거나 외국어와 한국어를 병행하여 사용할 수 있도록 필요한 조치를 할 수 있다.

③ 제2항의 규정에 의하여 외국어와 한국어를 병행하여 사용한 경우 외국어로 기재된 사항이 한국어와 상이할 때에는 한국어로 기재한 사항이 우선한다.

제5조(통지 등) ① 구두에 의한 통지·신청·청구·요구·회신·승인 또는 지시(이하 "통지 등"이라 한다)는 문서로 보완되어야 효력이 있다.

② 통지 등의 장소는 계약서에 기재된 주소로 하며, 주소를 변경하는 경우에는 이를 즉시 계약당사자에게 통지하여야 한다.

③ 통지 등의 효력은 계약문서에서 따로 정하는 경우를 제외하고는 계약당사자에게 도달한 날부터 발생한다. 이 경우 도달일이 공휴일인 경우에는 그 익일부터 효력이 발생한다.

④계약당사자는 계약이행중 이 조건 및 관계법령 등에서 정한 바에 따라 서면으로 정당한 요구를 받은 경우에는 이를 성실히 검토하여 회신하여야 한다.

제6조(채권양도) ① 계약상대자는 이 계약에 의하여 발생한 채권(공사대금

청구권)을 제3자에게 양도할 수 있다.

② 계약담당공무원은 제1항의 규정에 의한 채권양도와 관련하여 적정한 공사이행목적 등 필요한 경우에는 채권양도를 제한하는 특약을 정하여 운용할 수 있다.

第7조(계약보증금) ① 계약자는 이 조건의 규정에 의하여 계약금액이 증액된 경우에는 이에 상응하는 금액의 계약보증금을 시행령 제50조 및 제52조에 정한 바에 따라 추가로 납부하여야 하며 계약담당공무원은 계약금액이 감액된 경우에는 이에 상응하는 금액의 계약보증금을 반환해야 한다.

② 계약담당공무원은 시행령 제52조제1항 본문의 규정에 의하여 계약이행을 보증한 경우로서 계약상대자가 계약이행보증방법의 변경을 요청하는 경우에는 1회에 한하여 변경하게 할 수 있다.

1. 〈삭 제〉
2. 〈삭 제〉
3. 〈삭 제〉

③ 계약담당공무원은 시행령 제37조제2항제2호의 규정에 의한 유가증권이나 현금으로 납부된 계약보증금을 계약상대자가 특별한 사유로 시행령 제37조제2항제1호 내지 제5호에 규정된 보증서 등으로 대체납부할 것을 요청한 때에는 동가치 상당액 이상으로 대체 납부하게 할 수 있다.

第8조(계약보증금의 처리) ① 계약상대자가 정당한 이유없이 계약상의 의무를 이행하지 아니할 때에는 계약보증금을 국고에 귀속한다.

② 제1항의 규정은 시행령 제69조의 규정에 의한 장기계속공사계약에 있어서 계약상대자가 2차 이후의 공사계약을 체결하지 아니한 경우에 이를 준용한다.

③ 시행령 제50조제10항의 규정에 의하여 계약보증금지급각서를 제출한 경우로서 계약보증금의 국고귀속사유가 발생하여 계약담당공무원의 납입

요청이 있을 때에는 계약상대자는 당해 계약보증금을 지체없이 현금으로 납부하여야 한다.

④ 제1항 및 제2항의 규정에 의하여 계약보증금을 국고에 귀속함에 있어서 그 계약보증금은 이를 기성부분에 대한 미지급액과 상계 처리할 수 없다. 다만, 계약보증금의 전부 또는 일부를 면제받은 자의 경우에는 국고에 귀속되는 계약보증금과 기성부분에 대한 미지급액을 상계 처리할 수 있다.

⑤ 계약상대자가 납부한 계약보증금은 계약이 이행된 후 계약상대자에게 지체없이 반환한다.

제9조(보증이행업체의 자격) ① 시행령 제52조의 규정에 의한 보증이행업체는 다음 각호에 해당하는 자격을 갖추고 있어야 하며, 계약담당공무원은 보증이행업체의 적격여부를 심사하기 위하여 계약상대자에게 관련자료의 제출을 요구할 수 있다.

1. 「독점규제 및 공정거래에 관한 법률」에 의한 계열회사가 아닌 자
2. 시행령 제76조의 규정에 의한 입찰참가자격제한을 받고 그 제한기간 중에 있지 아니한 자
3. 시행령 제36조의 규정에 의한 입찰공고 등에서 정한 입찰참가자격과 동등이상의 자격을 갖춘 자
4. 시행령 제13조의 규정에 의한 입찰의 경우에는 입찰참가자격사전심사기준에 따른 입찰참가에 필요한 종합평점 이상이 되는 자

② 계약담당공무원은 제1항의 규정에 의하여 보증이행업체로된 자가 부적격하다고 인정되는 때에는 계약상대자에게 보증이행업체의 변경을 요구할 수 있다.

③ 시행령 52조제1항제3호의 규정에 의한 공사이행보증서의 제출 등에 대하여는 제1항 및 제2항외에 계약예규 「정부 입찰·계약 집행기준」 제10장(공사의 이행보증제도 운용)에 정한 바에 의한다.

제10조(손해보험) ① 계약상대자는 당해 계약의 목적물 등에 대하여 손해보험(「건설산업기본법」 제56조제1항제5호에 따른 손해공제를 포함한다. 이하 이 조에서 같다)에 가입할 수 있으며, 시행령 제78조 및 추정가격이 200억원 이상인 공사로서 계약예규「입찰참가자격사전심사요령」제6조제5항제1호에 규정된 공사에 대하여는 특별한 사유가 없는 한 계약목적물 및 제3자 배상책임을 담보할 수 있는 손해보험에 가입하여야 한다.

② 계약상대자는 제1항의 규정에 의한 보험가입시 발주기관, 계약상대자, 하수급인 및 당해공사의 이해관계인을 피보험자로 하여야 하며, 보험사고 발생으로 발주기관이외의 자가 보험금을 수령하게 될 경우에는 발주기관의 장의 사전 동의를 받아야 한다.

③ 계약목적물에 대한 보험가입금액은 공사의 보험가입 대상부분의 순계약금액(계약금액에서 부가가치세와 손해보험료를 제외한 금액을 말하며, 관급자재가 있을 경우에는 이를 포함한다. 이하 같다)을 기준으로 한다.

④ 제1항의 규정에 의한 보험가입은 공사착공일(손해보험가입 비대상공사가 포함된 공사의 경우에는 손해보험가입대상공사 착공일을 말함) 이전까지 하고 그 증서를 착공신고서 제출시(손해보험가입 비대상공사가 포함된 공사의 경우에는 손해보험가입대상공사 착공시) 발주기관에 제출하여야 하며, 보험기간은 당해공사 착공시부터 발주기관의 인수시(시운전이 필요한 공사인 경우에는 시운전 시기까지 포함한다)까지로 하여야 한다.

⑤ 계약상대자는 손해보험가입시 제48조의 규정에 의하여 보증기관이 시공하게 될 경우 계약상대자의 보험계약상의 권리와 의무가 보증기관에 승계될 수 있도록 하여야 하며 제44조 내지 제46조의 규정에 의하여 계약이 해제 또는 해지된 후 새로운 계약상대자가 선정될 경우에도 계약상대자의 보험계약상의 권리와 의무가 새로운 계약상대자에게 승계될 수 있도록 하여야 한다.

⑥ 계약상대자는 발주기관이 작성한 예정가격조서상의 보험료 또는 계약상대자가 제출한 입찰금액 산출내역서상의 보험료와 계약상대자가 손해보험회사에 실제 납입한 보험료간의 차액발생을 이유로 보험가입을 거절하거나 동 차액의 정산을 요구하여서는 아니된다.

⑦ 계약상대자는 보험가입 목적물의 보험사고로 보험금이 지급되는 경우 동 보험금을 당해공사의 복구에 우선 사용하여야 하며, 보험금 지급이 지연되거나 부족하게 지급되는 경우에도 이를 이유로 피해복구를 지연하거나 거절하여서는 아니된다.

⑧ 제1항 내지 제7항에 규정한 사항이외에 손해보험과 관련된 기타 계약조건은 계약예규 「정부 입찰·계약 집행기준」 제11장(공사의 손해보험가입 업무집행)에 정한 바에 의한다.

제11조(공사용지의 확보) ① 발주기관은 계약문서에 따로 정한 경우를 제외하고는 계약상대자가 공사의 수행에 필요로 하는 날까지 공사용지를 확보하여 계약상대자에게 인도하여야 한다.

② 계약상대자는 현장에 인력, 장비 또는 자재를 투입하기 전에 공사용지의 확보여부를 계약담당공무원으로부터 확인을 받아야 한다.

제12조(공사자재의 검사) ① 공사에 사용할 자재는 신품이어야 하며 품질·규격 등은 반드시 설계서와 일치되어야 한다. 그러나 설계서에 명확히 규정되지 아니한 것은 표준품 이상으로서 계약의 목적을 달성하는 데에 가장 적합한 것이어야 한다.

② 계약상대자는 공사자재를 사용하기 전에 공사감독관의 검사를 받아야 하며, 불합격된 자재는 즉시 대체하여 다시 검사를 받아야 한다.

③ 제2항의 규정에 의한 검사에 이의가 있을 경우 계약상대자는 계약담당공무원에 대하여 재검사를 청구할 수 있으며, 재검사가 필요하다고 인정되는 경우 계약담당공무원은 지체없이 재검사하도록 조치하여야 한다.

④ 계약담당공무원은 계약상대자로부터 공사에 사용할 자재의 검사를 요

청받거나 제3항의 규정에 의한 재검사의 요청을 받은 때에는 정당한 이유없이 검사를 지체할 수 없다.

⑤ 계약상대자가 불합격된 자재를 즉시 이송하지 않거나 대체하지 아니하는 경우에는 계약담당공무원이 일방적으로 불합격 자재를 제거하거나 대체시킬 수 있다.

⑥ 계약상대자는 시험 또는 조합을 요하는 자재가 있는 경우 공사감독관의 참여하에 그 시험 또는 조합을 하여야 한다.

⑦ 수중 또는 지하에 매몰하는 공작물 기타 준공후 외부로부터 검사할 수 없는 공작물의 공사는 공사감독관의 참여하에 시공하여야 한다.

⑧ 계약상대자가 제1항 내지 제7항에 정한 조건에 위배하거나 또는 설계서에 합치되지 않는 시공을 하였을 때에는 계약담당공무원은 공작물의 대체 또는 개조를 명할 수 있다.

⑨ 제2항 내지 제8항의 경우 계약금액을 증감하거나 계약기간을 연장할 수 없다. 다만, 제3항의 규정에 의하여 재검사 결과 적합한 자재인 것으로 판명될 경우에는 재검사에 소요된 기간에 대하여는 계약기간을 연장할 수 있다.

제13조(관급자재 및 대여품) ① 발주기관은 공사의 수행에 필요한 특정자재 또는 기계·기구 등을 계약상대자에게 공급하거나 대여할 수 있으며, 이 경우 관급자재 등(관급자재 및 대여품을 말한다. 이하 같다)은 설계서에 명시하여야 한다.

② 관급자재 등은 제17조제1항제2호의 공사공정예정표에 따라 적기에 공급되어야 하며, 인도일시 및 장소는 계약당사자간에 협의하여 결정한다.

③ 관급자재 등의 소유권은 발주기관에 있으며, 잉여분이 있을 경우 계약상대자는 이를 발주기관에 통지하여 계약담당공무원의 지시에 따라 이를 반환하여야 한다.

④ 제2항의 규정에 의한 인도후의 관급자재 등에 대한 관리상의 책임은

계약상대자에게 있으며, 이를 멸실 또는 훼손하였을 경우에는 발주기관에 변상하여야 한다.

⑤ 계약상대자는 관급자재 등을 계약의 수행외의 목적으로 사용할 수 없으며, 공사감독관의 서면승인 없이는 현장외부로 반출하여서는 아니된다.

⑥ 계약상대자는 관급자재 등을 인수할 때에는 이를 검수하여야 하며 그 품질 또는 규격이 시공에 적당하지 아니하다고 인정될 경우에는 즉시 계약담당공무원에게 이를 통지하여 이의 대체를 요구하여야 한다.

⑦ 계약담당공무원은 필요하다고 인정할 경우에는 관급자재 등의 수량·품질·규격·인도시기·인도장소 등을 변경할 수 있다. 이 경우에는 제20조 및 제23조의 규정을 적용한다.

제14조(공사현장대리인) ① 계약상대자는 계약된 공사에 적격한 공사현장대리인(국가기술자격취득자 또는 「건설기술관리법」 등 관계법령에 의하여 기술자로 인정하고 있는 자를 말한다. 이하 같다)을 지명하여 계약담당공무원에게 통지하여야 한다.

② 공사현장대리인은 공사현장에 상주하여 계약문서와 공사감독관의 지시에 따라 공사현장의 단속 및 공사에 관한 모든 사항을 처리하여야 한다.

제15조(공사현장 근로자) ① 계약상대자는 당해계약의 시공 또는 관리에 필요한 기술과 경험을 가진 근로자를 채용하여야 하며 근로자의 행위에 대하여 모든 책임을 져야 한다.

② 계약상대자는 계약담당공무원이 계약상대자가 채용한 근로자에 대하여 당해계약의 시공 또는 관리상 적당하지 아니하다고 인정하여 이의 교체를 요구한 때에는 즉시 교체하여야 하며 계약담당공무원의 승인없이는 교체된 근로자를 당해계약의 시공 또는 관리를 위하여 다시 채용할 수 없다.

제16조(공사감독관) ① 공사감독관은 계약된 공사의 수행과 품질의 확보 및 향상을 위하여 「건설기술관리법」 제27조제4항 및 동법 시행령 제52조의

규정에 의한 감리원의 업무범위에서 정한 내용 및 이 조건에서 규정한 업무를 행한다.

② 공사감독관은 계약담당공무원의 승인없이 계약상대자의 의무와 책임을 면제시키거나 증감시킬 수 없다.

③ 계약상대자는 공사감독관의 지시 또는 결정이 이 조건에서 정한 사항에 위반되거나 계약의 이행에 적합하지 아니하다고 인정될 경우에는 즉시 계약담당공무원에게 이의 시정을 요구하여야 한다.

④ 계약담당공무원은 제3항의 규정에 의한 시정요구를 받은 날부터 7일 이내에 필요한 조치를 하여야 한다.

⑤ 계약상대자는 그가 발주기관에 제출하는 모든 문서에 대하여 그 사본을 공사감독관에게 제출하여야 한다.

⑥ 공사감독관은 계약상대자로부터 제43조의2 제1항에 따른 통보를 받은 경우에는 하수급인 및 계약상대자와 직접 계약을 체결한 건설공사용부품 제작납품업자, 건설기계대여업자(이하 "하수급인 및 자재·장비업자"이라 한다)로부터 대금 수령내역 및 증빙서류를 제출받아 대금 지급내역 및 수령내역의 일치 여부를 확인하여야 한다. 〈신설 2010.9.8.〉

제17조(착공 및 공정보고) ① 계약상대자는 계약문서에서 정하는 바에 따라 착공하여야 하며 착공시에는 다음 각호의 서류가 포함된 착공신고서를 발주기관에 제출하여야 한다.

1. 「건설기술관리법령」 등 관련법령의 규정에 의한 현장기술자지정신고서
2. 공사공정예정표
3. 안전·환경 및 품질관리계획서
4. 공정별 인력 및 장비투입계획서
5. 착공전 현장사진
6. 기타 계약담당공무원이 지정한 사항

② 계약상대자는 계약의 이행중에 설계변경 또는 기타 계약내용의 변경으로 인하여 제1항의 규정에 의하여 제출한 서류의 변경이 필요한 때에는 관련서류를 변경하여 제출하여야 한다.

③ 계약담당공무원은 제1항 및 제2항의 규정에 의하여 제출된 서류의 내용을 조정할 필요가 있다고 인정하는 경우에는 계약상대자에게 이의 조정을 요구할 수 있다.

④ 계약담당공무원은 계약상대자로 하여금 월별로 수행한 공사에 대하여 다음 각호의 사항을 명백히 하여 익월 14일까지 발주기관에 제출하게 할 수 있으며, 이 경우 계약상대자는 이에 응하여야 한다.

1. 월별 공정율 및 수행공사금액
2. 인력·장비 및 자재현황
3. 계약사항의 변경 및 계약금액의 조정내용
4. 공정상황을 나타내는 현장사진

⑤ 계약담당공무원은 공정이 지체되어 소정기한내에 공사가 준공될 수 없다고 인정할 경우에는 제4항의 규정에 의한 월별 현황과는 별도로 주간공정현황의 제출 등 공사추진에 필요한 조치를 계약상대자에게 지시할 수 있다.

제18조(휴일 및 야간작업) ① 계약상대자는 계약담당공무원의 공기단축지시 및 발주기관의 부득이한 사유로 인하여 휴일 또는 야간작업을 지시하였을 때에는 추가비용을 청구할 수 있다.

② 제23조의 규정은 제1항의 경우에 이를 준용한다.

제19조(설계변경 등) ① 설계변경은 다음 각호의 1에 해당하는 경우에 한다.

1. 설계서의 내용이 불분명하거나 누락·오류 또는 상호 모순되는 점이 있을 경우
2. 지질, 용수등 공사현장의 상태가 설계서와 다를 경우
3. 새로운 기술·공법사용으로 공사비의 절감 및 시공기간의 단축 등의

효과가 현저할 경우

4. 기타 발주기관이 설계서를 변경할 필요가 있다고 인정할 경우 등

② 〈삭제, 2007.10.10〉

③ 제1항의 규정에 의한 설계변경은 그 설계변경이 필요한 부분의 시공 전에 완료하여야 한다. 다만, 계약담당공무원은 공정이행의 지연으로 품질저하가 우려되는 등 긴급하게 공사를 수행할 필요가 있는 때에는 계약상대자와 협의하여 설계변경의 시기 등을 명확히 정하고, 설계변경을 완료하기 전에 우선시공을 하게 할 수 있다.

제19조의2(설계서의 불분명·누락·오류 및 설계서간의 상호모순 등에 의한 설계변경) ① 계약상대자는 공사계약의 이행중 설계서의 내용이 불분명하거나 설계서에 누락·오류 및 설계서간에 상호모순 등이 있는 사실을 발견하였을 때에는 설계변경이 필요한 부분의 이행전에 당해사항을 분명히 한 서류를 작성하여 계약담당공무원과 공사감독관에게 동시에 이를 통지하여야 한다.

② 계약담당공무원은 제1항의 규정에 의한 통지를 받은 즉시 공사가 적절히 이행될 수 있도록 다음 각호의 1의 방법으로 설계변경 등 필요한 조치를 하여야 한다.

1. 설계서의 내용이 불분명한 경우(설계서만으로는 시공방법, 투입자재 등을 확정할 수 없는 경우)에는 설계자의 의견 및 발주기관이 작성한 단가산출서 또는 수량산출서 등의 검토를 통하여 당초 설계서에 의한 시공방법·투입자재 등을 확인한 후 확인된 사항대로 시공하여야 하는 경우에는 설계서를 보완하되 제20조의 규정에 의한 계약금액조정은 필요 없으며, 확인된 사항과 다르게 시공하여야 하는 경우에는 설계서를 보완하고 제20조의 규정에 의하여 계약금액을 조정하여야 함
2. 설계서에 누락·오류가 있는 경우에는 그 사실을 조사 확인하고 계약목적물의 기능 및 안전을 확보할 수 있도록 설계서를 보완

3. 설계도면과 공사시방서는 서로 일치하나 물량내역서와 상이한 경우에는 설계도면 및 공사시방서에 물량내역서를 일치
4. 설계도면과 공사시방서가 상이한 경우로서 물량내역서가 설계도면과 상이하거나 공사시방서와 상이한 경우에는 설계도면과 공사시방서중 최선의 공사시공을 위하여 우선되어야 할 내용으로 설계도면 또는 공사시방서를 확정한 후 그 확정된 내용에 따라 물량내역서를 일치

③ 제2항제3호 및 제4호의 규정은 제2조제4호의 규정에 정한 공사의 경우에는 적용되지 아니한다. 다만, 제2조제4호의 규정에 정한 공사의 경우로서 설계도면과 공사시방서가 상호 모순되는 경우에는 관련 법령 및 입찰에 관한 서류 등에 정한 내용에 따라 우선 여부를 결정하여야 한다.

제19조의3(현장상태와 설계서의 상이로 인한 설계변경) ① 계약상대자는 공사의 이행중 지질, 용수, 지하매설물 등 공사현장의 상태가 설계서와 다른 사실을 발견하였을 때에는 지체없이 설계서에 명시된 현장상태와 상이하게 나타난 현장상태를 기재한 서류를 작성하여 계약담당공무원과 공사감독관에게 동시에 이를 통지하여야 한다.

② 계약담당공무원은 제1항의 통지를 받은 즉시 현장을 확인하고 현장상태에 따라 설계서를 변경하여야 한다.

제19조의4(신기술 및 신공법에 의한 설계변경) ① 계약상대자는 새로운 기술·공법(발주기관의 설계와 동등이상의 기능·효과를 가진 기술·공법 및 기자재 등을 포함한다. 이하 같다)을 사용함으로써 공사비의 절감 및 시공기간의 단축 등에 효과가 현저할 것으로 인정하는 경우에는 다음 각호의 서류를 첨부하여 공사감독관을 경유하여 계약담당공무원에게 서면으로 설계변경을 요청할 수 있다.

1. 제안사항에 대한 구체적인 설명서
2. 제안사항에 대한 산출내역서
3. 제17조제1항제2호에 대한 수정공정예정표

4. 공사비의 절감 및 시공기간의 단축효과
5. 기타 참고사항

② 계약담당공무원은 제1항의 규정에 의하여 설계변경을 요청받은 경우에는 이를 검토하여 그 결과를 계약상대자에게 통지하여야 한다. 이 경우 계약담당공무원은 설계변경 요청에 대하여 이의가 있을 때에는 「건설기술관리법 시행령」 제21조의 규정에 의한 설계자문위원회(이하 "설계자문위원회"라 한다)에 청구하여 심의를 받아야 한다. 다만, 설계자문위원회가 설치되어 있지 아니한 경우에는 「건설기술관리법」 제5조의 규정에 의한 건설기술심의위원회의 심의를 받아야 한다.

③ 계약상대자는 제1항의 규정에 의한 요청이 승인되었을 경우에는 지체없이 새로운 기술·공법으로 수행할 공사에 대한 시공상세도면을 공사감독관을 경유하여 계약담당공무원에게 제출하여야 한다.

④ 계약상대자는 제2항의 규정에 의한 심의를 거친 계약담당공무원의 결정에 대하여 이의를 제기할 수 없으며, 또한 새로운 기술·공법의 개발에 소요된 비용 및 새로운 기술·공법에 의한 설계변경후 동기술·공법에 의한 시공이 불가능한 것으로 판명된 경우 시공에 소요된 비용을 발주기관에 청구할 수 없다.

제19조의5(발주기관의 필요에 의한 설계변경) ① 계약담당공무원은 다음 각호의 1의 사유로 인하여 설계서를 변경할 필요가 있다고 인정할 경우에는 계약상대자에게 이를 서면으로 통보할 수 있다.

1. 당해공사의 일부변경이 수반되는 추가공사의 발생
2. 특정공종의 삭제
3. 공정계획의 변경
4. 시공방법의 변경
5. 기타 공사의 적정한 이행을 위한 변경

② 계약담당공무원은 제1항의 규정에 의한 설계변경 통보시에는 다음 각

호의 서류를 첨부하여야 한다. 다만, 발주기관이 설계서를 변경 작성할 수 없을 경우에는 설계변경 개요서만을 첨부하여 설계변경을 통보할 수 있다.

1. 설계변경개요서
2. 수정설계도면 및 공사시방서
3. 기타 필요한 서류

③ 계약상대자는 제1항의 규정에 의한 통보를 받은 즉시 공사이행상황 및 자재수급 상황 등을 검토하여 설계변경 통보내용의 이행가능 여부(이행이 불가능하다고 판단될 경우에는 그 사유와 근거자료를 첨부)를 계약담당공무원과 공사감독관에게 동시에 이를 서면으로 통지하여야 한다.

제19조의6(소요자재의 수급방법 변경) ① 계약담당공무원은 발주기관의 사정으로 인하여 당초 관급자재로 정한 품목을 계약상대자와 협의하여 계약상대자가 직접 구입하여 투입하는 자재(이하 “사급자재”라 한다)로 변경하고자 하는 경우 또는 관급자재 등의 공급지체로 공사가 상당기간 지연될 것이 예상되어 계약상대자가 대체사용 승인을 신청한 경우로서 이를 승인한 경우에는 이를 서면으로 계약상대자에게 통보하여야 한다. 이때 계약담당공무원은 계약상대자와 협의하여 변경된 방법으로 일괄하여 자재를 구입할 수 없는 경우에는 분할하여 구입하게 할 수 있으며, 분할 구입하게 할 경우에는 구입시기별로 이를 서면으로 계약상대자에게 통보하여야 한다.

② 계약담당공무원은 공사의 이행중 설계변경 등으로 인하여 당초 관급자재의 수량이 증가되는 경우로서 증가되는 수량을 적기에 지급할 수 없어 공사의 이행이 지연될 것으로 예상되는 등 필요하다고 인정되는 때에는 계약상대자와 협의한 후 증가되는 수량을 계약상대자가 직접 구입하여 투입하도록 이를 서면으로 계약상대자에게 통보할 수 있다.

③ 제1항의 규정에 의하여 자재의 수급방법을 변경한 경우에는 계약담당

공무원은 통보당시의 가격에 의하여 그 대가(기성부분에 실제 투입된 자재에 대한 대가)를 제39조 내지 제40조의 규정에 의한 기성대가 또는 준공대가에 합산하여 지급하여야 한다. 다만, 계약상대자의 대체사용 승인신청에 따라 자재를 대체사용한 경우에는 계약상대자와 합의된 장소 및 일시에 현품으로 반환할 수도 있다.

④ 계약담당공무원은 당초계약시의 사급자재를 관급자재로 변경할 수 없다. 다만, 원자재의 수급 불균형에 따른 원자재가격 급등 등 사급자재를 관급자재로 변경하지 않으면 계약목적을 이행할 수 없다고 인정될 때에는 계약당사자간의 협의에 의하여 변경할 수 있다.

⑤ 제2항 및 제4항의 규정에 의하여 추가되는 관급자재를 사급자재로 변경하거나 사급자재를 관급자재로 변경한 경우에는 제20조의 규정에 정한 바에 따라 계약금액을 조정하여야 하며, 제3항 본문의 규정에 의하여 대가를 지급하는 경우에는 제20조제4항의 규정을 준용한다.

제19조의7(설계변경에 따른 추가조치 등) ① 계약담당공무원은 제19조제1항의 규정에 의하여 설계변경을 하는 경우 그 변경사항이 목적물의 구조변경 등으로 인하여 안전과 관련이 있는 때에는 하자발생시 책임한계를 명확하게 하기 위하여 당초 설계자의 의견을 들어야 한다.

② 계약담당공무원은 제19조의2, 제19조의3 및 제19조의5의 규정에 의하여 설계변경을 하는 경우 계약상대자로 하여금 다음 각호의 사항을 계약담당공무원과 공사감독관에게 동시에 제출하게 할 수 있으며, 이 경우 계약상대자는 이에 응하여야 한다.

1. 당해공종의 수정공정예정표
2. 당해공종의 수정도면 및 수정상세도면
3. 조정이 요구되는 계약금액 및 기간
4. 여타의 공정에 미치는 영향

③ 계약담당공무원은 제2항제2호의 규정에 의하여 당초의 설계도면 및

시공상세도면을 계약상대자가 수정하여 제출하는 경우에는 그 수정에 소요된 비용을 제23조의 규정에 의하여 계약상대자에게 지급하여야 한다.

제20조(설계변경으로 인한 계약금액의 조정) ① 계약담당공무원은 설계변경으로 시공방법의 변경, 투입자재의 변경 등 공사량의 증감이 발생하는 경우에는 다음 각호의 1의 기준에 의하여 계약금액을 조정하여야 한다.

1. 증감된 공사량의 단가는 계약단가로 한다. 다만 계약단가가 예정가격단가보다 높은 경우로서 물량이 증가하게 되는 경우 그 증가된 물량에 대한 적용단가는 예정가격단가로 한다.
2. 산출내역서에 없는 품목 또는 비목(동일한 품목이라도 성능, 규격 등이 다른 경우를 포함한다. 이하 "신규비목"이라 한다)의 단가는 설계변경당시(설계도면의 변경을 요하는 경우에는 변경도면을 발주기관이 확정한 때, 설계도면의 변경을 요하지 않는 경우에는 계약당사자간에 설계변경을 문서에 의하여 합의한 때, 제19조제3항에 의하여 우선시공을 한 경우에는 그 우선시공을 하게 한 때를 말한다. 이하 같다)를 기준으로 산정한 단가에 낙찰율(예정가격에 대한 낙찰금액 또는 계약금액의 비율을 말한다. 이하 같다)을 곱한 금액으로 한다.

② 발주기관이 설계변경을 요구한 경우(계약상대자의 책임없는 사유로 인한 경우를 포함한다. 이하 같다)에는 제1항의 규정에 불구하고 증가된 물량 또는 신규비목의 단가는 설계변경당시를 기준으로 하여 산정한 단가와 동 단가에 낙찰율을 곱한 금액의 범위안에서 발주기관과 계약상대자가 서로 주장하는 각각의 단가기준에 대한 근거자료 제시 등을 통하여 성실히 협의(이하 "협의"라 한다) 하여 결정한다. 다만, 계약당사자간에 협의가 이루어지지 아니하는 경우에는 설계변경당시를 기준으로 하여 산정한 단가와 동 단가에 낙찰율을 곱한 금액을 합한 금액의 100분의 50으로 한다.

③ 제19조의4의 규정에 의한 설계변경의 경우에는 당해 절감액의 100분

의 30에 해당하는 금액을 감액한다.

④ 제1항 및 제2항의 규정에 의한 계약금액의 증감분에 대한 간접노무비, 산재보험료 및 산업안전보건관리비 등 승율비용과 일반관리비 및 이윤은 산출내역서상의 간접노무비율, 산재보험료율 및 산업안전보건관리비율 등의 승율비용과 일반관리비율 및 이윤율에 의하되 설계변경당시의 관계법령 및 기획재정부장관 등이 정한 율을 초과할 수 없다.

⑤ 계약담당공무원은 예정가격의 100분의 86미만으로 낙찰된 공사계약의 계약금액을 제1항에 따라 증액조정하고자 하는 경우로서 당해 증액조정 금액(2차 이후의 계약금액 조정에 있어서는 그 전에 설계변경으로 인하여 감액 또는 증액조정된 금액과 증액조정하려는 금액을 모두 합한 금액을 말한다)이 당초 계약서의 계약금액(장기계속공사의 경우에는 시행령 제69조제2항에 따라 부기된 총공사금액)의 100분의 10 이상인 경우에는 시행령 제94조에 따른 계약심의회, 「국가재정법 시행령」 제49조에 따른 예산집행심의회 또는 「건설기술관리법 시행령」 제21조에 따른 설계자문위원회의 심의를 거쳐 소속중앙관서의 장의 승인을 얻어야 한다.

⑥ 일부 공종의 단가가 세부공종별로 분류되어 작성되지 아니하고 총계방식으로 작성(이하 "1식단가"라 한다)되어 있는 경우에도 설계도면 또는 공사시방서가 변경되어 1식단가의 구성내용이 변경되는 때에는 제1항 내지 제5항의 규정에 의하여 계약금액을 조정하여야 한다.

⑦ 발주기관은 제1항 내지 제6항의 규정에 의하여 계약금액을 조정하는 경우에는 계약상대자의 계약금액조정 청구를 받은 날부터 30일이내에 계약금액을 조정하여야 한다. 이 경우 예산배정의 지연 등 불가피한 경우에는 계약상대자와 협의하여 그 조정기한을 연장할 수 있으며, 계약금액을 조정할 수 있는 예산이 없는 때에는 공사량 등을 조정하여 그 대가를 지급할 수 있다.

⑧ 계약담당공무원은 제7항의 규정에 의한 계약상대자의 계약금액조정

청구 내용이 부당함을 발견한 때에는 지체없이 필요한 보완요구 등의 조치를 하여야 한다. 이 경우 계약상대자가 보완요구 등의 조치를 통보받은 날부터 발주기관이 그 보완을 완료한 사실을 통지받은 날까지의 기간은 제7항의 규정에 의한 기간에 산입하지 아니한다.

⑨ 제7항 전단의 규정에 의한 계약상대자의 계약금액조정 청구는 제40조의 규정에 의한 준공대가(장기계속계약의 경우에는 각 차수별 준공대가) 수령전까지 하여야 조정금액을 지급받을 수 있다.

제21조(설계변경으로 인한 계약금액조정의 제한 등) ① 다음 각 호의 어느 하나의 방법으로 체결된 공사계약에 있어서는 설계변경으로 계약내용을 변경하는 경우에도 정부에 책임있는 사유 또는 천재·지변 등 불가항력의 사유로 인한 경우를 제외하고는 그 계약금액을 증액할 수 없다.

1. 시행령 제42조제4항에 따른 최저가낙찰제의 입찰금액 적정성 심사에서 설계조건 및 내용(가설재료 또는 시공장비 등)의 변경에 의한 공사비의 절감사유를 제출하여 체결된 공사계약(심사과정에서 채택된 설계조건 및 내용에 한함)〈신설 2011.5.13.〉
2. 시행령 제78조에 따른 일괄입찰 및 대안입찰(대안이 채택된 부분에 한함)을 실시하여 체결된 공사계약
3. 시행령 제98조에 따른 기본설계 기술제안입찰 및 실시설계 기술제안입찰(기술제안이 채택된 부분에 한함)을 실시하여 체결된 공사계약

② 계약담당공무원은 다음 각 호의 어느 하나에 해당하는 경우에는 물량내역서의 누락사항이나 오류 등으로 설계를 변경하는 경우에도 그 계약금액을 변경할 수 없다.

1. 시행령 제14조 제7항 제2호에 따라 입찰참가자가 교부받은 물량내역서의 물량을 수정하고 단가를 적은 산출내역서를 제출하는 경우(입찰참가자가 물량을 수정한 부분에 한함)
2. 시행령 제14조 제7항 각 호외의 부분 단서에 따라 입찰에 참가하려는

자가 물량내역서를 직접 작성하고 단가를 적은 산출내역서를 제출하는 경우

③ 각 중앙관서의 장 또는 계약담당공무원은 시행령 제78조에 따른 일괄입찰과 제98조에 따른 기본설계 기술제안입찰의 경우 계약체결 이전에 실시설계적격자에게 책임이 없는 다음 각 호의 어느 하나에 해당하는 사유로 실시설계를 변경한 경우에는 계약체결 이후 즉시 설계변경에 의한 계약금액 조정을 하여야 한다.

1. 민원이나 환경·교통영향평가 또는 관련 법령에 따른 인허가 조건 등과 관련하여 실시설계의 변경이 필요한 경우
2. 발주기관이 제시한 기본계획서·입찰안내서 또는 기본설계서에 명시 또는 반영되어 있지 아니한 사항에 대하여 해당 발주기관이 변경을 요구한 경우
3. 중앙건설기술심의위원회 또는 설계자문위원회가 실시설계 심의과정에서 변경을 요구한 경우

④ 제1항 또는 제3항의 경우에 계약금액을 조정하고자 할 때에는 다음 각호의 기준에 의한다.

1. 실시설계 기술제안입찰은 시행령 제65조 제3항에 의한다.
2. 제1항제2호의 경우와 기본설계 기술제안입찰 시행령 제91조 제3항에 의한다.

⑤ 제1항에 정한 정부의 책임있는 사유 또는 불가항력의 사유란 다음 각 호의 1의 경우를 말한다. 다만, 설계시 공사관련법령 등에 정한 바에 따라 설계서가 작성된 경우에 한한다.

1. 사업계획 변경 등 발주기관의 필요에 의한 경우
2. 발주기관외에 당해공사와 관련된 인허가기관 등의 요구가 있어 이를 발주기관이 수용하는 경우
3. 공사관련법령(표준시방서, 전문시방서, 설계기준 및 지침 등 포함)의

제·개정으로 인한 경우

4. 공사관련법령에 정한 바에 따라 시공하였음에도 불구하고 발생되는 민원에 의한 경우
5. 발주기관 또는 공사 관련기관이 교부한 지하매설 지장물 도면과 현장 상태가 상이하거나 계약이후 신규로 매설된 지장물에 의한 경우
6. 토지·건물소유자의 반대, 지장물의 존치, 관련기관의 인허가 불허 등으로 지질조사가 불가능했던 부분의 경우
7. 제32조의 규정에 정한 사항 등 계약당사자 누구의 책임에도 속하지 않는 사유에 의한 경우

⑥ 제4항에 따라 계약금액을 증감조정하고자 하는 경우 증감되는 공사물량은 수정전의 설계도면과 수정후의 설계도면을 비교하여 산출한다.

⑦ 제3항 각호의 사유 및 제5항 각호의 사유에 해당되지 않는 경우로서 현장상태와 설계서의 상이 등으로 인하여 설계변경을 하는 경우에는 전체공사에 대하여 증·감되는 금액을 합산하여 계약금액을 조정하되, 계약금액을 증액할 수는 없다.

⑧ 계약담당공무원은 제7항에 따른 계약금액 조정과 관련하여 연차계약별로 준공되는 장기계속공사의 경우에는 계약체결시 전체공사에 대한 증·감 금액의 합산처리 방법, 합산잔액의 다음 연차계약으로의 이월 등 필요한 사항을 정하여 운영하여야 한다.

⑨ 제1항내지 제8항에 따른 계약금액조정의 경우에는 제20조제4항 및 제7항 내지 제9항의 규정을 준용한다.

제22조(물가변동으로 인한 계약금액의 조정) ① 물가변동으로 인한 계약금액의 조정은 시행령 제64조 및 시행규칙 제74조의 규정에 정한 바에 의한다.

② 동일한 계약에 대한 계약금액의 조정시 품목조정율 및 지수조정율을 동시에 적용하여서는 아니되며, 계약을 체결할 때에 계약상대자가 지수

조정율 방법을 원하는 경우외에는 품목조정율 방법으로 계약금액을 조정하도록 계약서에 명시하여야 한다. 이 경우 계약이행중 계약서에 명시된 계약금액 조정방법을 임의로 변경하여서는 아니된다. 다만, 시행령 제64조제6항에 따라 특정규격의 자재별 가격변동에 따른 계약금액을 조정할 경우에는 본문의 규정에 불구하고 품목조정율에 의한다.

③ 제1항의 규정에 의하여 계약금액을 증액하는 경우에는 상대자의 청구에 의하여야 하고, 계약상대자는 제40조의 규정에 의한 준공대가(장기계속계약의 경우에는 각 차수별 준공대가) 수령전까지 조정신청을 하여야 조정금액을 지급받을 수 있으며, 조정된 계약금액은 직전의 물가변동으로 인한 계약금액조정기준일부터 90일이내에 이를 다시 조정할 수 없다. 다만, 천재·지변 또는 원자재의 가격급등으로 당해 기간내에 계약금액을 조정하지 아니하고는 계약이행이 곤란하다고 인정되는 경우에는 계약을 체결한 날 또는 직전 조정기준일로부터 90일이내에도 계약금액을 조정할 수 있다.

④ 계약상대자는 제3항의 규정에 의하여 계약금액의 증액을 청구하는 경우에는 계약금액조정 내역서를 첨부하여야 한다.

⑤ 발주기관은 제1항 내지 제4항의 규정에 의하여 계약금액을 증액하는 경우에는 계약상대자의 청구를 받은 날부터 30일 이내에 계약금액을 조정하여야 한다. 이 경우 예산배정의 지연 등 불가피한 경우에는 계약상대자와 협의하여 그 조정기한을 연장할 수 있으며, 계약금액을 증액할 수 있는 예산이 없는 때에는 공사량 등을 조정하여 그 대가를 지급할 수 있다.

⑥ 계약담당공무원은 제4항 및 제5항의 규정에 의한 계약상대자의 계약금액조정 청구 내용이 일부 미비하거나 분명하지 아니한 경우에는 지체없이 필요한 보완요구를 하여야 하며, 이 경우 계약상대자가 보완요구를 통보받은 날부터 발주기관이 그 보완을 완료한 사실을 통지받은 날까지

의 기간은 제5항의 규정에 의한 기간에 산입하지 아니한다. 다만, 계약상대자의 계약금액조정 청구내용이 계약금액 조정요건을 충족하지 않았거나 관련 증빙서류가 첨부되지 아니한 경우에는 그 사유를 명시하여 계약상대자에게 당해 청구서를 반송하여야 하며, 이 경우 계약상대자는 그 반송사유를 충족하여 계약금액조정을 다시 청구하여야 한다.

⑦ 시행령 제64조제6항에 따른 계약금액 조정요건을 충족하였으나 계약상대자가 계약금액 조정신청을 하지 않을 경우 하수급인은 이러한 사실을 계약담당공무원에게 통보할 수 있으며, 통보받은 계약담당공무원은 이를 확인한 후 계약상대자에게 계약금액 조정신청과 관련된 필요한 조치 등을 하도록 하여야 한다.

제23조(기타 계약내용의 변경으로 인한 계약금액의 조정) ① 계약담당공무원은 공사계약에 있어서 제20조 및 제22조의 규정에 의한 경우외에 공사기간·운반거리의 변경 등 계약내용의 변경으로 계약금액을 조정하여야 할 필요가 있는 경우에는 그 변경된 내용에 따라 실비를 초과하지 아니하는 범위안에서 이를 조정한다.

② 제1항의 규정에 의한 계약내용의 변경은 변경되는 부분의 이행에 착수하기 전에 완료하여야 한다. 다만, 계약담당공무원은 계약이행의 지연으로 품질저하가 우려되는 등 긴급하게 계약을 이행하게 할 필요가 있는 때에는 계약상대자와 협의하여 계약내용 변경의 시기 등을 명확히 정하고, 계약내용을 변경하기 전에 계약을 이행하게 할 수 있다.

③ 제1항의 경우에는 제20조제4항을 준용한다.

④ 제1항의 경우 계약금액이 증액될 때에는 계약상대자의 신청에 의거 조정하여야 한다.

⑤ 제1항 내지 제4항의 규정에 의한 계약금액조정의 경우에는 제20조제7항 내지 제9항 의 규정을 준용한다.

제23조의2(설계변경 등에 따른 통보) 제20조 내지 제23조에 의거하여 계약

금액을 조정한 경우에는 계약담당공무원은 건설산업기본법 관련 규정에 의거 계약금액의 조정사유와 내용을 하수급인에게 통보하여야 한다.

제23조의3(건설폐기물량의 초과발생에 따른 계약금액의 조정) 시행령 제78조에 따라 체결된 계약에 있어서 「건설폐기물의 재활용 촉진에 관한 법률」 제15조에 따라 건설공사와 건설폐기물처리용역을 분리발주한 경우로서 공사수행과정에서 건설폐기물이 계약상대자가 설계시 산출한 물량을 초과하여 발생한 때에는 당해 초과물량에 대하여 발주기관이 실제 폐기물처리업체에 지급한 처리비용만큼 계약금액에서 감액조정한다. 〈신설 2010.11.30.〉

제24조(응급조치) ① 계약상대자는 시공기간중 재해방지를 위하여 필요하다고 인정할 때에는 미리 공사감독관의 의견을 들어 필요한 조치를 취하여야 한다.

② 공사감독관은 재해방지 기타 시공상 부득이할 때에는 계약상대자에게 필요한 응급조치를 취할 것을 구두 또는 서면으로 요구할 수 있다. 이 경우 구두로 응급조치를 요구한 때에는 추후 서면으로 보완하여야 한다.

③ 계약상대자는 제2항의 규정에 의한 요구를 받은 때에는 즉시 이에 응하여야 한다. 다만 계약상대자가 요구에 응하지 아니할 때에는 계약담당공무원은 일방적으로 계약상대자 부담으로 제3자로 하여금 응급조치하게 할 수 있다.

④ 제1항 내지 제3항의 조치에 소요된 경비중에서 계약상대자가 계약금액의 범위내에서 부담하는 것이 부당하다고 인정되는 때에는 제23조의 규정에 의하여 실비의 범위안에서 계약금액을 조정할 수 있다.

제25조(지체상금) ① 계약상대자는 계약서에 정한 준공기한(계약서상 준공신고서 제출기일을 말한다. 이하 같다)내에 공사를 완성하지 아니한 때에는 매 지체일수마다 계약서에 정한 지체상금율을 계약금액(장기계속공사계약의 경우에는 연차별 계약금액)에 곱하여 산출한 금액(이하 “지체상

금"이라 한다)을 현금으로 납부하여야 한다.

② 계약담당공무원은 제1항의 경우에 제29조의 규정에 의하여 기성부분에 대하여 검사를 거쳐 이를 인수(인수하지 아니하고 관리·사용하고 있는 경우를 포함한다. 이하 이 조에서 같다)한 때에는 그 부분에 상당하는 금액을 계약금액에서 공제한다. 이 경우 기성부분의 인수는 그 성질상 분할할 수 있는 공사에 대한 완성부분으로 인수하는 것에 한한다.

③ 계약담당공무원은 다음 각호의 1에 해당되어 공사가 지체되었다고 인정할 때에는 그 해당일수를 제1항의 지체일수에 산입하지 아니한다.

1. 제32조에서 규정한 불가항력의 사유에 의한 경우
2. 계약상대자가 대체 사용할 수 없는 중요 관급자재 등의 공급이 지연되어 공사의 진행이 불가능하였을 경우
3. 발주기관의 책임으로 착공이 지연되거나 시공이 중단되었을 경우
4. 〈삭 제〉
5. 계약상대자의 부도 등으로 보증기관이 보증이행업체를 지정하여 보증시공할 경우
6. 제19조의 규정에 의한 설계변경으로 인하여 준공기한내에 계약을 이행할 수 없을 경우
7. 원자재의 수급 불균형으로 인하여 해당 관급자재의 조달지연 또는 사급자재(관급자재에서 전환된 사급자재를 포함한다)의 구입곤란 등 기타 계약상대자의 책임에 속하지 아니하는 사유로 인하여 지체된 경우

④ 제3항제4호의 규정에 의하여 지체일수에 산입하지 아니하는 기간은 부도 등이 확정된 날(부도, 파산, 해산 등의 사유로 사실상 공사이행을 할 수 없었던 날을 의미한다)부터 보증시공을 지시한 날까지로 한다. 다만, 공동계약에 있어 공동이행방식에 의하는 경우는 공동수급체 구성원 중 마지막으로 남은 구성원의 부도 등이 확정된 날을 기준으로 하고, 분담이행방식에 의하는 경우는 분담구성원의 부도 등이 확정된 날을 기준

으로 한다.

⑤ 제3항제5호의 규정에 의하여 지체일수에 산입하지 아니하는 기간은 발주기관으로부터 보증채무 이행청구서를 접수한 날부터 보증이행개시일 전일까지(단, 30일 이내에 한한다)로 한다.

⑥ 계약담당공무원은 제1항의 규정에 의한 지체일수를 다음 각호에 따라 산정하여야 한다.

1. 준공기한내에 준공신고서를 제출한 때에는 제27조의 규정에 의한 준공검사에 소요된 기간은 지체일수에 산입하지 아니한다. 다만, 준공기한 이후에 제27조제3항의 규정에 의한 시정조치를 한 때에는 시정조치를 한 날부터 최종 준공검사에 합격한 날까지의 기간(검사기간이 제27조의 규정에 정한 기간을 초과한 경우에는 동조에 정한 기간에 한한다. 이하 같다)을 지체일수에 산입한다.
2. 준공기한을 경과하여 준공신고서를 제출한 때에는 준공기한 익일부터 준공검사(시정조치를 한 때에는 최종 준공검사)에 합격한 날까지의 기간을 지체일수에 산입한다.
3. 준공기한의 말일이 공휴일(관련 법령의 규정에 의하여 발주기관의 휴무일인 경우를 포함한다)인 경우 지체일수는 공휴일의 익일 다음날부터 기산한다.

⑦ 계약담당공무원은 제1항 내지 제3항의 규정에 의한 지체상금은 계약상대자에게 지급될 대가, 대가지급지연에 대한 이자 또는 기타 예치금등과 상계할 수 있다.

第26조(계약기간의 연장) ① 계약상대자는 제25조제3항 각호의 1의 사유가 계약기간내에 발생한 경우에는 계약기간 종료전에 지체없이 제17조제1항제2호에 대한 수정공정표를 첨부하여 계약담당공무원과 공사감독관에게 서면으로 계약기간의 연장신청을 하여야 한다. 다만, 연장사유가 계약기간내에 발생하여 계약기간 경과후 종료된 경우에는 동 사유가 종료된 후

즉시 계약기간의 연장신청을 하여야 한다. 〈개정 2011.11.30.〉

② 계약담당공무원은 제1항의 규정에 의한 계약기간연장 신청이 접수된 때에는 즉시 그 사실을 조사 확인하고 공사가 적절히 이행될 수 있도록 계약기간의 연장 등 필요한 조치를 하여야 한다.

③ 계약담당공무원은 제1항에서 규정한 연장청구를 승인하였을 경우 동 연장기간에 대하여는 제25조의 규정에 의한 지체상금을 부과하여서는 아니된다.

④ 제2항의 규정에 의하여 계약기간을 연장한 경우에는 제23조의 규정에 의하여 그 변경된 내용에 따라 실비를 초과하지 아니하는 범위안에서 계약금액을 조정한다. 다만, 제25조제3항제4호 및 제5호의 사유에 의한 경우에는 그러하지 아니하다.

⑤ 계약상대자는 제40조의 규정에 의한 준공대가(장기계속계약의 경우에는 각 차수별 준공대가) 수령전까지 제4항에 의한 계약금액 조정신청을 하여야 한다. 〈개정 2011.11.30.〉

⑥ 계약담당공무원은 제1항 내지 제4항의 규정에 불구하고 계약상대자의 의무불이행으로 인하여 발생한 지체상금이 시행령 제50조제1항의 규정에 의한 계약보증금상당액에 달한 경우로서 계약목적물이 국가정책사업 대상이거나 계약의 이행이 노사분규 등 불가피한 사유로 인하여 지연된 때에는 계약기간을 연장할 수 있다.

⑦ 제6항의 규정에 의한 계약기간의 연장은 지체상금이 계약보증금상당액에 달한 때에 하여야 하며, 연장된 계약기간에 대하여는 제25조의 규정에 불구하고 지체상금을 부과하여서는 아니된다.

제27조(검사) ① 계약상대자는 공사를 완성하였을 때에는 그 사실을 준공신고서 등 서면으로 계약담당공무원(「건설기술관리법」 제27조의 규정에 의하여 책임감리를 하는 공사에 있어서는 당해공사의 감리전문회사를 말한다. 이하 이조 제2항, 제3항 및 제6항에서 같다)에게 통지하고 필요한

검사를 받아야 한다.

② 계약담당공무원은 제1항의 통지를 받은 때에는 계약서, 설계서, 준공신고서 기타 관계서류에 의하여 그날로부터 14일이내에 계약상대자의 입회하에 그 이행을 확인하기 위한 검사를 하여야 한다. 다만, 천재·지변 등 불가항력적인 사유로 인하여 검사를 완료하지 못한 경우에는 당해사유가 존속되는 기간과 당해사유가 소멸된 날로부터 3일까지는 이를 연장할 수 있으며, 공사계약금액(관급자재가 있는 경우에는 관급자재 대가를 포함한다)이 100억원이상이거나 기술적 특수성 등으로 인하여 14일이내에 검사를 완료할 수 없는 특별한 사유가 있는 경우에는 7일 범위내에서 검사기간을 연장할 수 있다.

③ 계약담당공무원은 제2항의 검사에 있어서 계약상대자의 계약이행내용의 전부 또는 일부가 계약에 위반되거나 부당함을 발견한 때에는 필요한 시정조치를 하여야 한다. 이 경우에는 계약상대자로부터 그 시정을 완료한 사실을 통지받은 날로부터 제2항의 기간을 계산한다.

④ 제3항의 경우에 계약이행기간이 연장될 때에는 계약담당공무원은 제25조의 규정에 의한 지체상금을 부과하여야 한다.

⑤ 계약상대자는 제2항의 규정에 의한 검사에 입회·협력하여야 한다. 계약상대자가 입회를 거부하거나 검사에 협력하지 아니함으로써 발생하는 지체에 대하여는 제3항 및 제4항의 규정을 준용한다.

⑥ 계약담당공무원은 검사를 완료한 때에는 그 결과를 지체없이 계약상대자에게 통지하여야 한다. 이 경우 계약상대자는 검사에 대한 이의가 있을 때에는 재검사를 요청할 수 있으며 계약담당공무원은 필요한 조치를 하여야 한다.

⑦ 계약상대자는 제6항의 규정에 의한 검사완료통지를 받은 때에는 모든 공사시설, 잉여자재, 폐기물 및 가설물을 공사장으로부터 즉시 철거반출하여야 하며 공사장을 정돈하여야 한다.

⑧ 제39조의 규정에 의한 기성대가지급시의 기성검사는 공사감독관이 작성한 감독조서의 확인으로 갈음할 수 있다. 다만, 동 검사 3회마다 1회는 제1항의 규정에 의한 검사를 실시하여야 한다.

⑨ 제8항의 규정에 의한 기성검사시 검사에 합격된 자재라도 단순히 공사현장에 반입된 것만으로는 기성부분으로 인정할 수 없다. 다만, 계약상대자가 직접 또는 제3자에게 위탁하여 가공·조립 또는 제작된 자재인 때에는 당해 자재의 특성, 용도 및 시장거래상황 등을 고려하여 반입(당해 자재를 계약목적물에 투입하는 과정의 특수성으로 인하여 가공·조립 또는 제작하는 공장에서 기성검사를 실시, 동 검사에 합격한 경우를 포함)된 자재의 100분의 50 범위내에서 기성부분으로 인정할 수 있다

제28조(인수) ① 계약담당공무원은 제27조제6항의 규정에 의하여 검사완료 통지를 한 후 계약상대자가 서면으로 인수를 요청하였을 때에는 즉시 현장인수증명서를 발급하고 당해 공사목적물을 인수하여야 한다.

② 계약담당공무원은 제1항의 규정에 의하여 인수를 요청할 경우 공사규모 등을 고려하여 필요하다고 인정할 때에는 계약상대자로 하여금 다음 각호의 사항이 첨부된 준공명세서를 제출하여야 한다.

1. 완성된 공사목적물의 전면·후면·측면사진(10″ ×15″) 각 5매 및 필름
2. 제27조의 주요검사과정을 촬영한 비데오테잎(VHS) 5본
3. 착공에서 준공까지의 행정처리과정, 참여기술자, 관련참여업체 등의 내용을 포함하는 「건설기술관리법 시행령」 제38조의16의 규정에 의한 준공보고서

③ 계약담당공무원은 계약상대자가 검사완료통지를 받은 날부터 7일이내에 제1항의 규정에 의한 인수요청을 아니할 때에는 계약상대자에게 현장인수증명서를 발급하고 당해 공사목적물을 인수할 수 있다. 이 경우 계약상대자는 지체없이 제2항의 규정에 의한 준공명세서를 제출하여야 한다.

④ 계약담당공무원은 공사목적물을 인수한 때에는 다음 사항을 기재한 표찰을 부착하여 공시하여야 한다.

1. 공사명 및 발주기관(관리청)
2. 착공 및 준공년월일
3. 공사금액
4. 계약상대자
5. 공사감독관 및 검사관
6. 하자발생시 신고처
7. 기타 필요한 사항

⑤ 발주관서는 제3항의 규정에 의하여 인수된 공사목적물을 계약상대자에게 유지관리를 요구하는 경우에는 이에 필요한 비용을 지급하여야 한다.

제29조(기성부분의 인수) ① 계약담당공무원은 전체 공사목적물이 아닌 기성부분(성질상 분할할 수 있는 공사에 대한 완성부분에 한한다)에 대하여 이를 인수할 수 있다.

② 제28조의 규정은 제1항의 경우에 이를 준용한다.

제30조(부분사용 및 부가공사) ① 발주기관은 계약목적물의 인수전에 기성부분이나 미완성부분을 사용할 수 있으며 동 부분에 대하여는 당해 구조물 안전에 지장을 주지 아니하는 부가공사를 할 수 있다.

② 제1항의 경우 계약상대자와 부가공사에 대한 계약상대자는 계약담당공무원의 지시에 따라 공사를 진행하여야 한다.

③ 계약담당공무원은 제1항의 규정에 의한 부분사용 또는 부가공사로 인하여 계약상대자에게 손해가 발생한 경우 또는 추가공사비가 필요한 경우로서 계약상대자의 청구가 있는 때에는 제23조의 규정에 의하여 실비의 범위안에서 보상하거나 계약금액을 조정하여야 한다.

제31조(일반적 손해) ① 계약상대자는 계약의 이행중 공사목적물, 관급자재, 대여품 및 제3자에 대한 손해를 부담하여야 한다. 다만, 계약상대자

의 책임없는 사유로 인하여 발생한 경우에는 발주기관의 부담으로 한다.

② 제10조의 규정에 의하여 손해보험에 가입한 공사계약의 경우 제1항의 규정에 의한 계약상대자 및 발주기관의 부담은 보험에 의하여 보전되는 금액을 초과하는 부분으로 한다.

③ 제28조 및 제29조의 규정에 의하여 인수한 공사목적물에 대한 손해는 발주기관이 부담하여야 한다.

제32조(불가항력) ① 불가항력이라 함은 태풍·홍수 기타 악천후, 전쟁 또는 사변, 지진, 화재, 전염병, 폭동 기타 계약당사자의 통제범위를 초월하는 사태의 발생 등의 사유(이하 "불가항력의 사유"라 한다)로 인하여 계약당사자 누구의 책임에도 속하지 아니하는 경우를 말한다. 다만, 이는 대한민국 국내에서 발생하여 공사이행에 직접적인 영향을 미친 경우에 한한다.

② 제1항에서 규정한 불가항력의 사유로 인하여 다음 각호에 발생한 손해는 발주기관이 부담하여야 한다.

1. 제27조의 규정에 의하여 검사를 필한 기성부분
2. 검사를 필하지 아니한 부분중 객관적인 자료(감독일지, 사진 또는 비디오테잎 등)에 의하여 이미 수행되었음이 판명된 부분
3. 제31조제1항 단서 및 동조제3항의 규정에 의한 손해

③ 계약상대자는 계약이행 기간중 제2항의 손해가 발생하였을 때에는 지체없이 그 사실을 계약담당공무원에게 통지하여야 하며, 계약담당공무원은 통지를 받았을 때에는 즉시 그 사실을 조사하고 그 손해의 상황을 확인한 후 그 결과를 계약상대자에게 통지하여야 한다. 이 경우 공사감독관의 의견을 참작할 수 있다.

④ 계약담당공무원은 제3항의 규정에 의하여 손해의 상황을 확인하였을 때에는 별도의 약정이 없는 한 공사금액의 변경 또는 손해액의 부담 등 필요한 조치를 계약상대자와 협의하여 이를 결정한다. 다만, 협의가 성

립되지 않을 때에는 제51조의 규정에 의해서 처리한다.

제33조(하자보수) ① 계약상대자는 전체목적물을 인수한 날과 준공검사를 완료한 날 중에서 먼저 도래한 날부터 시행령 제60조의 규정에 의하여 계약서에 정한 기간(이하 "하자담보책임기간"이라 한다)동안 공사목적물의 하자(계약상대자의 시공상의 잘못으로 인하여 발생한 하자에 한함)에 대한 보수책임이 있다.

② 하자담보책임기간은 시행규칙 제70조 관련 별표 1에 정해진 바에 따라 공종을 구분(하자책임을 구분할 수 없는 복합공사의 경우에는 주된 공종)하여 설정하여야 한다.

③ 제2항의 규정에 불구하고 하자담보책임기간을 공종 구분없이 일률적으로 정하였거나 시행규칙 제70조 관련 별표 1에 정해진 기간과 다르게 정하여 계약이행중인 경우에는 동 시행규칙에서 정한 대로 계약서상 하자담보책임기간을 조정하여야 한다.

④ 계약상대자는 하자보수통지를 받은 때에는 즉시 보수작업을 하여야 하며 당해 하자의 발생원인 및 기타 조치사항을 명시하여 발주기관에 제출하여야 한다.

제34조(하자보수보증금) ① 계약상대자는 공사의 하자보수를 보증하기 위하여 계약서에서 정한 하자보수보증금율을 계약금액(당초 계약금액이 조정된 경우에는 조정된 계약금액을 말한다)에 곱하여 산출한 금액(이하 "하자보수보증금"이라 한다)을 시행령 제62조 및 시행규칙 제72조의 규정에 정한 바에 따라 납부하여야 한다.

② 계약상대자 제33조제1항의 규정에 의한 하자담보책임기간중 계약담당공무원으로부터 하자보수요구를 받고 이에 불응한 경우에는 제1항의 규정에 의한 하자보수보증금을 국고에 귀속한다.

③ 계약담당공무원은 제35조제2항의 규정에 의한 하자보수완료확인서의 발급일까지 하자보수보증금을 계약상대자에게 반환하여야 한다. 다만,

하자담보책임기간이 서로 다른 공종이 복합된 건설공사에 있어서는 시행규칙 제70조의 규정에 의한 공종별 하자담보책임기간이 만료되어 보증목적이 달성된 공종의 하자보수보증금은 계약상대자의 요청이 있을 경우 즉시 반환하여야 한다.

제35조(하자검사) ① 계약담당공무원은 제33조제1항에서 규정한 하자담보책임기간중 연2회이상 정기적으로 하자를 검사하여야 한다.

② 계약담당공무원은 하자담보책임기간의 만료일부터 14일이내에 따로 최종검사를 하여야 하며, 최종검사를 완료하였을 때에는 즉시 하자보수완료확인서를 계약상대자에게 발급하여야 한다. 이 경우 최종검사에서 발견되는 하자사항은 이 확인서가 발급되기 전까지 계약상대자가 자신의 부담으로 보수하여야 한다.

③ 계약상대자는 제1항 및 제2항의 검사에 입회하여야 한다. 다만, 계약상대자가 입회를 거부하는 경우에는 계약담당공무원은 일방적으로 검사를 할 수 있으며 검사결과에 대하여 계약상대자가 동의한 것으로 간주한다.

④ 계약상대자의 책임과 의무는 제2항의 규정에 의한 하자보수완료확인서의 발급일부터 소멸한다.

제36조(특별책임) 계약담당공무원은 제35조제2항의 규정에 의한 하자보수완료확인서의 발급에 불구하고 당해공사의 특성 및 관련법령에서 정한 바에 따라 필요하다고 인정하는 경우 제27조 및 제35조의 규정에 의한 검사과정에서 발견되지 아니한 시공상의 하자에 대하여는 계약상대자의 책임으로 하는 특약을 정할 수 있다.

제37조(특허권 등의 사용) 공사의 이행에 특허권 기타 제3자의 권리의 대상으로 되어 있는 시공방법을 사용할 때에는 계약상대자는 그 사용에 관한 일체의 책임을 져야 한다. 그러나 발주기관이 제3조의 계약문서에 시공방법을 지정하지 아니하고 그 시공을 요구할 때에는 계약상대자에 대하여 제반편의를 제공·알선하거나 소요된 비용을 지급할 수 있다.

제38조(발굴물의 처리) ① 공사현장에서 발견한 모든 가치있는 화석·금전·보물 기타 지질학 및 고고학상의 유물 또는 물품은 관계법규에서 정하는 바에 의하여 처리한다.

② 계약상대자는 제1항의 물품이나 유물을 발견하였을 때에는 즉시 계약담당공무원에게 통지하고 그 지시에 따라야 하며 이를 취급할 때에는 파손이 없도록 적절한 예방조치를 하여야 한다.

제39조(기성대가의 지급) ① 계약상대자는 적어도 30일마다 제27조제8항에 의한 검사를 완료하는 날까지 기성부분에 대한 대가지급청구서(하수급인 및 자재·장비업자에 대한 대금 지급 계획을 첨부하여야 한다)를 계약담당공무원과 공사감독관에게 동시에 제출할 수 있다. 〈개정 2010.9.8.〉

② 계약담당공무원은 검사완료일부터 5일이내에 검사된 내용에 따라 기성대가를 확정하여 계약상대자에게 지급하여야 한다. 다만, 계약상대자가 검사완료일후에 대가의 지급을 청구한 때에는 그 청구를 받은 날부터 5일이내에 지급하여야 한다.

③ 계약담당공무원은 제2항에 따른 기성대가지급시 제1항의 대금 지급 계획상의 하수급인 및 자재·장비업자에게 기성대가지급 사실을 통보하고 대금 수령내역(수령자, 수령액, 수령일 등) 및 증빙서류를 제출(「전자서명법」 제2조에 따른 전자문서에 의한 제출을 포함한다. 이하 제40조 제3항 및 제43조의2 제1항에 따른 제출 및 통보에 있어 같다)하게 하여야 한다. 〈신설 2010.9.8.〉

④ 계약담당공무원은 제27조제9항 단서의 규정에 의한 자재에 대하여 기성대가를 지급하는 경우에는 계약상대자로 하여금 그 지급대가에 상당하는 보증서(시행령 제37조제2항에 규정된 증권 또는 보증서 등을 말한다)를 제출하게 하여야 한다.

⑤ 계약담당공무원은 제1항의 규정에 의한 청구서의 기재사항이 검사된 내용과 일치하지 아니할 때에는 그 사유를 명시하여 계약상대자에게 이

의 시정을 요구하여야 한다. 이 경우 시정에 소요되는 기간은 제2항에서 규정한 기간에 산입하지 아니한다.

⑥ 기성대가는 계약단가에 의하여 산정·지급한다. 다만, 계약단가가 없을 경우에는 제20조제1항제2호 및 제2항의 규정에 의하여 산정된 단가에 의한다.

⑦ 제40조제4항의 규정은 기성대가 지급의 경우에 이를 준용한다.

제39조의2(계약금액조정전의 기성대가지급) ① 계약담당공무원은 물가변동, 설계변경 및 기타계약내용의 변경으로 인하여 계약금액이 당초 계약금액보다 증감될 것이 예상되는 경우로서 기성대가를 지급하고자 하는 경우에는 「국고금관리법 시행규칙」 제72조의 규정에 의하여 당초 산출내역서를 기준으로 산출한 기성대가를 개산급으로 지급할 수 있다. 다만, 감액이 예상되는 경우에는 예상되는 감액금액을 제외하고 지급하여야 한다.

② 계약상대자는 제1항의 규정에 의하여 기성대가를 개산급으로 지급받고자 하는 경우에는 기성대가신청시 개산급신청사유를 서면으로 작성하여 첨부하여야 한다.

제40조(준공대가의 지급) ① 계약상대자는 공사를 완성한 후 제27조의 규정에 의한 검사에 합격한 때에는 대가지급청구서(하수급인 및 자재·장비업자에 대한 대금지급 계획을 첨부하여야 한다)를 제출하는 등 소정절차에 따라 대가지급을 청구할 수 있다. 〈개정 2010.9.8.〉

② 계약담당공무원은 제1항의 청구를 받은 때에는 그 청구를 받은 날로부터 5일(공휴일 및 토요일은 제외한다. 이하 이조에서 같다)이내에 그 대가를 지급하여야 하며, 동 대가지급기한에도 불구하고 자금사정 등 불가피한 사유가 없는 한 최대한 신속히 대가를 지급하여야 한다. 다만, 계약당사자와의 합의에 의하여 5일을 초과하지 아니하는 범위안에서 대가의 지급기간을 연장할 수 있는 특약을 정할 수 있다.

③ 계약담당공무원은 제2항에 따른 대가지급시 제1항의 대금 지급 계획

상의 하수급인 및 자재·장비업자에게 대가지급 사실을 통보하고 대금 수령내역(수령자 ,수령액, 수령일 등) 및 증빙서류를 제출하게 하여야 한다. 〈신설 2010.9.8.〉

④ 천재·지변 등 불가항력의 사유로 인하여 대가를 지급할 수 없게 된 경우에는 당해사유가 존속되는 기간과 당해사유가 소멸된 날로부터 3일까지는 대가의 지급을 연장할 수 있다.

⑤ 계약담당공무원은 제1항의 청구를 받은 후 그 청구내용의 전부 또는 일부가 부당함을 발견한 때에는 그 사유를 명시하여 계약상대자에게 당해 청구서를 반송할 수 있다. 이 경우에는 반송한 날로부터 재청구를 받은 날까지의 기간은 제2항의 지급기간에 이를 산입하지 아니한다.

제40조의2(국민건강보험료 및 국민연금보험료의 사후정산) 계약담당공무원은 「정부 입찰·계약 집행기준」 제93조의 규정에 의하여 국민건강보험료 및 국민연금보험료를 사후정산 하기로 한 계약에 대하여는 제39조 및 제40조의 규정에 의한 대가지급시 계약예규 「정부 입찰·계약 집행기준」 제94조의 규정에 정한 바에 따라 정산하여야 한다.

제41조(대가지급지연에 대한 이자) ① 계약담당공무원은 대가지급청구를 받은 경우에 제39조 및 제40조의 규정에 의한 대가지급기한(국고채무부담행위에 의한 계약의 경우에는 다음 회계년도 개시후 「예산회계법」에 의하여 당해 예산이 배정된 날부터 20일)까지 대가를 지급하지 못하는 경우에는 지급기한의 다음날부터 지급하는 날까지의 일수(이하 "대가지급지연일수"라 한다)에 당해 미지급금액에 대하여 지연발생 시점의 금융기관 대출평균금리(한국은행 통계월보상의 금융기관 대출평균금리를 말한다)를 곱하여 산출한 금액을 이자로 지급하여야 한다.

② 천재·지변 등 불가항력적인 사유로 인하여 검사 또는 대가지급이 지연된 경우에 제27조제2항 단서 및 제40조제3항의 규정에 의한 연장기간은 대가지급 지연일수에 산입하지 아니한다.

제42조(하도급의 승인 등) ① 계약상대자가 계약된 공사의 일부를 제3자에게 하도급 하고자 하는 경우에는 「건설산업기본법」 등 관련법령에 정한 바에 의하여야 한다.

② 계약담당공무원은 제1항의 규정에 의하여 계약상대자로부터 하도급계약을 통보받은 때에는 건설교통부장관이 고시한 건설공사하도급심사기준에 정한 바에 따라 하도급금액의 적정성을 심사하여야 한다.

제43조(하도급대가의 직접지급 등) ① 계약담당공무원은 계약상대자가 다음 각호의 1에 해당하는 경우 「건설산업기본법령」 등 관련법령의 규정에 의하여 체결한 하도급계약중 하수급인이 시공한 부분에 상당하는 금액에 대하여는 계약상대자가 하수급인에게 제39조 및 제40조의 규정에 의한 대가지급을 의뢰한 것으로 보아 당해 하수급인에게 직접 지급하여야 한다.

1. 하수급인이 계약상대자를 상대로 하여 받은 판결로서 그가 시공한 분에 대한 하도급대금지급을 명하는 확정판결이 있는 경우
2. 계약상대자가 파산, 부도, 영업정지 및 면허취소 등으로 하도급대금을 하수급인에게 지급할 수 없게 된 경우
3. 「하도급거래 공정화에 관한 법률」 또는 「건설산업기본법」에 규정한 내용에 따라 계약상대자가 하수급인에 대한 하도급대금 지급보증서를 제출하여야 할 대상 중 그 지급보증서를 제출하지 아니한 경우

② 계약담당공무원은 제1항의 규정에 불구하고 하수급인이 당해 하도급계약과 관련하여 노임, 중기사용료, 자재대 등을 체불한 사실을 계약상대자가 객관적으로 입증할 수 있는 서류를 첨부하여 당해 하도급대가의 직접지급 중지를 요청한 때에는 당해 하도급대가를 직접 지급하지 아니할 수 있다.

③ 계약상대자는 제27조제1항의 규정에 의한 준공신고 또는 제39조의 규정에 의한 기성대가의 지급청구를 위한 검사를 신청하고자 할 경우에는

하수급인이 시공한 부분에 대한 내역을 구분하여 신청하여야 하며, 제39조 및 제40조의 규정에 의하여 제1항의 하도급대가가 포함된 대가지급을 청구할 때에는 당해 하도급대가를 분리하여 청구하여야 한다.

제43조의2(하도급대금 등 지급 확인) ① 계약상대자는 제39조 및 제40조의 규정에 의한 대가를 지급받은 경우 15일 이내에 하수급인 및 자재·장비업자가 시공·제작·대여한 분에 상당한 금액(이하 "하도급대금 등"이라 한다)을 하수급인 및 자재·장비업자에게 현금으로 지급하여야 하며, 하도급대금 등의 지급 내역(수령자, 지급액, 지급일 등)을 5일(공휴일 및 토요일은 제외한다) 이내에 발주기관 및 공사감독관에게 통보하여야 한다.
② 계약담당공무원은 제1항에 의한 대금 지급내역을 제39조 제3항 또는 제40조 제3항에 따라 하수급인 및 자재·장비업자로부터 제출받은 대금수령내역과 비교·확인하여야 한다. 〈본조 신설 2010.9.8.〉

제44조(계약상대자의 책임있는 사유로 인한 계약의 해제 및 해지) ① 계약담당공무원은 계약상대자가 다음 각호의 1에 해당하는 경우에는 당해 계약의 전부 또는 일부를 해제 또는 해지할 수 있다. 다만, 제3호의 경우 계약상대자의 계약이행 가능성이 있고 계약을 유지할 필요가 있다고 인정되는 경우로서 계약상대자가 계약이행이 완료되지 아니한 부분에 상당하는 계약보증금을 추가납부하는 때에는 계약을 유지한다.

1. 정당한 이유없이 약정한 착공시일을 경과하고도 공사에 착수하지 아니할 경우
2. 계약상대자의 책임있는 사유로 인하여 준공기한까지 공사를 완공하지 못하거나 완성할 가능성이 없다고 인정될 경우
3. 제25조제1항의 규정에 의한 지체상금이 시행령 제50조제1항의 규정에 의한 당해 계약(장기계속공사계약인 경우에는 차수별 계약)의 계약보증금상당액에 달한 경우
4. 장기계속공사의 계약에 있어서 제2차공사 이후의 계약을 체결하지 아

니하는 경우

5. 계약의 수행중 뇌물수수 또는 정상적인 계약관리를 방해하는 불법·부정행위가 있는 경우
6. 기타 계약조건을 위반하고 그 위반으로 인하여 계약의 목적을 달성할 수 없다고 인정될 경우

② 계약담당공무원은 제1항의 규정에 의하여 계약을 해제 또는 해지한 때에는 그 사실을 계약상대자 및 제42조의 규정에 의한 하수급자에게 통지하여야 한다.

③ 제2항의 규정에 의한 통지를 받은 계약상대자는 다음 각호의 사항을 준수하여야 한다.

1. 당해 공사를 즉시 중지하고 모든 공사자재 및 기구 등을 공사장으로부터 철거하여야 한다.
2. 제13조의 규정에 의한 대여품이 있을 때에는 지체없이 발주기관에 반환하여야 한다. 이 경우 당해 대여품이 계약상대자의 고의 또는 과실로 인하여 멸실 또는 파손되었을 때에는 원상회복 또는 그 손해배상을 하여야 한다.
3. 제13조의 규정에 의한 관급재료중 공사의 기성부분으로서 인수된 부분에 사용한 것을 제외한 잔여재료는 발주관서에 반환하여야 한다. 이 경우 당해 재료가 계약상대자의 고의 또는 과실로 인하여 멸실 또는 파손되었을 때, 또는 공사의 기성부분으로서 인수되지 아니하는 부분에 사용된 때에는 원상회복 또는 그 손해배상을 하여야 한다.
4. 발주기관이 요구하는 공사장의 모든 재료, 정보 및 편의를 발주기관에 제공하여야 한다.

④ 계약담당공무원은 제1항의 규정에 의하여 계약을 해제 또는 해지한 경우 및 제48조의 규정에 의하여 보증기관이 보증이행을 하는 경우에 기성부분을 검사하여 인수한 때에는 당해부분에 상당하는 대가를 계약상대

자에게 지급하여야 한다.

⑤ 제1항의 규정에 의하여 계약이 해제 또는 해지된 경우 계약상대자는 지급받은 선금에 대하여 미정산잔액이 있는 경우에는 그 잔액에 대한 약정이자상당액[사유발생] 시점의 금융기관 대출평균금리(한국은행 통계월보상의 대출평균금리를 말한다)] 에 의하여 산출한 금액을 가산하여 발주기관에 상환하여야 한다.

⑥ 제5항의 경우 계약담당공무원은 선금잔액과 기성부분에 대한 미지급액을 상계하여야 한다. 다만, 「건설산업기본법」 및 「하도급 거래공정화에 관한 법률」에 의하여 하도급대금 지급보증이 되어 있지 않은 경우로서 제43조제1항의 규정에 의하여 하도급대가를 직접 지급하여야 하는 때에는 우선적으로 하도급대가를 지급한 후 기성부분에 대한 미지금액의 잔액이 있을 경우 선금잔액과 상계할 수 있다.

제45조(사정변경에 의한 계약의 해제 또는 해지) ① 발주기관은 제44조제1항 각호의 경우외에 객관적으로 명백한 발주기관의 불가피한 사정이 발생한 때에는 계약을 해제 또는 해지할 수 있다.

② 제44조제2항 본문 및 제3항의 규정은 제1항의 규정에 의하여 계약을 해제 또는 해지하는 경우에 이를 준용한다.

③ 발주기관은 제1항의 규정에 의하여 계약을 해제 또는 해지하는 경우에는 다음 각호에 해당하는 금액을 제44조제3항 각호의 수행을 완료한 날부터 14일이내에 계약상대자에게 지급하여야 한다. 이 경우 제7조의 규정에 의한 계약보증금을 동시에 반환하여야 한다.

1. 제32조제2항제1호 및 제2호에 해당하는 시공부분의 대가중 지급하지 아니한 금액
2. 전체공사의 완성을 위하여 계약의 해제 또는 해지일 이전에 투입된 계약상대자의 인력·자재 및 장비의 철수비용

④ 계약상대자는 선금에 대한 미정산잔액이 있는 경우에는 이를 발주기

관에 상환하여야 한다. 이 경우 미정산잔액에 대한 이자는 가산하지 아니한다.

제46조(계약상대자에 의한 계약해제 또는 해지) ① 계약상대자는 다음 각호의 1에 해당하는 사유가 발생한 경우에는 당해계약을 해제 또는 해지할 수 있다.

1. 제19조의 규정에 의하여 공사내용을 변경함으로써 계약금액이 100분의 40이상 감소되었을 때
2. 제47조의 규정에 의한 공사정지기간이 공기의 100분의 50을 초과하였을 경우

② 제45조제2항 내지 제4항의 규정은 제1항의 규정에 의하여 계약이 해제 또는 해지되었을 경우에 이를 준용한다.

제47조(공사의 일시정지) ① 공사감독관은 다음 각호의 경우에는 공사의 전부 또는 일부의 이행을 정지시킬 수 있다. 이 경우 계약상대자는 정지기간중 선량한 관리자의 주의의무를 해태하여서는 아니된다.

1. 공사의 이행이 계약내용과 일치하지 아니하는 경우
2. 공사의 전부 또는 일부의 안전을 위하여 공사의 정지가 필요한 경우
3. 제24조의 규정에 의한 응급조치의 경우
4. 기타 발주기관의 필요에 의하여 계약담당공무원이 지시한 경우

② 공사감독관은 제1항의 규정에 의하여 공사를 정지시킨 경우에는 지체없이 계약상대자 및 계약담당공무원에게 정지사유 및 정지기간을 통지하여야 한다.

③ 제1항의 규정에 의하여 공사를 정지시킨 경우 계약상대자는 계약기간의 연장 또는 추가금액을 청구할 수 없다. 다만, 계약상대자의 책임있는 사유로 인한 정지가 아닌 때에는 그러하지 아니한다.

④ 발주기관의 책임있는 사유에 의한 공사정지기간(각각의 사유로 인한 정지기간을 합산하며, 장기계속계약의 경우에는 당해 차수내의 정지기간

을 말함)이 60일을 초과한 경우 발주기관은 그 초과된 기간에 대하여 잔여계약금액(공사중지기간이 60일을 초과하는 날 현재의 잔여계약금액을 말하며, 장기계속공사계약의 경우에는 차수별 계약금액을 기준으로 함)에 초과일수 매 1일마다 지연발생 시점의 금융기관 대출평균금리(한국은행 통계월보상의 금융기관 대출평균금리를 말한다)를 곱하여 산출한 금액을 준공대가 지급시 계약상대자에게 지급하여야 한다.

제47조의2(계약상대자의 공사정지 등) ① 계약상대자는 발주기관이 「국가를 당사자로 하는 계약에 관한 법령」과 계약문서 등에서 정하고 있는 계약상의 의무를 이행하지 아니하는 때에는 발주기관에 계약상의 의무이행을 서면으로 요청할 수 있다.

② 계약담당공무원은 계약상대자로부터 제1항의 규정에 의한 요청을 받은 날부터 14일이내에 이행계획을 서면으로 계약상대자에게 통지하여야 한다.

③ 계약상대자는 계약담당공무원이 제2항에 규정한 기한내에 통지를 하지 아니하거나 계약상의 의무이행을 거부하는 때에는 당해 기간이 경과한 날 또는 의무이행을 거부한 날부터 공사의 전부 또는 일부의 시공을 정지할 수 있다.

④ 계약담당공무원은 제3항의 규정에 의하여 정지된 기간에 대하여는 제26조의 규정에 의하여 공사기간을 연장하여야 한다.

제48조(공사계약의 이행보증) ① 계약담당공무원은 계약상대자가 제44조제1항 각호의 1에 해당하는 경우로서 시행령 제52조제1항제3호의 규정에 의한 공사이행보증서가 제출되어 있는 경우에는 계약을 해제 또는 해지하지 아니하고 제9조의 규정에 의한 보증기관에 대하여 공사를 완성할 것을 청구하여야 한다.

② 제1항의 청구가 있을 때에는 보증기관은 지체없이 그 보증의무를 이행하여야 한다. 이 경우 보증의무를 이행한 보증기관은 계속공사에 있어

서 계약상대자가 가지는 계약체결상의 이익을 가진다. 다만, 보증기관은 보증이행업체를 지정하여 보증의무를 이행하는 대신 공사이행보증서에 정한 금액을 현금으로 발주기관에 납부함으로써 보증의무이행에 갈음할 수 있다.

③ 제2항의 규정에 의하여 당해 계약을 이행하는 보증기관은 계약금액중 보증이행부분에 상당하는 금액을 발주관서에 직접 청구할 수 있는 권리를 가지며 계약상대자는 보증기관의 보증이행부분에 상당하는 금액을 청구할 수 있는 권리를 상실한다.

④ 〈삭 제〉

⑤ 제1항 내지 제3항의 규정외에 공사이행보증서 제출에 따른 보증의무이행에 대하여는 계약예규 「정부 입찰·계약 집행기준」 제10장(공사의 이행보증제도 운용)에 정한 바에 의한다.

제49조(부정당업자의 입찰참가자격 제한) ① 계약상대자가 시행령 제76조의 규정에 해당하는 경우에는 해당 중앙관서의 장으로부터 일정기간동안 입찰참가자격 제한조치를 받게 된다.

② 계약상대자는 지방자치단체 또는 정부투자기관에서 입찰참가자격제한을 받은 경우 시행령 제76조제8항의 규정에 의하여 그 제한사유가 시행령 제76조제1항제1호 내지 제5호, 제7호 내지 제8호에 의한 것은 반드시 그 제한을 받게 된다.

제50조(기술지식의 이용 및 비밀엄수의무) ① 발주기관은 계약서상의 규정에 의하여 계약상대자가 제출하는 각종 보고서, 정보 기타 자료 및 이에 의하여 얻은 기술지식의 전부 또는 일부를 계약상대자의 승인을 얻어 발주기관의 이익을 위하여 복사이용 또는 공개할 수 있다.

② 계약상대자는 당해 계약을 통하여 얻은 정보 또는 국가의 비밀사항을 계약이행의 전후를 막론하고 외부에 누설할 수 없다.

제51조(분쟁의 해결) ① 계약의 수행중 계약당사자간에 발생하는 분쟁은 협

의에 의하여 해결한다.

② 제1항의 규정에 의한 협의가 이루어지지 아니할 때에는 법원의 판결 또는 「중재법」에 의한 중재에 의하여 해결한다. 다만 「국가를 당사자로 하는 계약에 관한 법률」(이하 "국가계약법"이라 한다) 제4조의 규정에 의한 국제입찰의 경우에는 국가계약법 제28조 내지 제31조에 규정한 절차에 의할 수 있다.

③ 계약상대자는 제1항 및 제2항의 규정에 의한 분쟁처리절차 수행기간중 공사의 수행을 중지하여서는 아니된다.

第52조(공사관련자료의 제출) 계약담당공무원은 필요하다고 인정할 경우 계약상대자에게 산출내역서의 기초가 되는 단가산출서 또는 일위대가표의 제출을 요구할 수 있으며 이 경우 계약상대자는 이에 응하여야 한다.

第53조(적격심사관련사항 이행) ① 시행령 제42조제1항 본문의 규정에 의한 공사를 수행함에 있어 계약상대자는 계약예규 「적격심사기준」 별표의 심사항목에 규정된 사항에 대하여 적격심사당시 제출한 내용대로 철저하게 이행하여야 한다.

② 계약담당공무원(조달사업법 제3조에 따라 조달청에 의뢰하여 계약한 공사로서 수요기관이 공사관리를 하는 경우에는 수요기관)은 제1항에 규정한 이행상황을 수시로 확인하여야 하며, 제출된 내용대로 이행이 되지 않고 있을 때에는 즉시 시정토록 조치하여야 한다.

第54조(유효기한) 이 예규는 「훈령·예규 등의 발령 및 관리에 관한 규정」(대통령훈령 제248호)에 따라 이 예규 발령 후의 법령이나 현실여건의 변화 등을 검토하여야 하는 2012년 9월 21일까지 효력을 가진다.

부 칙

① **(시행일)** 이 회계예규는 2006년 5월 25일부터 시행한다.

② (경과조치) 개정된 제3조제3항의 규정은 이 예규 시행 후 체결되는 계약에 대하여 적용하고, 제26조제1항 단서의 규정은 이 예규 시행 후 사유가 발생하는 분부터 적용하며, 제44조제6항의 개정규정은 이 예규 시행 후 하도급계약을 체결하는 분부터 적용한다.

③ (계약이행보증방법의 변경에 관한 적용례) 제7조제2항의 개정규정은 이 예규 시행 전에 체결된 계약에 대하여도 적용한다.

④ (대가지급지연에 대한 이자 및 공사정지기간 초과시 지연이자에 관한 경과조치) 이 예규 시행 전에 체결된 계약에 대한 대가지급지연에 대한 이자 및 공사정지기간 초과시 지연이자의 지급에 관하여는 제41조제1항 및 제47조제4항의 개정규정에 불구하고 종전의 규정에 의한다.

⑤ (대형공사의 설계변경에 관한 경과조치) 개정된 제21조제5항 및 제6항의 규정은 이 예규 개정 후 입찰공고되어 체결된 계약에 대하여 적용된다.

부 칙

① (시행일) 이 회계예규는 2006년 12월 29일부터 시행한다.

② (대가지급에 관한 적용례) 제40조제2항의 개정규정은 이 예규 시행 후 청구하는 분부터 적용한다.

③ (국민건강보험료 등의 사후정산에 관한 적용례) 제40조의2의 개정규정은 이 예규 시행 후 입찰공고를 한 분부터 적용한다.

부 칙

① (시행일) 이 회계예규는 2007년 3월 5일부터 시행한다.

② (대가지급에 관한 적용례) 제40조제2항의 개정규정은 이 예규 시행 후 청구하는 분부터 적용한다.

부 칙

제1조(시행일) 이 회계예규는 2007년 10월 12일부터 시행한다. 다만, 제2조제4호가목 및 제21조제1항제1호의 개정규정은 2008년 1월 1일부터 시행한다.

제2조(일괄입찰 등의 설계변경으로 인한 계약금액 조정에 관한 적용례) 제21조제2항의 개정규정은 이 예규 시행 후 계약금액을 조정하는 분부터 적용한다.

제3조(특정규격의 자재별 가격변동으로 인한 계약금액 조정 등에 관한 경과조치) 제22조제2항단서 및 제7항의 개정규정은 「국가를 당사자로 하는 계약에 관한 법률 시행령」(대통령령 제19782호, 2006.12.29) 시행일 이후 입찰공고를 한 분부터 적용한다.

부 칙

제1조(시행일) 이 회계예규는 2008년 12월 29일부터 시행한다.

제2조(적용례) 이 예규 시행 후 입찰공고를 한 분부터 적용한다.

제3조(설계변경으로 인한 계약금액 조정 제한의 적용례) 제21조제3항 규정은 2007년 10월 12일자로 소급적용한다.

부 칙

제1조(시행일) 이 회계예규는 2009년 6월 29일부터 시행한다.

제2조(적용례) 제7조, 제18조 개정규정은 이 예규 시행후 입찰공고를 한 분부터 적용한다.

부 칙

① (시행일) 이 회계예규는 2009년 7월 3일부터 시행한다.

② (대가지급에 관한 적용례) 제39조제2항 및 제40조제2항의 개정 규정은 대통령령 제21578호 국가를 당사자로 하는 계약에 관한 법률 시행령 일부개정령의 시행일(2009. 6.29)이후 대가지급을 청구하는 분부터 적용한다.

부 칙

제1조(시행일) 이 회계예규는 2009년 9월 21일부터 시행한다.

제2조(적용례) 이 예규 시행 후 입찰공고를 한 분부터 적용한다.

부 칙

제1조(시행일) 이 회계예규는 2010년 9월 8일부터 시행한다. 다만, 제2조 제4호 가목, 제2조 제8호, 제10조 제1항, 제21조(제1항 제3호, 제3항, 제4항 제2호 개정부분은 제외함), 제44조 제1항의 개정 규정은 2010년 10월 22일부터 시행하고, 제7조 제2항, 제9조, 제10조 제5항, 제25조, 제44조 제4항, 제48조, 제49조의 개정규정은 2011년 1월 1일부터 시행한다.

제2조(적용례) 이 회계예규 시행 후 입찰공고를 한 분부터 적용한다.

부 칙

제1조(시행일) 이 회계예규는 2010년 11월 30일부터 시행한다.

제2조(적용례) 이 예규 시행 후 입찰공고를 한 분부터 적용한다.

부 칙

제1조(시행일) 이 계약예규는 2011년 5월 13일부터 시행한다.

제2편

건설공사 부정원인 및 계약서 작성

제1장 건설공사 부정원인 분석

1.1 부정원인 분석

건설공사의 업체선정에 있어서는 부정행위의 방지와 관련하여 투명성을 제고할 수 있도록 고심하여야 할 부분이 많이 있다. 부정행위는 건설공사의 입찰단계부터 준공단계까지 여러 가지 형태로 발생할 수 있다.

국책사업의 경우 사업자 선정단계에서 발주처 담당 공무원 및 평가위원 등에게 뇌물 등 부정한 이익을 제공하는 형태로 나타날 수 있는데 발주처가 중앙부처, 지방자치단체인 경우, 하천정비, 댐, 오폐수처리장, 고속도로 등 규모가 큰 국책사업일수록 심하다.

사업자는 담당자가 누구이고, 누구와 친분이 있는지 학연, 혈연, 지연 등에 대한 정보를 취합, 분석하여, 담당자를 상대로 금품, 향응 제공을 하게 된다.

사업자들은 평가위원에 참여할 만한 가능성이 있는 사람들의 명단을 사전에 입수하여, 명단에 포함된 사람들을 비정기적, 정기적으로 접촉하며 지속적인 인맥관리를 하게 된다. 이렇게 수시로 닦아놓은 인맥은 평가자 선정 시에 영향력을 발휘하게 된다. 따라서 평가위원들을 무작위로 추출한다는 것은 의미가 적다. 그리하여 중앙부처의 발주처에서는 평가위원 명단을 축소하여 집중관리를 함으로서 부정적 요인을 제거하기 위하여 심혈을 기울이고 있는 실정이다.

다음으로 건설업체간의 담합가능성이다.

한 건설업체가 큰 사업을 여러개를 수주할 경우, 발주자와의 유착의혹이 제기됨에 따라 사업부분별로 쪼개 부분별 컨소시움을 형성, 다른 업체로 하여금 표면적인 경쟁관계만을 유지하는 것으로 담합을 하여 경쟁력을 떨어뜨린다.

한편 시공단계에서 발생하는 부정행위로는, 하도급 업체와 모의하여 금전적 대가 등 부정한 조건 하에 하도급을 주거나, 시공능력이 떨어지는 업체에 하도급을 주고, 저질의 원자재를 사용하여 시공하여 부실공사를 초래하는 경우이다. 공사비를 증액하기 위해 설계변경을 무리하게 하거나, 잦은 설계변경을 통해 부실을 초래하기도 한다. 따라서 잦은 설계변경은 부실공사, 사업비 과다증액에 대한 의혹을 사기 쉬우므로, 공사 계약시 설계변경의 요건, 절차, 비용부담에 대하여 상세히 기술하여 투명하게 할 필요가 있다.

다음으로 감리부문에서도 부정행위가 발생하는데 감리는 공사규모에 따라 건설기술관리법상의 책임감리와 건축사법에 의한 상주·비상주 감리로 구분된다.

감리는 공사의 부실여부를 확인, 감독하는 중요한 업무임에도 투명성과 합리성을 갖지 못하고 감리자를 선정하기도 한다.

일반감리의 경우는 감리비용 문제로 형식적인 감리행위로 인하여 부실감리가 이루어지는 곳도 많은 현실이다.

책임상주감리의 경우, 설계도서대로 시공하는지 여부가 핵심관건이지만, 감리업체의 전문성 결여, 시공사와의 유착으로 부실감리 우려도 있다. 시공검측 및 자재부실 검수과정, 설계변경 관련 사업비 부당증액, 기성 및 준공검사관련 부정행위, 향응제공 등으로 인한 부실감리가능성이 존재한다.

위와 같은 비리가능성을 차단하기 위하여 감리의 요건과 절차 및 방법, 보고서 작성 및 서류 관리 등 감리 과정과 관련하여 감리계약서를 꼼꼼하게 작성하고 세밀히 검토할 필요가 있다.

아울러 계약담당자와의 유착행위를 차단하기 위하여 발주자 감사팀에서 계약담당자들의 명단을 작성, 통신자료 및 계좌내역동의서등과 관련하여 청렴서약서 징구하는 한편, 감리자와 시공자와의 유착가능성여부에 대하여도 면밀한 신상조사가 선행되어야 한다.

또한 발주자 감사팀 내 정보팀을 운영, 발주관련 사업자선정 내막을 둘러싼 소문들과 관련업체 주가동향자료를 분석하는 등 다양한 정보수집활동도 전개하여야 한다.

대형국책사업의 경우 청와대, 감사원, 총리실등의 감찰을 통해 유관기관 합동점검 TF팀을 편성 운영하는 한편, 정기, 수시회의를 통해 사업추진 경과와 애로사항을 수시 점검, 감독을 철저히 하여야 한다.

업체간 담합을 견제하기 위하여 합리적으로 업체가 선정될 수 있도록 가격분야 점수비율을 낮추는 등의 기술분야 대비 가격분야점수를 조정하고 기술분야의 평가점수를 객관화 할 수 있도록 평가시스템에 대한 심도있는 검토가 필요하다.

공정거래위원회와 협조 하에 입찰담합 징후 분석시스템을 통해 입찰절차가 사후 검증되고 과징금의 부과나, 입찰무효 및 낙찰취소 조치가 취해 질 수 있다는 점을 사전에 홍보하도록 한다.

평가위원에 대한 로비를 견제하기 위하여 평가위원 명단을 사전에 공개하여 계약담담자에 의한 명단 유출을 차단하는 한편, 심의 결과를 실명으로 공개하며 평가위원에 발주 기관 직원을 포함시켜, 외부 위원간 담합 견제를 차단하는 방법도 고려 할 수 있다. 또한 5년 이내 퇴직예정 직원은 평가위원선정에서 제외시켜 퇴직 후 사업자 선정업체의 배려 약속 등을 통한 장기적 유착관계를 견제하여야 한다.

평가위원 로비 등 비리 발생시 입찰자 직원뿐 아니라 소속법인도 제재를 받도록 함으로써 법인차원의 로비유인을 약화시켜야 한다.

아울러 평가의 전문성을 고려하여 평가위원별로 자기 전공분야만 평가하도록 조치하여야 하며 평가가 졸속으로 이루어지지 않도록 합리적 평가기간을 확보함으로써 평가기간이 짧아 부실평가 우려가 있다는 여론도 불식시킬 필요가 있다.

1.2 수의계약과 계약관리 부적정

공공기관은 그 특성상 대금지급이 확실하고 지속적인 거래가 가능하므로 안정적인 거래처로 인식되고 있다. 따라서 관급공사에 있어서는 자의적인 업체선정과 계약체결을 방지하기 위하여 경쟁입찰을 원칙으로 하고 예외적으로 수의계약을 인정하고 있다. 수의계약이란 매매·대차·도급 계약 등을 경매·입찰 등의 방법에 의하지 않고, 적당한 상대방을 임의로 선택하여 맺는 계약을 말한다.

관급공사의 수의계약은「국가를 당사자로 하는 계약에 관한 법률」(이하 “국가계약법”) 제7조 및 동법 시행령 제26조~제30조,「지방자치단체를 당사자로 하는 계약에 관한 법률」(이하 “지방계약법”) 제9조 및 동법 시행령 제25조~제30조에 법적인 근거를 두고 예외적인 경우에만 허용하고 있다. 천재지변이나 안보와 관련된 경우, 국가안전보장이나 정보수집 등 비밀행위, 법령이 정하는 소액계약, 특허로 보호되는 특정기술이 있는 경우, 계약의 목적이나 성질에 비추어 불가피한 사정이 있는 경우 기타 위 법률에 열거된 경우들에 한하여 수의계약을 체결할 수 있다.

수의계약은 긴급하거나 특정기술 및 전문성 필요 또는 소규모의 공사·용역·구매인 경우 제한적으로 수행되고 있다. 부정이 발생할 여지가 적고 거래의 특성을 반영하여야 하는 경우 수의계약을 체결할 수 있는 것이다. 그러므로 수의계약 또한 관련업체들의 불만을 줄일 수 있도록 합리적인 업체선정이 필요하다. 또한 관련업체들에게 호혜평등의 원칙에 입각하여 기회가 균등히 배분될 수 있도록 하여야 하며 계약담당자 임의대로 특정업체에게 계약이 몰리는 쏠림현상도 지양하여야 한다. 하지만 수의계약 가능 사유를 악용하여 업체에 특혜를 부여함으로써 정부의 신뢰를 떨어뜨리고, 예산 낭비는 물론, 업체와 계약담당자의 유착행위 등 부패 행위가 발생하는 경우가 많으므로, 이에 대한 대책이 필요한 상황이다.

수의계약은 경쟁입찰을 하는 것이 아니라 임의로 하나의 계약자와 계약을 체결하는 것을 말한다. 다음과 같은 내용이 수의계약의 부정 징후에 해당한다.

- 공식적인 입찰절차 없이 주요 계약이 체결됨
- 계약이 경쟁 입찰가보다 낮게 체결되는 경우 특정 계약자에게만 입찰정보가 제공되었을 수 있음. 계층화를 이용해 계약금액의 범위를 통해 검토할 것
- 적절한 검증이 없는 계약
- 입찰한도를 피하기 위해 계약을 분할시키는 경우. 중복을 검토하기 위해 공급자별 계약일을 검토할 것
- 한 공급자가 대부분의 입찰에서 낙찰되는 경우. 공급자별 계약 금액을 요약하여 다른 연도별 공급자의 계약 금액과 비교해 볼 것
- 마지막 응찰자가 계속해서 계약에 성공하는 경우. 공급자에 의한 계약서 제출일과 계약서 제출일, 마감일 사이의 일수를 확인할 것

1.2.1 공사수주·감독 관련 부적절 행위

사회적으로 환경문제에 대한 관심이 증대되면서 정부나 지방자치단체의 환경시설 공사·설치사업이 지속적으로 증가하고 있는 실정이다. 환경시설 공사는 사업의 특성상 수주금액이 거액일 뿐만 아니라 관급공사로 현금 지급 등 공사비를 안정적으로 지급받을 수 있다는 점에서, 입찰 등 수주과정에서의 로비가 치열하다. 이에 따라 환경시설 공사의 수주를 위해 관계 계약담당자에 대한 로비, 금품제공 등의 비리가 많이 발생할 여지가 많다. 아울러 수주과정뿐만 아니라 공사감독 과정이나 설계변경 등을 통한 공사비 증액 과정에

서 금품수수 등의 비리가 발생할 소지가 있다.

또한 발주자에게 영향력을 행사할 수 있는 정치인 등에 대한 로비, 금품제공 등의 비리가 발생할 가능성도 상존하는데 기업들의 경우에도 기업내 각종 환경시설 설치와 관련하여 로비, 금품제공 등의 비리가 발생한다.

1.2.2 납품 및 용역 계약 관련 부적절 행위

국가나 자치단체, 기업에서 소비하는 환경 관련 제품의 납품은 물론, 환경시설물 설계, 폐기물 운반, 처리 등 용역계약 체결과 관련하여 금품제공 등의 비리가 빈발할 가능성 상존하고 있다. 제품을 납품하거나 용역계약을 체결하는 국가, 지방자치단체 공무원, 공공기업체의 담당 임직원에 대한 금품제공은 물론, 납품이나 계약에 영향력을 행사할 수 있는 정치인이나 전직 고위 관료 등을 통한 로비나 금품제공 등의 비리가 발생할 가능성이 많다고 할 것이다. 특히 정부나 자치단체, 공기업이나 대기업에 대한 제품 납품과 용역 계약은 그 규모가 크고 장기적인 매출을 보장한다는 점에서 로비나 금품제공 등의 비리가 집중될 것으로 판단된다.

1.2.3 계약자 선정 및 입찰관련 업무 부적정

환경산업의 경우에 있어서도 다른 분야에 있어서와 마찬가지로 과당경쟁으로 인한 저가 낙찰 방지 등을 위해 환경업체간 담합하여 응찰하는 관행이 여전히 존재하고 있다. 특히 지역적으로 영세한 중소 환경업체들이 관련 공사나 납품, 용역을 나누어 갖는 구조의 우리나라 환경산업의 실태에 비추어 볼 때 환경업체간의 담합입찰 가능성이 높은 것으로 판단된다.

민선자치단체장 출범 이후 부적격자가 수의계약을 통하여 낙찰되는 사례, 표를 의식하거나 개인적인 이해관계에 기초하여 계약하는 등 부조리

발생의 개연성이 크게 증가하고 있다.

예를 들면 우회도로 개설공사를 시행하면서 공사업체가 강교설치 공사와 나머지 공사로 나누어 2개 업체에 일괄 하도급한 사실을 알고서도 그대로 방치하거나, 교각위에 연결 시공된 고가교의 강제 빔 용접은 공장이나 공사현장 바닥 등 안정된 상태에서 시공하도록 설계되어 있음에도 양중기로 들어올린 불안정한 상태에서 조잡하게 용접하여 부실을 초래하였는데도 이를 묵인하거나, 용접부위는 용접불량개소를 파악하기 위하여 방사선 투과시험에 의한 검사를 받도록 설계시방서에 명시되어 있는데도 이를 시행치 않고 방치한 사례 등이다.

1) 사옥관리 용역 계약업무 부당처리

계약자 선정 및 입찰 관련 업무를 부적정하게 처리하고 관련규정에 따른 적격심사 기준을 위배하여 낙찰자를 선정하는 등 특정업체에 특혜를 제공한 사안이다.

(1) 사실관계

- ○○공사 ○○○외 1명은 적격심사를 실시한 후 2006년 12월 21일 본사 사옥관리(시설관리, 청소, 경비) 용역 계약(계약금액 16억 900만여 원)을 체결
- 위 공사에서는 2006년 10월 30일 입찰제안서를 제시한 업체 중 '조달청 일반용역 적격심사 세부기준'(조달청 공고)에 따라 예정가격 이하 최저가로 입찰한 업체순으로 심사하여 종합평점이 85점 이상인 업체를 낙찰자로 정하기로 결정하고 입찰공고
- '조달청 일반용역 적격심사 세부기준'에 따르면 시설분야 용역에 있어서 여성고용우수기업가점을 적용할 수 없게 되어 있고 장애인고용우수기업은 장애인 고용율이 5% 이상이고 장애인 종업원이 10인 이상인 기업에 한하여 1점을, 장애인 고용율이 2.5% 이상이고 장애인 종업원이 5인 이상인 기업에 한하여 0.5점을 부여할 수 있도록 되어 있음.
- 그런데도 위 사람들은 2006년 11월 27일 적격심사를 실시하면서 해당 업체가 여성종업원이 전체 사원의 23%에 해당하는 92명이라는 것과 장애인종업원이 전체 사원의

2.25%에 해당하는 9명이라는 입찰제안서를 제출하자 시설분야용역의 적격심사시에는 적용하지 못하게 되어 있는 여성고용우수기업 가점 1점을 부여
- 장애인 고용율도 전체 사원의 2.25%에 불과하여 가점대상이 아닌데도 장애인고용우수기업 가점 1점을 부여하여 종합점수 86점으로 평정한 후 위 업체를 적격업체로 선정하고 계약을 체결
- 그 결과 여성고용우수기업 가점 1점과 장애인고용우수기업 가점 1점을 제외하면 종합점수 84점으로 적격심사기준 점수 85점에 미달하는 위 업체에게 사옥관리용역계약을 체결할 수 있도록 특혜를 부여

(2) 문제의 원인 및 시사점

- 관련 규정에 따른 적격심사 기준을 위배하여 낙찰자를 선정하는 등 특정업체에 특혜를 제공한 사례이다. 이 사안에서는 감사원이 ○○공사 사장에게 위 계약관련 직원들의 문책을 요구하였다.

2) 부당수의계약

(1) 사실관계

- ○○시는 1999년 6월 7개 업체로 구성된 공동수급체와 수택 3동 침수방지대책사업(계약금 9,972만원, 준공금액 21억 2,111만원) 공사계약을 체결하고 2000년 6월 준공. 그런데 1998년 12월부터 부도상태에 있어 수의계약 대상에서 제외시켜야 하는 위 공사의 공동수급체의 주 계약대상자가 시공 중에 있던 ○○지구 택지개발사업 조성공사 현장과 위 공사현장이 일부 중복되자 작업상 혼잡을 사유로 부도업체이지만 위 업체가 직접 공사하는 것이 타당한 것으로 인정하여 1999년 6월 위 업체와 수의계약을 체결. 또한 위 업체가 규정을 위반하여 위 공사를 수주받은 후 3개 업체에 전부 하도급하여 공사도 하지 않은 채 공사비 2억 9,603만 여원의 이득만 보게 됨

(2) 문제의 원인 및 시사점

- 이 사안은 수의계약 대상에서 제외시켜야 하는 업체를 계약대상자로 선정하여 계약을 체결한 사례이다. 이에 대하여 감사원은 지도감독을 태만히 한 관련자 3명을 징계 요구하였다.

3) 낙찰자 부당결정

(1) 사실관계

- 공사입찰 및 계약업무를 처리하면서 낙찰자로 결정되어 낙찰선언 후에 입찰참가자 중 입찰참가 위임장에 날인한 도장이 사용인감이 아닌 것으로 확인되어 낙찰선언을 취소하고도 재공고 입찰을 실시하지 아니하고 차순위 입찰자를 낙찰자로 결정하여 계약체결

(2) 문제의 원인 및 시사점

- 비위발생은 부조리 방지를 위한 제도적 장치가 없어서가 아니라 제도를 운영하는 공직자들의 윤리의식이 가장 큰 문제라 할 수 있다. 공직자들이 부정을 저지르고도 부조리에 둔감한 것으로 보인다. 또한 민선단체장들은 공직기강의 확립보다는 선거를 의식한 행정 행태를 보여 공직 내부의 지휘·명령이 상당히 약화되어 있는데 반하여 공직자들은 단체장의 눈치만 보고 처신함으로써 이러한 부조리에 둔감할 수밖에 없는 것이다.
- 감사와 관련해서는 일부 공무원들 사이에 일을 많이 하면 감사 때 지적·처벌만 받는다는 인식이 남아 있어 일단 감사를 피하고 보자는 식의 무사안일한 근무행태를 보이고 있고, 행정내부의 업무처리 절차에 있어서 아직도 표준화 전산화가 완전히 이루어지지 않아 공직자들의 재량남용 가능성이 잠재되어 있는 것도 공직기강 해이를 가져오는 중요한 요인으로 볼 수 있다.

4) 온라인심의시스템 구축용역 계약업무 부당처리

이하는 수의계약 대상이 아닌데도 수의계약을 체결하여 특정업체에 특혜를 제공하는 등 계약업무를 부당하게 처리한 사례들이다.

① ○○위원회 **은 2006년 10월부터 2007년 1월까지 "@@심의시스템 구축사업"(6억 2천만원)을 공개경쟁입찰 방식으로 추진

- 위 사람들은 2006년 10월 31일 위원장 @@으로부터 위 시스템 구축과 관련하여 자문을 받아보라며 위 업체 대표 ##를 소개받은 후 수 차례에 걸쳐 사업 추진계획을 알려주었을 뿐 아니라 사업공고(2006. 12. 21)도 나기 전에 위 업체 사무실에 들려 사업제안서 작성을 도와주는 등 위 업체의 사업 수주를 협조하거나 방조
- 위 사람들은 2006년 12월 21일 사업공고 후 2007년 1월 3일 개최한 제안설명회에서 위 업체 및 동업체가 들러리로 세운 업체가 제출한 제안서 평가를 할 때 평가위원들이 '위 2개 업체가 제출한 사업 제안서가 업체명만 다를 뿐 토씨하나 틀리지 않았다'면서 제안서 평가를 거부하였으므로 담합 행위에 대한 조사를 하여 입찰배제 등의 조치를 해야 함
- 그런데도 위 사실을 보고받은 이사장이 사업제안서를 보완하여 제안설명회를 다시 개최하도록 평가위원들과 협의해 보라고 지시하자, 위 제안설명회는 개최사실 은폐를 위해 간담회를 개최한 것처럼 처리하고 일부 평가위원을 교체한 후 2007년 1월 10일 위 2개 업체를 대상으로 제안설명회를 다시 개최하여 위 업체가 사업자로 선정되도록 특혜를 제공

② @@위원회 ○○은 위원회 업무를 총괄하면서 입찰의 공정성을 저해하는 행위를 하여서는 아니됨

- 그런데도 2006년 10월 31일 자신의 고교동문인 업체 대표 **를 'XX시스템 구축사업' 담당직원에게 소개시켜주었고 2006년 12월경 ##국장으로부터 위 업체가 위 사람들의 협조를 받아 시스템을 미리 개발하고 있다는 사실을 보고받고도 방치
- 2007년 1월 3일 부하직원들로부터 제안서 산정평가위원들이 업체간 담합의심 등으로 평가를 거부하고 있는 상황을 보고받고도 입찰 배제 등의 조치를 취하지 아니한 채 오히려 제안서를 보완한 후 제안설명회를 다시 개최토록 부당하게 지시

5) 문제가 된 기타 사례

전산운용실 도급계약 체결시 예정가격 산정기준 등을 위배하는 등으로 계약금액을 과다 산정하여 손실을 초래한 사례이다.

(1) 사실관계

- ○○○원에서 2007년 11월 제한경쟁입찰 방식으로 전산운용실 운영도급계약을 맺었다. 한편 위 전산운용실 운용업무는 24시간 전산기기의 이상 유무를 모니터링하여 이상시 유지보수업체에 연락하는 등 단순 기능업무로서 기존에 자체직원(4명)과 파견업체 직원(4명)이 같이 수행하여 오던 것을 업체에 일괄적으로 도급(8명)하여 운영을 맡기는 것이므로 수행하는 업무의 질이나 양은 종전과 다름이 없음
- 위 기관에서는 기존 지급 금액이나 다른 기관의 거래실례가격을 고려하지 않은 채 초급기능사 1인당 지급금액이 파견행태로 진행할 때, 월 1,447,000원인데 이의 2.9배에 달하는 월 4,193,420원으로 되어 있는 "소프트웨어 사업대가 기준"(구 정보통신부 고시)에 따른 원가계산가격 4억 1,900만여원을 기초금액으로 산정한 후 예정가격을 3억 8,000만원으로 결정
- 그 결과 2007년 11월 13일 입찰을 통해 3억 400만여 원에 계약을 체결하여 같은 업무를 하는 초급기능사 1명에 대한 적용금액이 월 144만여 원에서 271만원으로 1.9배나 증가

(2) 문제의 원인 및 시사점

- 위의 "계약규정"에 따르면, 예정가격은 먼저 거래실례가격을 조사하여 이를 기준으로 결정하고 거래실례가격이 없거나 거래실례가격으로 기준으로 하는 것이 적절하지 아니한 경우에 원가계산방식에 의한 가격이나 견적가격 등을 기준으로 결정하여야 한다. 따라서 위 계약의 예정가격은 같은 업무를 이미 수행하고 있는 파견인력에게 지급하는 금액을 우선 고려하고 다른 기관의 거래실례가격을 조사하여 결정하여야 한다.
- 이 사건에서는 관련 직원이 계약의 예정가격에 관한 절차를 지키지

않는 등 임무를 해태한 불법이 있었으므로, 감사원은 ○○○원 사장에게 전산운용실 운용 도급계약의 적정한 거래실례가격을 조사하여 계약금액을 감액 조정하도록 시정 요구하는 한편 관련 직원을 문책 요구하였다.

1.2.4 수의계약의 불합리한 운영 개선 대책

1) 수의계약제도 운영의 문제점

(1) 특허공법 및 신기술 등에 수의계약 혜택 부여

(가) 제도의 취지와 다르게 운영되는 수의계약으로 인한 공정경쟁 제한

과거에는 기술개발 등 국가경쟁력 확보를 위해 계약방법상 수의계약을 통한 혜택을 주는 것이 타당성을 가질 수 있었으나, 현재는 특정업체에 특혜를 주기 위한 수단으로 악용될 소지가 있다. 특허공법·신기술 등에 의한 수의계약 혜택 대상의 폭증으로 업체와의 유착소지 및 지나친 경쟁 제한으로 업계의 불만이 야기되고 있다.

수의계약시 단독수의계약을 체결할 수 있도록 발주처에 과도한 재량권을 부여하고 있어 공정경쟁 제한요소로 작용하고 있으며, 관련자들의 부정이 개입할 여지가 크다.

(나) 불명확한 조항을 악용한 재량권 남용

관계기관들이 법률상 관급공사의 수의계약을 체결할 수 있는 예외사유인 "특허공법을 적용하는 공사 또는 「건설기술관리법」 제18조에 따라 지정·고시된 신기술, 「환경기술개발 및 지원에 관한 법률」 제7조에 따라 인증받은 신기술이나 검증받은 기술 또는 「전력기술관리법」 제6조의2에 따른 신기술(같은 법에 따라 지정된 보호기간 내로 한정한다)을 적용하는 공사로서 사실상 경쟁이 불가능한 경우"(국가계약법시행령 제26조 제1항 제2호 마목)를 남용하여 적용하고 있다.

특허공법 또는 신기술 공법을 적용하는 공사인지 여부는 "경쟁불가능 여부"를 중심으로 객관적 검토를 하여야 함에도 비용이나 효과 등만을 이유로 특정 신기술 및 특허공법을 수의계약 수단으로 악용하여 특혜 시비를 야기하고 있는 것이다.

- A업체 대표이사는 건설신기술 취득 후 해당 기술로 수주할 수 없는 관급공사 37억 상당을 수의계약으로 수주하여 부당 이득 및 국고손실 야기
- ○○시청은 재생포장공사를 발주하면서 여러 공법이 있음에도 신기술을 보유하고 있다는 사유로 특정업체와 188,868천원의 수의계약 체결

"특허를 받았거나 실용신안등록 또는 디자인등록이 된 물품을 제조하게 하거나 구매하는 경우로서 적절한 대용품이나 대체품이 없는 경우"(국가계약법시행령 제26조 제1항 제2호 아목)도 부당하게 적용되고 있는 것으로 보인다. 발주기관은 "유사제품 및 호환제품이 있는지 여부" 등을 중점 검토하여 수의계약 여부를 결정하여야 하나 형식적 판단에 의해 단독으로 수의계약을 체결하고 있다.

- ○○시는 초음파 유량계 제작 구매설치(59,741천원)를 하면서 유사제품이 여러 종류가 있음에도 특정업체와 단독수의계약을 체결
- ○○본부가 신기술 인증업체라는 이유로 A사와 수의계약을 체결하였으나, A사의 신기술 인증품목이 구매에 필요한 중요 품목이 아닌 것으로 감사에 지적

(2) 하자책임 및 작업상 혼잡 사유 등을 통한 수의계약의 문제

(가) 하자책임을 이유로 한 수의계약 남발

"공사와 관련하여 장래 시설물의 하자에 대한 책임 구분이 곤란한 경우로서 직전 또는 현재의 시공자와 계약을 하는 경우"(국가계약법시행령 제

26조 제1항 제2호 가목) 수의계약을 할 수 있도록 하고 있으나 특정 업체와 소액의 계약을 체결한 후 "하자책임 곤란"을 사유로 매년 기존의 업체와 고액의 수의계약을 체결하는 등 특혜를 제공하고 있다.

- ○○시는 폐기물매립장 제방공사를 3천만원 이하 소액공사로 A건설사와 수의계약을 체결하고, 하자불분명을 사유로 2003년 1억 5천 849만원, 2004년 3억 8천만원, 2005년 7억 7천만원, 2006년 4억 2천만원의 수의계약 체결

하자에 대한 책임구분이 곤란한 경우의 수의계약 체결은 공사에만 적용하도록 규정하고 있으나 용역의 경우까지 부당하게 범위를 확대하여 수의계약을 체결하기도 한다.

- ○○기관은 정보화근로사업을 추진하면서 '농업토양환경정보 DB구축사업' 등 총 18개 과제(총 405억 1천만원)를 '장래 시설물 하자에 대한 책임구분이 곤란한 사유'를 들어 부당 수의계약을 체결

(나) "작업상의 혼잡을 이유"로 수의계약 조항을 악용

"작업상 혼란이 초래될 우려가 있는 등 동일 현장에서 2인 이상의 시공자가 공사를 할 수 없는 경우로서 현재의 시공자와 계약을 하는 경우"(국가계약법시행령 제26조 제1항 제2호 나목)임을 들어 관계기관이 현재의 시공자와 수의계약을 체결하고, 수의계약을 체결한 시공자는 타 업체에 하도급을 줌으로써 부실공사 소지 및 예산을 낭비하는 사례가 종종 있다.

- ○○시청은 공원조성 공사를 하고 있는 K건설에 매립지 앞 도로개설공사(7억 6,480만원)를 작업상의 혼잡을 이유로 수의계약 체결하고, K건설사는 D건설사에 골재포장 일괄하도급, 조경공사는 C업체에 하도급

원도급자와 수의계약을 체결한 후 특정업체에 하도급을 주도록 압력을 행사하거나 금품을 수수한 사례도 있다.

- ○○기관은 '전기지장케이블 이설공사'를 작업상의 혼잡을 이유로 A건설사와 수의계약 체결하고 B전기업체에 하도급 주도록 압력, B전기업체는 다시 C정기업체에 재하도급을 줌, ○○기관은 C전기업체로부터 금품 및 해외골프 등 향응을 수수한 혐의

(다) 고의적으로 수의계약 조항을 남용하는 경우

"해당 물품의 생산자 또는 소지자가 1인뿐인 경우로서 다른 물품을 제조하게 하거나 구매해서는 사업목적을 달성할 수 없는 경우"(국가계약법시행령 제26조 제1항 제2호 나목)를 남용하여 객관적인 검증이나 투명한 절차 진행을 하지 않고 임의로 "생산자가 1인"이라는 사유만을 들어 수의계약을 체결하는 등 업체와 유착할 소지가 있다.

- ○○공사는 노동조합이 주식 35% 지분을 소유하고 있고, 직원(2명)이 이사로 있는 모업체와 ○○카드 발행·배송(판매) 위탁용역을 '1인 생산자'라는 명목으로 매년 수의계약(2006년 18억, 2007년 19억, 2008년 19억원) 체결
- ○○공사는 '○○카드 단가 제조구매'를 생산자가 1인이라는 이유를 들어 모업체와 다년간 고액의 수의계약(2005년 26억, 2006년 22억, 2007년 21억, 2008년 24억) 체결

용역기간이 같고 유사한 성격의 학술용역을 동일기관에 2개로 나누어 분할 수의계약(국가계약법 제29조)을 체결하는 등 예산을 낭비하는 사례도 발생하고 있다.

- ○○시는 '△△부두건설에 따른 어업피해영향조사용역'(3천 6백만원)과 '비상항로 준설공사에 따른 어업피해영향조사용역'(1천 8백만원)을 계약기간이 같고(2005년 9월~2005년 12월) 용역수행기관과 용역수행자가 같은데도 분할수의계약 체결

미리 예견되어 있는 행사 등을 긴급을 요한다는 사유(국가계약법 제26조 제1항 제1호)로 단독수의계약으로 체결하는 사례도 빈발하고 있어 주의를 요한다.

- ○○기관은 △△개통식 행사가 이미 예견되어 있음에도 불구하고 긴급을 요한다는 사유를 들어 2005년 1억, 2006년(3회) 1억 3천만원, 2007년(7회) 9억 7천만원을 수의계약으로 체결

특정 업체로 하여금 타 업체의 견적서를 함께 제출하도록 하는 방식으로 악용하여 부당 수의계약 체결한 사례도 있다. 관행적으로 평소 거래하던 업체와 수의계약을 체결하여 최적의 업체를 선정하지 못함으로써 예산낭비의 원인이 된다.

- ○○시청은 '지방세 비과세·감면제도 연구' 용역에 대한 수의계약을 체결하면서 A업체로 하여금 19,950천원의 기초가액에 해당되는 견적서와 기초가액보다 높은 22,722천원의 타업체 견적서를 함께 제출하도록 하여 수의계약 체결

3) 수의계약 제도의 개선 방안

(1) 수의계약 과정의 투명성 제고

- 2인 이상 견적서를 제출받아야 하는 경우 형식적 견적서 제출을 방지하고 실질적인 견적이 되도록 지정정보처리장치(조달청 나라장터)를 이용하여 견적서를 제출토록 의무화할 필요
- 단독 수의계약을 제외한 2인 이상 견적서를 제출받는 수의계약 중 추정가격 2천만원 이상인 수의계약의 경우에는 지정정보처리장치를 이용하여 견적서를 제출하도록 명시
- 하자책임, 작업상의 혼잡, 생산자가 1인뿐인 경우 등 단독수의계약 사유시 실질적인 경쟁을 유도하고 상호간에 견제하도록 하기 위해 계약 체결 전 계약사항을 공개

(2) 수의계약 운영요령

2005년 12월 30일 행정안전부 예규 제187호로 제정된 지방자치단체 수의계약 운영요령이 2010년 10월 26일 예규 제331호에 이르기까지 수차례의 개정을 거치며 시행되고 있다. 위 운영요령은 지방자치 단체가 수의계

약을 체결하는 데 있어서 계약당사자의 선정방법 등 필요한 사항을 규율하고 있다. 아직 완벽한 제도라고 평가하기는 이르지만 수의계약 운영을 보다 투명하게 하기 위한 노력이 계속될 필요가 있다는 점에서 위 규정의 확대실시가 요구된다고 하겠다.

(3) 민간투자사업 관련 중 형사사건화된 사례

지방자치단체가 시행하는 민간투자사업의 경우 자치단체의 장 또는 그 소속 공무원의 금품수수 비리가 다수 적발되고, 도로공사 등 공기업체가 시행하는 민간투자사업의 경우에도 금품수수 비리가 적발된 사례가 있으나 중앙부처가 시행하는 민간투자 사업의 경우 사업규모가 방대하여 부정행위 적발건수가 많지는 않은 실정이다.

민간투자사업도 주무관청의 공무원에 의해 민간사업자 및 총사업비 등 사업내용이 결정되는 것은 입찰방식에 의한 정부 발주공사와 유사하다. 따라서 민간투자사업 참여를 원하는 민간사업자는 사업자 또는 우선협상대상자로 선정되기 위하여 관련 공무원에게 로비할 가능성이 높고 특히 일반관급입찰과는 달리 현재 시행되고 있는 BTO 및 BTL 방식 모두 공무원의 재량영역 및 관여 단계가 많아 금품수수 가능성이 높다.

- BTO(Build, Transfer, Operate) 란 민간사업자가 재원을 조달하여 설계 및 시공을 하여 사회기반시설의 준공과 동시에 당해시설의 소유권이 국가 또는 지방자치단체에 귀속되며 사업시행자에게 일정기간의 시설관리운영권을 인정하는 방식으로, 임대형 민자사업(BTL)에 해당하지 않는 것을 말한다.(사회기반시설에대한민간투자법 제4조 제1호)
- BTL(Build, Transfer, Lease ; 임대형민자사업) 란 민간사업자가 사회기반시설을 건설한 후 국가에 소유권을 이전하되 관리, 운영권을 보유하면서 정부에 시설을 임대하면서 임대료를 징수하여 시설투자비를 회수하는 민간투자사업 방식을 말한다.(사회기반시설에대한민간투자법 제4조 제1호)

민간투자사업은 통상 공사금액이 크고 주무관청이 중앙부처 또는 특별시, 광역시, 도이고 사업자 선정에 자치단체의 장 등 고위직 공무원 관여가 많으므로 그들의 비리 가능성을 배제할 수 없다. 특히 지방자치단체의 경우 단체장들이 차기 선거비용 마련 또는 이미 지출한 선거비용 회수를 위해 사업자선정 과정에서 민간사업자와 결탁하여 금품을 수수할 가능성이 농후하며, 이 경우에는 자치단체장 본인이 직접 수수하는 경우뿐만 아니라 가까운 친인척 또는 측근을 통하여 수수할 가능성이 많다.

- **대공원 공원관리사무소 ㅇㅇ은 ㅇㅇ시 시설관리공단이 발주하는 민간투자사업에서 민간사업자가 부도수표와 허위사업계획서를 제출하여 대공원 스포츠플라자 사업자로 선정되었음에도 이를 묵인하는 대가로 금품을 수수
- ㅇㅇ시장 **은 2000년 4월 부산시에서 발주하는 민간투자건설사업에 ㅇㅇ건설이 참여할 수 있도록 해달라는 청탁과 함께 1억원을 교부받아 뇌물을 수수
- ㅇㅇ부지사 **은 ㅇㅇ도가 시행하는 신도 ##시 납골당 사업과 관련하여 ##로부터 민간사업자로 선정될 수 있도록 해 달라는 명목으로 5억원을 수수
- ㅇㅇ군수 **은 1997년 1~10월 ㅇㅇ군이 민간투자사업으로 추진한 ##리 스파텔 건립계획의 사업자를 AA산업으로 선정해 주고 그 대가로 AA산업 대표로부터 6차례에 걸쳐 4억 8천만원을 수수
- ㅇㅇ광역시 투자재정담당관 **은 2000년 12월 14일 ㅇㅇ광역시 외자 및 민간투자사업 관련 업무 등을 담당하면서 ##으로 하여금 민자사업시행자로 선정될 수 있도록 도와주는 대가로 은행대출을 빙자하여 3억원을 수수
- ㅇㅇ시 교육청이 BTL방식으로 4개 학교를 신설하는 과정에서 참여를 원하는 민간사업자들로부터 사업계획서를 제출받은 다음날 세부심사기준을 고시하고 그 후 이틀만에 우선협상 대상자를 발표하여 특정업체를 의도적으로 사업시행자로 지정하였다는 의혹

제2장 계약서 작성 일반이론

1) 개요

계약서를 잘못 썼다가 낭패 보는 경우가 허다하다. 계약서 하나로 개인, 나아가 한 나라의 운명이 180도 바뀐 사례는 역사상 아주 쉽게 찾을 수 있다.

고려의 외교관 서희와 거란 소손녕의 강동6주를 둘러싼 교섭, 미국과 러시아의 알래스카 반환협정 등이 그 대표적 사례이다. 이처럼 중요한 계약서, 과연 어떻게 해야 제대로 쓰는 것일까. 계약서를 잘 작성하는 것은 일류 사업가, 직원, 훌륭한 공무원이 되는 조건 중의 하나이다.

국가, 지방자치단체, 공공기관 뿐 아니라, 대기업, 중소기업은 거래업체와 계약서를 직접 작성하는 일이 많기 때문이다. 국가, 지자체, 공공기관, 대기업은 자체 담당부서가 있고 별도 자문변호사가 있어 전문서비스를 이용하겠지만, 그렇지 못한 경우에는 계약당사자 자신이 스스로 해결하여야 한다.

2) 계약서 작성시 유의사항

대기업은 일반적으로 회사에서 지정한 계약서 양식이 있어 그대로 사용하면 되겠지만, 중소규모 회사는 마땅한 계약서가 없어, 대충 다른 회사의 계약서 양식(인터넷상 제공되는 속칭 표준계약서식)을 빌려와 사용할 때가 많다.

그러나 계약서가 아무리 비슷하다고 해도 각각의 계약사례마다 내용이 달라서 계약문구를 직접 작성하는 편이 좋다.

인터넷에서 제공되는 표준계약서에 의존하는 것은 다양한 계약내용의 수요를 충족할 수가 없다.

법률적인 지식이 모자란다면 전문가의 도움을 요청해 작성하는 것이 좋다. 거래처가 가져온 계약문구를 무조건 믿고 도장을 찍는 우를 범하지 않아야 한다. 도장은 도용될 수도 있으므로 인감증명서를 제출하도록 하여 날인자의 동일성을 확인하고, 서명자의 주민등록증, 운전면허증, 공무원증 등 신분증을 사본으로 받아 계약서에 첨부하여 서명인의 동일성을 확인한다. 계약서는 처음부터 꼼꼼히 읽어보면서 확인에 확인을 거듭하여 신중하게 작성하여야 한다.

수퍼마켓에서 생필품을 사는 것처럼 간단한 거래가 아니라면 반드시 계약서를 체결한 후에 일을 진행하여야 한다는 점도 유념하여야 한다. 바쁘다는 이유로 계약서 없이 일을 진행하게 되면 큰 문제가 발생할 가능성이 높고, 이를 해결하기도 어렵게 된다. 계약서의 핵심부분이 무엇인지, 중요한 사항이 빠진 부분은 없는지 꼼꼼히 챙겨보아야 한다.

서명날인 후에는 잘못되거나 빠진 부분이 있는 것을 발견하더라도 상대방의 동의가 없는 한 고칠 수 없으므로 주의하여야 한다.

서명날인을 빼고 중요한 부분은 되도록 인쇄체로 작성하는 것이 좋고, 수기를 할 경우 반드시 그 부분에 별도의 서명날인을 하여야 한다. 전체적으로 인쇄가 되어 있는 서류에 일부 수기가 들어가면 추후 수정한 것처럼 보여서 유효성에 관한 시비가 생길 수 있기 때문이다. 워드프로세서로 작성하게 되면 글씨체는 좋아보여도 오타가 생기면 큰 낭패를 당할 우려가 있을 뿐 아니라, 조작시비 우려도 있을 수 있다. 계약서 문구하나, 글자 하나, 숫자 하나에 따라 사업의 운명도 함께 좌우된다는 점을 명심하여야 한다.

계약체결하기까지의 협상 과정도 회의록, 양해각서, 이메일 등 서면으로 남겨두면 분쟁의 소지를 줄일 수 있다. 오히려 계약체결과정까지가 계약체결 순간보다 더 중요하다.

계약을 체결하기까지의 이메일, 전화로 주고받은 내용 등 접촉, 연락, 상담, 협상과정을 비망록처럼 기록으로 남겨두면 계약체결이 강제로 되지 않았고 임의로 투명하고 공정하게 이루어졌다는 점을 확인하기가 용이해진다.

계약체결은 회사에 있어서 대표이사와 같이 체결권한 있는 당사자와 직접 체결하는 것이 좋다. 그러나 실제 체결권한이 있는 사람이 체결현장에 직접 나오는 경우는 거의 없다.

위임장을 써주고 위임을 받은 사람이 체결한다. 위임장도 위조된다는 점을 인식하여야 한다. 위임받은 범위를 넘어 권한을 행사하는 경우도 있을 수 있다. 따라서 위임장의 내용을 잘 살펴보고, 위임한 사람과 직접 연락하여 위임한 사람이 정당한 체결권한 있는 자인지 신분을 확인하고, 위임한 사실이 있는지, 위임받은 사람이 현재 계약체결을 하러 와 있는 사람이 맞는지 여부를 확인하여야 한다.

계약을 체결할 때는 법인체의 법률상 대표가 아닌데도 “실세”임을 주장하며 계약을 체결하는 사례가 종종 있다. 그러나 “실세”와 법률상 법인체를 대표할 자격이 있는 “대표자”는 구별하여야 하며, 우리나라 법률상으로는 대표자만이 법인체를 위하여 계약을 체결할 수 있다. 권한 없는 자와의 계약체결은 원칙적으로 무효라는 점을 명심하여야 한다. 예를 들어 회사의 주식 지분을 100퍼센트 소유하고 있는 주주이고 대표이사를 임명하는 자라고 하더라도, 그가 그 회사의 등기된 대표이사가 아닌 한 회사를 위하여 계약을 체결할 법률상 권한은 대표이사만이 가진다.

반면, 계약의 협상에 있어서는 상대방 회사 등 법인체의 최고 의사결정권자가 누구인지도 알고 있어야 한다. 누가 진짜 의사결정권자인지, 의견조율자인지를 미리 파악하고 그 의사결정권자의 협력을 얻을 수 있으면 상대방과 의견이 조율되지 않는 경우 어려움을 줄일 수 있다.

즉 계약의 서명, 날인은 법인체의 대표자가 하여야 하지만, 항상 실세가 누구인지 제대로 파악하고 계약협상을 하는 것이 유리하다. 사장이 항상 제일 높은 위치에 있는 사람이라는 선입견을 가져서는 안된다. 명칭만 사장일 뿐 실소유자는 아닌 경우가 많으며 실소유주는 사장이 아니라 부사장인 경우도 있다.

서두르지 말아야하며 바삐 먹는 떡이 항상 체하기 마련이라는 속담도 있듯이 계약서를 작성할 때는 신중을 기하여야 한다.

상대방의 달콤한 말만 믿고 이벤트, 행사를 시행하였다가 낭패를 보는 사례가 많다. 상대방의 달콤한 말에 절대 속지 말고 확인을 하여야 한다. 상대방의 거짓말을 가려내는 노력을 기울여야 한다. 말을 듣고 메모하고 확인하여야 한다.

계약체결을 서두르면서 상대방에게 잘 보이려고 선의든 악의든 거짓말을 하는 사람을 조심하여야 한다. 계약을 잘하기 위하여 상대방의 거짓을 골라내는 총명한 눈과 귀가 필요하다. 상대방의 거짓을 골라내고 거짓의 정도를 알아차릴 수 있는 혜안이 있는 사람이 유능한 사람이다.

확실하지 않으면 잠시 시간을 두고 생각해 볼 수 있는 여유를 두어야 한다. 나 혼자 결정할 문제가 아니고 관련부서, 책임자와 상의를 해서 연락을 주겠다고 시간을 끌어야 한다.

계약이 이루어지면 우발적으로 발생할 수 있는 다양한 경우의 수에 대해 고민할 필요가 있다. 천재지변 등 불가항력적인 사유와 같이 계약 체결 당시 예견 못한 사정이 발생하면 어떻게 할 것인지에 대해 빠뜨리는 경우가 많은데, 이런 것들과 관련된 문제가 발생하는 경우에는 이미 체결한 계약의 일부 조항이 적용되지 않는다거나, 체결 후에도 그 처리 방법을 다시 논의할 수 있다는 등의 여지를 남겨 두는 조항도 삽입할 필요가 있다.

계약서를 잘 작성하려면 업무전반에 대한 프로세스를 모두 이해하여야 한다. 계약서에 서명날인하기 전에 메일 등으로 받아서 관련실무자와 꼼꼼히 검토하여야 한다. 필요시 전문가의 자문을 받는다. 계약시간에 얽매이지 말고 시간을 조절하면서 상대방으로 하여금 좋은 조건을 제시하도록 협상력을 발휘하여야 한다. 계약서에는 기록되지 않았지만 구두로 여러 가지 조건에 대해 말하는 경우가 있다. 구두로 이야기된 부분도 모두 계약이지만 향후 상대방이 부인을 하게 되면 이를 입증할 방법이 없으므로, 중요한 내용은 계약서 뒷면에 꼼꼼히 기록하고 상대방에게 확인하도록 한 후 서명/날인 하도록 하거나, 상대방으로 하여금 직접 수기로 기록하도록 하여야 한다.

애매한 추상적인 문구는 사용하지 말아야 한다.

해석에 차이가 있을 수 있는 애매한 문구는 상호분쟁소지가 많다. 분쟁이 생겼을 때 서로 자의적인 해석을 할 수가 있다. 계약서는 어법에 맞게 간결, 명확, 쉬운 문체로 6하 원칙에 의해 작성하여야 한다. 누구 알기 쉽게 내용이 잘 전달되어야 한다.

표준계약서 또는 대기업이 사용하는 일반약관 중에는 중요한 내용을 기재한 부분이 너무 작은 글씨로 되어 있어서 상대방이 이를 소홀히 보게 되는 경우가 종종 있다. 따라서 작은 글씨로 된 부분이라도 토씨하나, 마침표, 쉼표까지 면밀히 검토하여야 한다. 하여야 한다, "~ㄹ 수 있다", 또는 "~야 한다"라는 어미 하나가 당사자의 의무 부담 여부를 다르게 만들 수 있다는 것을 명심하여야 한다.

통상 계약서는 앞부분(표제부)에 계약의 취지, 목적, 이유 등 계약내용을 요약하여 기록하고, 계약당사자의 정식 명칭 또는 성명은 계약서 서두에만 표시하며 "갑" "을"과 같은 약식명칭을 ( )안에 표시한 후 이후에는 약식명칭을 사용하는 것이 보통이다.

본문은 구체적인 각 계약의 목적과 배경, 계약내용(목적물) 등에 따라 천차만별이기는 하나, 일반적으로 계약당사자의 권리, 의무내용(계약조건), 비밀보장, 성실의무, 계약이행시기, 계약종료(조건 또는 기한의 존부), 쌍무계약시 선이행 또는 동시이행관계, 분할이행, 기한이익의 상실, 계약의 이행장소, 이행방법, 이행을 위한 채권자의 협력여부와 정도, 채권자가 협력의무를 이행하지 않는 경우의 처리, 이행에 대한 채권자의 검수, 검사, 계약의 체결, 관리 및 이행에 관한 비용부담, 계약해제·해지, 해제·해지권의 발생사유, 해제·해지시의 손해배상, 계약이행의 담보, 채무불이행시의 처리, 일부 이행시의 처리, 불완전이행시의 처리, 손해배상액의 산정과 배상방법, 상대방에 대한 의사표시의 통지수단 및 통지장소, 계약상의 권리이전, 계약서에 반영되지 않은 사항의 처리, 분쟁발생시 처리방법(재판관할에 관한 합의, 계약상대방이 외국인인 경우 준거법특약), 비용지급, 지급방법, 특약사항, 규정 외 조항을 작성한다.

계약서 말미에 계약당사자의 주소, 주민등록번호, 전화번호, 이메일주소, 법인의 경우 사업자등록번호 등을 정확히 기재하고 서명을 받는다.

이 경우 서명은 계약당사자로 명시된 자연인 또는 법인의 대표자가 하고, 날인은 서명자의 인감을 날인하여야 한다. 서명과 날인은 이를 함께 갖추어 두는 것이 가장 바람직하지만 반드시 같이 있어야만 하는 것은 아니므로 양자 중 하나만 갖추어도 무방하다. 다만 인장은 도용 우려가 있으므로 인감증명서를 첨부하도록 하고, 서명은 서명자의 신분증사본을 첨부하는 것이 좋겠다.

인감의 날인은 동사무소나 법원에 신고된 인감을 날인할 수 없는 때에는 무인(손도장)을 받는 것이 좋다.

법인과의 계약체결시에는 그 법인의 대표자가 법원에 신고한 대표자의 인감을 날인하도록 하는 것이 원칙이나 부득이한 사유로 법원에 신고한 대표자 인감을 날인할 수 없는 경우에는 동사무소에 신고한 대표자 개인 인감을 날인케 하여도 무방하다. 다만 이 경우 서명, 날인 란에 “OO 주식회사, 대표이사 XXX”와 같이 그 계약체결의 당사자가 대표자 개인이 아닌 법인임을 분명히 표시하여야 한다.

위와 같이 계약당사자의 자필서명이나 신고인감날인과 인감증명서 첨부를 하도록 하는 것은 계약의 성립이나 내용에 관하여 당사자간에 다툼이 생길 경우에 대비하기 위한 것이다. 계약서 면마다 간인을 받는다. 참여자, 입회인의 서명날인과 계약장소도 중요하다. 설명이 필요한 부분이 많으면 별첨으로 부속설명서를 첨부하는 것도 좋다.

계약서 수정은 깨끗하게 알기 쉽게 해당부분을 수정한 후, 그 뜻을 기재하고 수정한 부분에 쌍방의 정정인을 압날하도록 하여야 한다.

삭제는 해당부분을 두줄로 지우는 방식으로 하면 되고, 추가는 해당부분에 알기 쉽도록 병기하든가 또는 삽입기호를 사용하는 방식으로 하면 된다.

삭제, 추가, 정정을 함에 있어서는 그와 아울러 해당부분이 있는 행의 앞 여백에 삭0자, 가(첨)0자, 삭0자 가(첨)0자, 정정0자 등으로 표시하도록 한다.

자구의 수정이라고 하여도 대금액이나 확정일, 이행시기와 같은 중요한 부분의 정정은 불가피한 경우가 아니면 하지 않는 것이 좋다. 또한 미리 정정인을 날인하여 두고 상대방으로 하여금 정정하도록 하는 것도 피하는 것이 좋다.

그 외 체결시 유의하여야 할 사항은 다음과 같다.

계약서는 한글 전용으로 하되 뜻의 혼동우려가 있는 경우에만 한자를 병용하여 기재한다. 계약서에는 쌍따옴표(“ ”)만 사용하도록 하고 주로 용어의 정의, 약칭, 인용 등의 경우에 사용한다. 통화의 표시는 1만원 미만이면 아라비아숫자로만 표시하며, 1만원 이상이면 아라비아숫자와 한글을 병행하여 표시한다.(예, 1만원, 5,000만원, 5억원, 5,000만원등), 다만, 금액의 변조를 방지하는 차원에서 “금500만원”으로 “금”과 “숫자”를 붙여 쓴다.

본문을 기재한 후 “다만”, 000으로 이어지는 경우는 단서라고 하고, 본문의 의미에 제한적 또는 예외적 의미의 부가적 조건을 규정하는 경우에 사용한다. 반면에 본문을 기재한 후 이 경우 00으로 이어지는 경우는 후단이라고 하며, 전단의 취지를 설명하거나 밀접한 관계를 가진 내용을 계속 하여 규정하는 경우이다.

법률의 제목은 오랫동안 법률 제목을 띄어쓰기를 전혀 하지 않고 이어서 쓰는 방법을 사용하여 왔으나, 법제처에서 법률을 붙여 쓰는 방식을 더 이상 쓰지 않기로 하면서, 최근 법조계에서도 이런 방식을 사용하지 않고 띄어쓰기를 제대로 하더라도 무방한 것으로 받아들이고 있다

"하여야 한다"와 "할 수 있다"의 차이점은 전자는 의무규정이고 후자는 재량규정이라는 점이다. 의무규정의 경우에는 위반시 법원 등을 통하여 이행을 강제하거나 손해배상을 청구하는 등 바로 계약상의 제재조치를 행사할 수 있으나, 후자의 경우는 위반하더라도 상대방에게 이를 강제하거나 손해배상을 청구할 수 없다.

"이전"과 "이후" 그리고 "전"과 "후"의 의미 차이에 있어 전자는 기준시점이 포함되나, 후자는 포함되지 않는 다는 점이다, 마찬가지로 "이상"과 "이하" 그리고 "초과"와 "미만"의 의미차이도 전자는 기준수량이 포함되나 후자는 기준수량이 포함되지 않는다는 점이다.

기간의 날짜와 마찬가지로 통상 "계약체결일로부터"와 "계약 체결일부터"의 경우에도 전자는 계약체결일 다음날부터 기산되나 후자는 계약체결일부터 기산한다.

"준용한다"라고 함은 어떤 규정이 어떤 사항에 그대로 적용될 성질은 아니나 유사성을 가지므로 필요한 변경을 가하여 적용하는 경우이고 "적용한다"라고 함은 본래 그 규정이 대상으로 하는 사항에 관하여 수정 없이 그대로 적용하는 경우에 사용한다. 계약서의 말미에는 통상 다음과 같은 기재를 둔다. "본 계약의 내용을 증명하기 위하여 본 계약서를 2부 작성하고 갑과 을이 서명(또는 기명)날인한 후 각 1부씩 보관한다."

"분수"의 표기방법은 4/5와 같이 하며 단위에 있어서는 kg과 같이 그대로를 명시한다.

2개 이상의 단어가 선택적으로 열거될 경우에는 "또는"으로 기재하며, 병렬적인 경우에는 "및"으로 기재한다, 3 이상의 단어를 열거할 경우에는 마지막으로 열거되는 단어 앞에만 "또는", "및"을 쓰고 그 앞에 열거된 단어의 관계에 따라 가운데 점 혹은 쉼표로 기재한다.

외래어의 표기는 원칙적으로 발음나는 대로 한글로 변환하여 기재하나 원음과 달리 통용되는 명칭이 있을시는 그대로 기재한다. 그러나 한글로 표기하는 것이 어색한 경우에는 직접 표기하되 대문자로 기재한다.

계약서란 분쟁의 발생을 사전에 예방하고 나아가 분쟁이 발생하여 소송으로 밖에 해결할 수 없게 된 경우에 그 입증자료로 사용하기 위한 것이다.

건설공사의 경우 건설산업기본법 제22조1항에 의하면 건설공사 도급계약(하도급포함)당사자는 대등한 입장에서 합의에 따라 공정하게 계약을 체결하고, 신의에 따라 성실하게 계약을 이행하여야 한다라고 규정되어 있다

공정, 신의성실원칙이 건설공사계약의 대원칙임을 선언한 것이다.

일반적으로 건설공사는 하도급체계로 이루어지고, 순차하도급이 관행화된 한국의 현실에서 도급자는 사회적 경제적 우월자, 수급인은 경제적 약자로 취급받는 현실차원을 고려한 것이라고 생각된다.

발전소, 고속도로 등 대규모 국책사업 등 사회간접건설공사는 대기업간 종종 담합의혹이 이루어지고 있는 현실에서 전문건설업, 지방 중소규모 건설업체는 공사계약체결에 있어 불리한 지위에서 계약이 이루어지고 있다.

경제검찰인 공정거래위원회에서 담합행위와 강요에 의한 하도급계약체결 등 사회적경제적우월적지위남용행위등 불공정행위를 규제하고 있다는 점을 감안하여 대형건설업체는 계약체결에 있어 특히 신중을 기하여야 한다.

제3장 재개발·재건축계약서 작성

「도시및주거환경정비법」상 주택재개발사업은 정비기반시설이 열악하고 노후 불량건축물이 밀집한 지역에서 주거환경을 개선하기 위하여 시행하는 사업이라고 규정하고 있다. 이에 비해 주택재건축사업은 정비기반시설은 양호하나 노후 불량건축물이 밀집한 지역에서 주거환경을 개선하기 위하여 시행하는 사업이라고 규정하고 있다.

주택재개발사업과 주택재건축사업은 반드시 조합을 결성하여 조합단독으로 사업을 시행하거나 시장·군수 등 법률상 요건을 갖춘 자와 공동으로 사업을 시행하도록 되어 있으며 토지 등 소유자가 일정한 비율의 요건을 갖추어 요청한 경우에는 시장·군수 또는 주택공사 등이 사업을 시행할 수가 있도록 되어 있다.

이들 사업은 국민들의 기초생활과 직접 관련된 주거환경개선을 위한 사업으로서 적용규정이 중복되고, 해당 이해관계인이 많아서 분쟁도 다양하고 첨예할 뿐 아니라 분쟁양상도 상당히 유사한 점이 많다.

이들 두 사업은 사업구역에 있어서 정비기반시설의 양호 여부라는 중대한 차이가 있어서, 이로부터 사업구역 및 사업규모에 근본적인 차이가 있고, 이루부터 구체적인 사업시행방식에 있어서도 차이가 있을 수밖에 없다.

사업시행방식에 있어 주택재개발사업은 환지방식에 의하지만, 주택재건축사업은 환지방식에 의하지 아니하고 관리처분방식에 의하되, 실무상 조합원들의 이해관계조절이 쉽기 때문에 신탁방식에 의한다.

재개발사업은 정비계획에서 정한 사업시행예정일로부터 2년이 경과한 때 시장, 군수가 시행하는데 비해 재건축사업은 조합설립 추진위원회 구성 승인 후 3년이 경과한 때 시행된다.

조합원의 경우 재개발사업은 사업구역 안에 소재한 토지 또는 건물의 소유자 및 지상권자가 당연 가입되나, 재건축사업은 사업구역 안에 소재한 토지 및 건물의 소유자만이 조합원이 될 수 있고, 동의한 토지, 건물소유자만 가입할 수 있다.

도시정비법상 사업 초기단계의 제반업무를 준비하기 위해 토지 등 소유자 과반수의 동의를 얻어 위원장을 포함한 5인 이상의 위원으로 시장, 군수 또는 구청장의 승인을 얻어 조합설립 추진위원회를 구성한다. 추진위원회는 조합설립인가의 신청권을 가지고 추진위원회가 행한 업무와 관련된 권리와 의무는 조합에 포괄승계된다.

주택정비사업 추진단계에서 재건축을 위한 건축물 안전진단비, 설계비, 업무추진비 등 많은 비용이 소요되며, 이들 비용을 주로 시공사나 정비사업 전문관리업체로부터 지원받고 있다.

주택정비사업의 추진과정에서 용적률의 축소, 건축기준의 강화로 인하여 주민 부담금이 증가하여 사업을 중도에 포기할 수도 있고, 시공사나 정비업체에 대한 불신으로 위 업체들과 체결한 계약을 해지하는 경우도 발생한다.

주택정비사업을 중도에 포기하거나 업체들과의 계약을 해지하는 경우 조합과 조합원, 조합과 협력업체들 사이에서 이미 투입한 비용의 보상, 정산을 둘러싸고 이해관계의 충돌이 발생한다.

이 경우 추진위원회는 비법인사단의 실체를 갖춘 것으로 보고 조합설립인가 전에 추진위원회가 해산되는 경우 채권자는 추진위원 또는 추진위원회 구성에 동의한 토지 등 소유자 개인에게 직접 책임을 물을 수 없다.

그러나 용역계약 등을 연대보증한 위원장 또는 추진위원은 연대보증에 따른 책임을 부담하여야 한다.

추진위원회는 추진위원회의 의결을 거쳐 추진위원회 구성에 동의한 토지

등 소유자들에게 운영경비를 부과할 수 있고, 추진위원회는 위 운영경비로 채권자들의 채무를 변제할 수 있다.

건설건축물의 설계 개요 변경, 건축물의 철거 및 신축에 소요되는 비용의 개략적인 금액의 변경은 조합원 총회의 의결을 거쳐야 되지만, 물가변동 등 건축경기에 따라 예견될 수 있는 합리적 범위를 초과하지 않는 범위내 또는 설계변경 내용이 조합설립동의서의 내용과 사회통념상 동일성의 범위 내인 경우에는 조합설립동의에 해당되지 않는다.

실무상 재건축결의 건 및 관리처분계획(안)승인 건이 재건축결의 당시에 통상 합리적으로 예상할 수 있는 범위를 초과하는 변경을 가져오는 재건축결의변경에 해당하는지 여부에 대해 분쟁이 많고 해당하는 경우 조합원 다수의 결의를 요했는지 여부가 쟁점이 되고 있다.

조합원총회 소집, 개최없이 서면결의로 가능한지 여부에 대하여 재건축조합은 조합원수가 많고, 재건축에 대한 관심과 참여정도가 조합원에 따라 현격한 차이가 있으며 재건축과정이 장기간에 걸쳐 복잡하게 진행되어 건물이 철거된 후에는 조합원의 주거지가 여러 곳으로 분산되는 등 사정이 있어 대규모 재건축조합의 경우 조합원총회를 소집, 개최한다는 것 자체가 어려우므로 서면결의에 의해서도 조합설립내용의 변경이 유효하다. 다만, 그 방법에 있어 동의서에 인감도장이 날인되고, 인감증명서가 첨부되어야 하며, 동의한 시기를 알 수 있는 날자 등의 표시가 있어야 한다.

의결정족수에 영향을 미칠 우려가 있을 정도의 조합원들의 참여기회가 원천적으로 배제된 서면합의는 효력이 없다. 시장, 군수는 정비사업의 투명성 강화 및 효율성제고를 위하여 조합이 시행하는 정비사업에 대하여 사업시행과정을 지원하거나 주택공사 등, 신탁업자, 대한주택보증주식회사 등에 공공관리를 위탁할 수 있다.

공공관리자는 자격심사기준에 따라 선정된 정비사업전문관리업자와 계약을 체결하고자 하는 경우에는 공공관리자지원용역협상에 의한 계약체결기준을 따라야 한다.

공공관리정비사업전문관리업자는 토지등소유자 명부작성 및 관리업무, 주민설명회 개최, 예비추진위원장, 예비감사 선거(투표)관리, 운영규정 작성, 동의서징구업무대행등 지원업무를 수행하면 그 외 추진위원회 구성승인신청서류작성, 각종 민원사항을 처리한다.

공공관리자가 정비사업정비관리업자를 선정하고자 할 때에는 일반, 제한, 지명경쟁 중 하나를 결정하여야 한다.

제한경쟁입찰의 경우 공공관리자는 입찰자격의 제한사유를 확정하고 지명경쟁입찰의 경우 공공관리자는 10인 이상의 입찰대상자를 선정하여야 한다.

조합은 총회의 의결을 거쳐 시공사를 선정할 수 있고, 시공사선정은 조합원총회의 고유권한이므로, 추진위원회가 개최한 주민총회에서 시공사를 선정하기로 한 결의는 무효다. 또한 조합설립인가 후 추진위원회에서 선정된 시공사를 조합원 총회에서 추인한다 해도 위 추인결의는 무효다.

'03. 7. 1 도시정비법시행전에는 조합설립인가 이전에 창립총회에서 시공사를 선정하였다.

그러나 재개발사업에 있어 조합 자금지원이 원활하지 않아 사업진행에 어려움을 겪게 되자 '05. 3. 18 도시정비법을 개정하면서 주택재개발조합의 시공자 선정에 관한 별도의 규정을 두지 않은 채, 다만 재건축조합은 사업시행인가를 득한 후 국토해양부장관이 정하는 경쟁입찰의 방법으로 시공사를 선정하도록 하였다.

'09. 2. 6 도시정비법을 개정하면서 주택재개발조합뿐 아니라 주택재건축조합도 조합설립인가를 득한 후 시공사를 선정할 수 있게 되었다. 조합은 시공자를 선정하려는 때에는 입찰 참여자격, 방법, 시공자선정방법, 일정, 합동홍보설명회개최, 공사대금지불방법 등을 기술한 선정계획안을 작성하여야 한다. 이렇게 작성된 선정계획안은 공공관리자로부터 검토를 받은 후 조합대의원회에서 정관에 정한 방법에 따라 시공자 선정계획을 의결하여야 한다.

시공자선정절차는 재건축사업의 성공여부를 결정하는 핵심으로 이를 둘러싼 이해관계인이 많을 뿐 아니라 그 과정에서 불공정행위로 재건축사업이 지연, 무산되는 결과가 발생할 경우 그 피해는 조합원에게 돌아감으로 시공자 선정절차를 진행함에 있어 공정성, 적정성을 전제로 한 엄격한 관계법령의 준수가 요망된다.

여기서 공정성이란 입찰참여대상자에게 동일한 기준을 적용하고 동일한 정보를 제공함으로써 실제로 입찰에 참여할 의사결정기회를 동등하게 부여하였는지 여부를 기준으로 판단하여야 한다.

조합은 총회에서 선정된 시공자와 그 업무범위 및 관련 사업비부담 등 사업시행 전반에 대한 내용을 협의한 후 미리 총회의결을 거쳐 별도 계약을 체결하여야 하며, 그 계약내용에 따라 상호간의 권리와 의무가 부여된다.

시공자와의 계약내용에는 토지 및 건축물의 사용처분, 공사비 및 부대비용 등 사업비부담, 시공보증, 시공상 책임, 공사기간, 하자보수책임등 에 관한 사항을 포함하여야 한다.

공사계약서는 현장설명회 당시 배포한 계약서에 낙찰대금을 기재하고, 산출내역서를 첨부하여야 한다.

조합임원은 시공자의 선정계약서를 토지등소유자가 알 수 있도록 인터넷과 그 밖의 방법을 병행, 공개하여야 하며, 열람, 등사요청이 있는 경우 이에 응해야 한다. 거부시 1년이하 징역, 1천만원이하 벌금에 처한다.

재건축조합장은 도시정비법상 의제 공무원이므로 건설업자들이 재건축조합장에게 직무와 관련, 금전을 제공하였다면 별도의 부정한 청탁이 존재하지 않더라도 뇌물공여죄가 성립한다.

건설산업기본법상 건설공사시공관련 발주자, 수급인, 하수급인, 이해관계인은 도급계약의 체결 또는 건설공사의 시공과 관련하여 부정한 청탁에 의한 재물 또는 재산상 이익취득 및 공여가 금지(법 38조의 2, 95조의 2, 5

년 이하 징역, 5천만원 이하 벌금)되며, 건설업자가 이를 위반할 경우 영업정지 및 과징금이 부과된다(법 제82조의 2; 2012년 5월 25일 시행 예정).

한편 조합은 조합자산에 대한 감정평가사, 회계감사, 설계도대로 시공여부 확인 및 품질, 공사, 안전관리 지도감독을 하는 감리자, 기존 건축물철거관련 철거업체 선정을 할 수 있다.

위에서 살펴본 바와 같이 재개발, 재건축사업에 있어 추진위원회, 조합원총회 구성이 투명하고 공정하게 처리되어야 한다.

이 모든 과정이 조합원, 이해관계인에게 충분히 설명되고, 적법하게 동의를 받아야 추후 문제 발생 소지를 제거 할 수 있다.

아울러, 시공자 선정뿐 아니라, 감리, 감정, 회계, 철거업자 등에 있어서도 공정성이 보장되도록 투명하게 이루어져야 한며 이를 위해서는 담당하는 조합책임자 뿐 아니라, 이를 관리감독하는 사람들도 합리적으로 선정되어야 한다. 모든 경우에서 알 수 있듯이 일을 추진하는 사람이 중요하나 그 사람들의 인적자원에 대한 검증작업이 어렵다. 신용불량자, 범죄경력자인지 조합원등 이해관계자들이 사법기관에 자료를 요청할 수가 없다.

이런 제도적 미비점이 보완되어야 하며 시청, 군청, 구청에게 관리감독의 책임을 묻는다고 하여 해결될 수도 없으며 이들은 실무경험과 현장경험이 부족하고 전문지식이 없으며 무리수를 두지 않는 범위안에서 일을 진행하기도 한다.

회계감사의 경우 특히 그러한데 업무집행과 관련하여 집행내역서가 투명화되어 있지 않다. 계약서에 문제가 될 수 있는 모든 사항을 가정하여 다 삽입할 수 없지만, 임원선정, 동의절차에 대해서는 투명하게 이루어지도록 작성하여야 한다.

제4장 건설근로계약 작성

1) 개요

건설공사는 특성상 노동부하도가 큰 산업이기 때문에 많은 근로자를 고용하여야 하며 현정에 종사하는 사람들은 경리직, 노무직, 총무직, 자재직 등의 관리직, 건축직, 토목직, 조경직, 통신직, 설비직 등의 기술직, 경비, 일용직, 계약직까지 다양한 사람들이 현장에서 프로젝트를 성공적으로 수행하기 위하여 많은 노력을 하고 있다.

그렇기 때문에 필연적으로 고용주와 근로자간에 근로계약서 작성이 필요하고, 근로기준법의 적용을 받게 된다. 근로기준법상 근로자란 “직업의 종류를 불문하고 사업 또는 사업장에서 임금을 목적으로 근로를 제공하는 자”라고 규정되어 있다.

2) 근로계약 작성 방법

근로자인지여부판단은 계약의 형식에 관계없이 실질적으로 근로자가 사업 또는 사업장에 임금을 목적으로 종속적인 관계에서 사업자에게 근로를 제공하였는지 여부에 따라 결정된다. 쟁점은 업무수행과정에서 사용자로부터 구체적이고 직접적인 지휘, 감독을 받는지 여부이다.

“사용자”란 사업주, 사업경영담당자, 기타 근로자에 관한 사항에 대하여 사업주를 위하여 행위를 하는 자를 말한다. 통상 대표이사 사장을 비롯한 임원 등 사업경영담당자뿐 아니라 인사부장, 총무과장등의 직원도 사업주를 위하여 행위하는 자로 사용자에 해당한다.

근로계약이란 “근로자가 사용자에게 근로를 제공하고 사용자는 이에 대하여 임금을 지급함을 목적으로 체결된 계약”이다. 정규직 근로자의 경우 근로계약은 구두로 하여도 무방하나, 근로계약의 내용 중 임금의 구성항목, 계산방법, 지불방법등 임금(보수)지급에 관한 사항, 소정 근로시간, 주휴일, 연차휴가에 관한 사항은 반드시 “서면”으로 하도록 명시되어 있다. 파트타이머등 단시간 근로자에 대해서도 반드시 “서면”으로 작성하여야 한다.

이 경우 근로계약기간, 근로시간, 휴게사항, 임금의 구성항목, 계산방법 및 지불방법에 관한 사항, 휴일, 휴가에 관한 사항, 취업장소와 종사할 업무사항, 근로일 및 근로일별 근로시간 등을 서면으로 명시하여야 하며 위반시 500만원 이하 과태료가 부과된다.

근로자가 근로계약서상의 의무를 다하지 않거나 사용자에게 손해를 발생시켰을 때 실제 손해와 관계없이 무조건 “일정금”을 위약금이나 손해배상금으로 청구할 수 있도록 계약서에 규정하는 것은 금지된다.

또한 근로자가 근로계약을 체결할 때 또는 그 후 일정기간동안 근무할 것을 조건으로 하여 사용자로부터 빌려서 앞으로의 임금으로 갚을 것을 약속한 금전, 속칭 “전차금(前借金)”을 임금으로 갚게 하는 것 또한 근로자의 신분이 부당하게 오랫동안 구속될 수 있으므로 금지된다.

아울러 임금의 일부를 강제로 저축하게 하는 것 또한 근로자를 사업장에 구속시키는 결과를 초래하므로 금지된다.

수습, 정식 채용전 시험적으로 고용된 자, 졸업예정자로 졸업 전 채용조건부로 합격통보된 자 역시 근로기준법의 적용을 받으며 정당한 사유 없으면 해고는 무효이다.

근로시간은 법상 휴게시간을 제외하고 1일 8시간, 1주 40시간으로 근로자의 동의를 받아야 연장근로가 허용되나, 이 경우에도 1주 총 12시간은 초과할 수 없다.

연장, 야간, 휴일 근로시에는 통상임금의 50%를 가산한 할증임금을 지급하여야 한다.

임신 중 여성은 연장근로가 합의와 무관하게 금지되며, 산후 1년이 경과하지 않은 여성, 18세미만 연소자는 연장근로가 금지된다.

다만 동의서나 노동부인가를 받으면 예외적으로 허용된다.

수위, 경비원 등 감시적 업무 근로자, 보일러공, 전기실 기사 등 단속적 근로자는 휴일 등 근로기준법의 적용이 배제되나 이 경우에도 야간근로수당, 연차, 생리, 산전후 휴가는 보장된다. 1년간 8할 이상 출근시 15일 연차휴가를 줄 수 있으며 미사용 연차휴가에 대하여 금전보상이 된다.

여성근로자 보호를 위해 월 1일 생리휴가, 산전후 90일(60일 유급, 30일 무급), 출산 후 45일 휴가가 보장되며 유산, 사산(死産)시에도 산전후 휴가가 부여된다.

6세 이하 초등학교 취학전 자녀 양육을 위해 1년간 육아휴직이 보장되며, 배우자 남성도 신청이 가능하나 무급이다. 1일 2회 30분간 수유시간보호를 위해 육아시간도 보장된다. 1년 이상 계속근무자는 평균임금 30일분의 퇴직금을 지급하여야 한다.

1년 미만 계약을 반복갱신하거나, 비정규직에서 정규직으로 전환하는 경우, 수습기간도 퇴직금 산정일수인 계속근로연수기간에 합산된다.

해고의 경우 근로자에게 귀책사유가 있는 징계해고와 정리해고로 구분되나, 취업규칙, 단체협약상의 해고절차를 준수하여야 한다.

해고사유와 시기를 기재 서면으로 통보하여야 한다.

근로자의 귀책사유와 무관한 정리해고의 경우 자금난, 매출부진, 경영합리화, 조직축소를 위해 긴박한 경영상 필요성이 있고, 경영주가 해고회피노력을 하여야 하며, 합리적으로 공정하게 해고대상자를 선정, 근로자대표에게 50일 전 통보하고 근로자 대표와 성실하게 협의하여야 해고할 수 있다.

징계해고의 경우 근로자의 비위 동기, 경위, 이로 인한 기업질서 위험성,

근무태도 등에 대한 증빙자료 등 귀책사유를 입증하여야 한다.

통상 징계절차에서 근로자에게 변명의 기회를 부여하지 않거나, 급박한 징계위원회 출석통보, 징계위원회 정족수 미달, 징계사유관련자를 위원회 포함 여부 등 정당한 징계절차준수여부가 쟁점이 되고 있다.

해고는 30일전 사전에 통보하여야 한다.

건설현장의 경우 비정규직 근로자를 많이 고용하고 있으며 고용계약과 관련하여 여러 가지 법률문제가 부각되고 있다. 비정규직근로자란 고용기간의 정함이 없는 전일제(full-time) 정규직 근로자와는 달리 임시직, 계약직 등 기간제 근로자, 일용직을 말한다.

이들은 고용한 사업주와 실제로 사용하는 사업주가 다른 파견근로자인 경우가 많아 법적으로 많은 문제를 초래하고 있다.

기간제 근로자의 사용기간은 원칙적으로 2년으로 갱신회수에 제한이 없으며, 2년 초과 근무시 무기계약직으로 간주된다.(기간제및단시간근로자보호등에관한법률제정)

정년퇴직자를 기간제 근로자로 재고용하는 것을 속칭 “촉탁직”이라고 하는데 사실상 기간제근로자의 지위와 다름이 없다. 즉, 촉탁기간이 만료되면 별도의 조치가 없어도 고용관계는 당연히 종료되지만, 촉탁계약이 수차례 반복 갱신되어 계약기간을 정한 것이 단지 형식에 불과해진 경우에는 근로계약 기간의 정함이 없는 무기 계약직 근로자로 간주된다.

파트타이머 등 1주간의 소정근로시간이 같은 사업장의 동종업무에 종사하는 단시간근로자의 경우에도 근로계약서를 작성, 교부하여야 한다.

근로계약서에는 계약기간, 근로일, 근로시간의 시작시간과 끝나는 시간, 시간급 임금 기타 근로조건을 명확히 기재한 근로계약서를 서면으로 작성하여야 한다.

3) 파견근로자 고려사항

최근 문제가 되고 있는 근로자파견이라 함은 자기가 고용하고 있는 근로자를 다른 기업에 파견하여 그의 지휘, 명령을 받아 근로하게 하는 제도로서 우리나라에서는 1998. 2. 20 "파견근로자보호에관한법률"이 제정되면서 도입되었다.

파견사업주와 사용사업주간에 근로자파견계약이 체결되면 근로자와 파견사업주간에는 고용계약관계가 성립하고, 근로자와 사용사업주간에는 사용종속관계가 성립된다.

근로자파견에 대해서는 대상업무, 파견기간, 허가 및 허가기준 등의 법적요건을 갖추어 실시토록 하고 있다.

파견대상업무는 32개 업종으로 제한되어 있으며 일시적, 간헐적 업무 등을 담당한다.(법 제5조, 파견법 시행령 제2조 제1항 별표 참조)

파견기간은 원칙적으로 1년을 초과할 수 없으며 1회 연장할 때에는 그 연장기간은 1년을 초과할 수 없다.

연장기간을 포함한 총 파견기간은 2년을 초과할 수 없다. 다만, 55세 이상 고령자는 2년 초과가 가능하다.

정당한 파견의 경우, 파견대상업무가 아니면서 출산, 질병, 부상 또는 일시, 간헐적 인력확보사유가 있는 경우도 아님에도 파견근로자를 사용한 경우, 무허가 파견업체로부터 근로자를 파견 받아 사용한 경우에는 예외적인 경우 사용사업주는 2년 초과 사용시 파견근로자를 직접 고용해야 하는 고용의무가 부과된다.

아울러 건설공사 등 근로자 파견 절대금지업무에 파견근로자를 사용한 경우에도 사용즉시 고용의무가 부과된다는 점을 명심하여야 한다.

직접고용의무가 발생하였으나 이를 이행하지 아니한 자는 3천만원 이하 과태료에 처해지게 된다.

파견근로자에 대한 사용자책임은 원칙적으로 파견사업주에게 그 책임이 있으나, 근로자파견은 고용과 사용의 분리라는 특수성이 있으므로 파견근로자 보호를 위해 사용사업주도 공동책임을 부담한다. 파견은 사용업체가 직접 사업을 수행하고, 근로자만 파견업체로부터 받아 사용한다.

도급, 위임의 경우에는 수급, 수임인의 책임하에 도급, 위임된 사업을 수행하는 것이며, 이에 따라 필요한 근로자도 수급, 수임인이 직접 고용하고 사용한다.

결국 양자의 구별의 핵심사항은 사업수행의 독립성과 근로자에 대한 채용, 작업지시, 근로조건 결정 등 노무관리의 독립성이다.

수급(수임)인이 인사노무관리의 독립성이나 사업경영상의 독립성 중 어느 하나라도 결여된 경우 근로자파견사업으로 인정되며, 수급(수임)인의 인사노무관리 및 사업경영상 독립성이 인정되더라도 법위반을 면하기 위해 고의로 위장된 경우도 근로자파견사업으로 인정된다.

계약의 명칭에 불구하고 실질적인 사실관계가 파견에 해당하는 경우에는 파견법의 규율을 받으며 동법에 위반한 파견행위는 불법파견이 된다.

불법파견의 유형은 위장도급, 무허가파견(직업소개사업을 하면서 파견사업실시), 기타 불법파견으로 구분할 수 있다.

비정규직 근로자에 대하여 동종 또는 유사한 업무에 종사하는 무기계약직(통상근로자)등에 비해 차별적 처우를 하여서는 아니된다.

차별처우를 받은 비정규직근로자는 차별처우가 있은 날로부터 3월 이내 노동위원회에 차별 시정 신청을 할 수 있으며, 차별시정신청을 이유로 불이익처분을 받지 않는다.

건설공사는 그 특성상 다양한 인력이 소요된다.

전기, 소방, 토목, 중장비등 고급 기술인력부터 경비, 잡부 등 단순노무직에 이르기까지 그 형태가 다양하다. 전기등 특수 전문기술직 분야의 경우 기술자협회를 통해 인력을 소개받기도 한다. 경비, 잡부의 경우에는 용역업체와 계약을 체결하여 고용되고 있으며, 고용형태에 따라 노무관리가 달라진다.

서면계약에 익숙하지 않은 우리나라 공사현장의 경우 노무관리분야에 대해 각 고용 형태에 따른 구체적인 근로계약체결이 이루어지지 않고 있으며, 통상 기본적이고 간략한 내용만을 기재하여 인쇄한 표준근로계약서에 의존한다.

그 결과, 산업재해시 책임문제, 퇴직금산정, 해고 등 구체적인 경우 분쟁이 발생하기 쉽고, 종종 노동위원회, 법원소송 등으로 비화된다.

공인노무사, 변호사를 통한 근로계약체결과 검토, 관리가 필요하다.

노무관리가 투명하고 공정해 질 때 노무분쟁으로 인한 경비절감은 물론 건전한 노사문화조성, 공사품질의 향상과 직결된다고 생각한다.

제3편

건설클레임과 쟁점관련 소송

제1장 건설클레임

1.1 정의 및 배경

1.2 진행시점별 건설클레임의 발생원인

1.3 유형별 건설클레임 분석

1.4 클레임의 해당 조건

1.5 건설클레임 관리

1.6 건설클레임 관리절차

1.7 건설클레임 발생 억제

제2장 건설계약관련 법률적 쟁점과 소송

2.1 건설소송의 유형과 특징

2.2 법률적 쟁점

2.3 건설소송의 심리

2.4 건설소송 수행상의 착안사항

제1장 건설클레임

1.1 정의 및 배경

건설산업에서 있어서 생산에 참여하고 있는 주체들은 무수히 많으며 각 주체들의 각자의 이익극대화를 위하여 부단한 노력을 경주하고 있다. 특히 발주자와 수급인, 하수급인 등 건설생산에 종사하고 있는 주체를 중심으로 많은 절차와 이해가 서로 얽혀 모든 문제가 서로 매끄럽게 조화를 이루며 진행되기는 어려운 실정이다. 또한 일이 진행되는 과정 중에 타산업과는 다르게 계약서, 설계도, 시방서, 도급내역서, 하도급내역서, 일위대가표 등 계약에 관련된 많은 도서들을 가지고 일을 진행하게 된다. 그러므로 공사 진행 과정도 공정이 서로 얽혀 간섭사항들이 복잡하게 발생하는 등 피하기 어려운 불확정적 요소가 내재되어 있고 설계도서의 미비나 계약도서의 해석상의 차이로 클레임이나 분쟁의 잠재요인을 내포하고 있다.

클레임이란 계약당사자 일방이 계약이행에 대한 대가, 절차 등계약과 관련하여 손해 등 불만이 생기는 경우에 직접 계약 규정에 근거하거나 계약과 관련하여 법률상 권리로 인정되는 금액의 지급, 일정한 행위의 강제, 계약규정의 조정, 기타 구제조치를 요구하는 것으로, 상호 협상을 통해 타결이 되면 문제가 없으나 결렬되면 중재 또는 소송 등의 법률적 분쟁해결 절차로 이행하게 된다.

우리나라 정부공사계약의 경우 공사계약일반조건 및 기술용역계약일반조건에서는 계약과 관련하여 발생하는 클레임과 분쟁을 일괄하여 분쟁이라 정의하고 있다. 그러므로 여러 생산주체들이 얽혀 있는 건설공사를 수행하는 과정에서 필연적으로 발생하는 클레임 및 분쟁의 발생을 최소화함과 동시에 효과적으로 대응하며 합리적인 해결을 하는 것은 발주자 및 수급인등의 각 생산주체에게 중요하다.

1.2 진행시점별 건설클레임의 발생원인

건설공사는 다양한 이해관계자들이 얽혀 복잡한 과정을 거치게 되고 향후의 상황을 사전 예측하는 것이 어려우므로 미래에 발생할 문제들을 충분히 예상하고 고려하여 완벽한 계약을 하는 것이 다른 분야에 비하여 훨씬 더 어렵다. 따라서 건설계약과 관련하여 발생하는 클레임은 다른 분야에 비하여 빈도가 높고 그 심각성도 큰 편이다. 클레임 발생의 직접적인 요인들은 구체적인 경우에 따라 대단히 다양하여 이를 일일이 예측하거나 나열할 수 없다. 그러나 그 발생 빈도가 높은 클레임의 유형들을 개괄적으로 정리하여 보면 다음과 같다.

1.2.1 건설공사 계약시점 발생원인

1) 부적합한 계약도서와 도면 및 시방서
2) 계약도서 및 설계도서간 상이
3) 계약내용의 해석에 관한 의견 불합치 및 이해부족
4) 관계법령 변경내용의 미반영
5) 계약내용 및 계약조건 불량
6) 선급금 지급의무 불이행

1.2.2 건설공사 시공중 발생원인

1) 기존의 계약내용과 다른 작업내용요구

2) 계약에 없는 추가 작업요청
3) 계약완료 후 변경되거나 개정된 계약도서
4) 설계도서와 현장 간 조건의 상이
5) 지하, 지상 현장 여건에 관한 부정확한 정보
6) 물가변동으로 인한 공사금액 증감 미반영
7) 변경된 공법 요구
8) 불완전한 설계도서로 인한 작업추가
9) 공사내용변경 등으로 인한 공기 지연
10) 발주자 지정공기 단축 등의 변경
11) 발주자 지급자재 불량 및 지연
12) 설계자, 감리자, 발주자, 설계자, 감리자 업무이행 부실
13) 발주자 기성금 미지급 및 지연

1.2.3 건설공사 준공시점 및 준공 후 발생원인

1) 준공금 미지급 및 지연
2) 준공정산 미이행 및 설계변경 미반영
3) 하자발생
4) 준공서류 납품 지연 또는 거부

1.3 유형별 건설클레임 분석

1.3.1 계약서 및 설계도면에 관한 클레임

1) 건설공사 계약도서의 작성은 복잡하고 많은 어려움이 따른다. 일단 건설공사가 복잡하고 예측 불가능한 요소들이 많으며 계약도서간 작성

의 주체들이 틀리므로 상이한 점이 많이 발생하는 등 계약도서로 인한 클레임 발생사례들이 많다. 그러므로 계약주체들의 신중한 작성 및 심도 있는 검토가 요구된다. 계약문서는 계약서 및 계약조건, 도면 및 시방서등의 설계도서, 산출내역서로 구성되며 상호 보완의 효력을 가진다.

2) 설계도면, 시방서의 내용이 불합리한 경우가 발생할 수 있으며 각각의 서류 내용들은 합리적이나 그 내용들이 상충되는 경우도 많이 발생한다.

3) 기획재정부 공사계약일반조건 계약예규 제19조 1에 의하면 "설계서의 내용이 분명치 않거나 누락, 오류 또는 모순, 지질·용수 등 공사현장의 상태가 설계서와 다를 경우에는 설계변경이 필요한 부분을 시공전에 완료하여야 한다"라고 규정하고 있다.

1.3.2 상이한 현장조건으로 인한 클레임

1) 건설현장은 그 지반의 형태 및 조건, 즉 지질의 구성 및 지하수위 용출시점, 지하 저장물 등이 예측이 어렵거나 사전지질조사가 실제 현장상황과는 상이한 경우가 많다. 그러므로 공사현장의 상태가 시공자가 입찰, 계약체결 전에 발주자로부터 넘겨받은 계약도서 및 자료에 나타난 것, 그리고 일반적으로 예측하였던 것과 많은 부분에서 상이하면 공사비, 공법, 공기 등의 변경이 필요하여 클레임이 발생할 수 있다.

2) 기획재정부 공사계약일반조건 계약예규 제19조 3에서는 "계약상대자는 공사의 이행중 지질, 용수, 지하매설물 등 공사현장의 상태가 설계서와 다른 사실을 발견하였을 때에는 지체 없이 설계서에 명시된 상태와 상이하게 나타난 현장 상태를 기재한 서류를 작성하여 공사감독관을 경유하여 계약담당공무원에게 이를 통지하여야 한다"고 하고,

이 통지를 받은 계약담당공무원은 "즉시 현장을 확인하여 현장상태에 따라 설계서를 변경하여야 한다." 고 규정하여 현장조건의 상이로 인한 분쟁의 발생을 방지하도록 하고 있다.

1.3.3 설계변경에 관한 클레임

1) 건설공사에 있어서 공사 중 설계변경은 필연적으로 발생하는 사항이라고 말할 수 있다. 아무리 완벽한 설계도서를 작성했다 하더라도 지질상황이 다르고 심지어 발주자의 당초의 의도가 바뀜으로 인하여 설계변경이 되곤 한다.
2) 이러한 설계변경이 발생할 시 이를 체계적으로 관리하는 것이 중요한데 이러한 설계변경의 귀책사유가 누구에게 있으므로 공사비의 증감은 어떠한지, 또한 공사기간의 변경에는 어떠한 영향을 미치며 이것을 어떻게 처리할 것인가는 가능하면 발생시점에서 회의를 통하여 정리를 하고 넘어갈 필요가 있다.
3) 관급공사인 경우에 설계변경에 대하여 발주처는 일부변경이 수반되는 추가공사의 발견, 특정 공종의 삭제, 공종계획의 변경, 시공방법의 변경 기타 공사의 적정한 이행을 위한 변경 등의 사유로 설계서를 변경할 필요가 있는 경우에는 수급인에게 이를 서면으로 통보하도록 규정하고 있다.

1.3.4 공사기간 변경에 관한 클레임

1) 공사기간의 변경은 공사비의 변경을 필연적으로 동반하며 그것은 또한 클레임의 원인이 되곤 한다. 발주자의 공기단축의 요청은 자원을 집중적으로 투입함으로 과부하가 발생하게 되며 그것이 공사기간 변

경으로 나타나게 되는 것이다. 다시 말하면 일과가 끝나는 시간이외에서 노무자들이 작업을 하여야 하는 관계로, 평상시의 낮의 작업에 해당되는 노무비와는 다르게 시간당 노무비를 더 주어야 작업이 가능한 것이다. 그러한 이유가 공사비 증가를 가져오게 되는 것이다.

2) 발주자가 공기단축을 지시하거나, 발주기관의 부득이한 사유 또는 공사기간, 운반거리의 변경 등 계약내용의 변경으로 인하여 휴일 및 야간작업을 지시하였을 경우에는 계약금액을 조정할 수 있도록 하고 있다.

1.3.5 공사지연에 관한 클레임

1) 수급인 측의 사유로 공사지연이 발생하였을 경우, 수급인이 책임을 부담해야 하는 비면책적 지연과 책임을 부담할 필요가 없는 면책적 지연이 있다.
2) 비면책적 지연은 공기연장이 되지 않음은 물론 발주자에게 지체보상금으로 보상해 주어야 하며, 면책지연은 수급인의 노력에 관계없이 발주자 측의 원인 또는 불가항력으로 인하여 공사가 지연되는 경우로 수급인은 공기연장에 대한 권리를 갖게 된다. 면책지연은 공기연장만 청구할 수 있는 경우와, 공기연장과 비용보상이 되는 경우로 구분된다.
3) 발주자 측의 사유로 인한 공사지연의 경우 그 지연이 발조자의 귀책사유로 인한 것이면 수급인에게 공기연장 및 금전보상이 인정되나, 발주자의 귀책사유로 볼 수 없는 불가항력에 의한 공사지연은 공기의 연장만이 인정된다.

1.3.6 계약해지에 관한 클레임

1) 발주자는 계약 또는 관련 법률의 규정에 따라 계약해지권을 가질 수

있는데, 계약해지에는 발주자의 사정에 의한 경우와, 수급인의 계약불이행에 의한 경우가 있다.

2) 기획재정부 공사계약일반조건 계약예규 제44조 내지 제46조에 계약을 해지할 수 있는 경우를 규정하고 있다.

1.3.7 발주자 혹은 감리자의 부당 행위로 인한 클레임

1) 공사 중 작업내용의 잦은 변경 및 추가로 추가공사비가 발생하게 되는 경우
2) 발주자 및 감리자의 공사 중지, 공기변경, 관급자재 공급지연, 등으로 공사비가 변경 및 추가되는 경우, 수급인의 승인요청에 대한 발주자의 지연 또는 불합리한 승인 거부, 수급인의 시정조치에 대한 발주자의 확인 지연 등
3) 특정 공법 및 재료, 장비를 요구하여 추가비용이 발생하는 경우
4) 공사 중 시공순서 변경 등을 지시하여 공사금액의 추가 및 공기지연이 발생한 경우

1.4 클레임의 해당 조건

국내는 클레임의 해당 조건에 대하여 별도의 규정이나 제한적 요건은 없지만 미국에서의 클레임 해당 조건은 다음과 같다.

1) 분쟁의 대상이 반드시 존재하여야 하며 클레임을 제기하는 당사자는 계약의 당사자여야 한다.
2) 구두에 의한 클레임 제기는 인정되지 않으며 클레임은 반드시 서면으로 제출해야한다.

3) 특정금액 지급, 계약조건의 해석, 변경, 계약에 근거한 구제 또는 계약에 관한 기타의 구제를 자신의 권리로서 청구해야 한다.
4) 상대방이 클레임제기 관련 내용을 충분히 검토할 수 있도록 클레임의 기초가 되는 사실에 대한 정확한 기재가 필요하다.
5) 클레임 제기 관련 대금에 대한 정확한 청구금액이 정해져야 한다.

1.5 건설클레임 관리

클레임은 시공활동이나 계약관리가 철저하지 못한 경우에도 발생한다. 그러나 건설공사의 복잡성과 전문성으로 인해, 건설공사나 엔지니어링 활동 또는 이에 따른 계약활동을 완벽하게 예견한다는 것은 현실적으로 어렵다. 클레임 관리는 모든 클레임을 방지한다는 뜻으로서가 아니라, 공사나 엔지니어링활동 또는 계약관리에서 계약 당사자들이 행하여야 할 의무사항을 환기시키는데 진정한 의미가 있다고 할 수 있다.

1.5.1 계약 이전 단계

1) 기획, 조사, 설계 등 계약을 체결하기 전 단계에서 공사의 수행 중 예상되는 문제점을 발주자와 설계자, 감리자 및 시공자의 입장에서 해소방안을 마련한다.
2) 가능한 한 계약당사자의 책임과 임무가 명확하게 규정된 계약서를 준비한다.
3) 입찰시 모든 입찰 및 계약 서류를 철저히 검토 분석한다.
4) 해외프로젝트의 경우 공사수행에 영향을 미치게 될 정치적, 법률적, 계약적인 위험성이 있는지 특히 유의하여야 한다.

1.5.2 계약 이후 단계

1) 계약당사자는 계약의 목적달성을 위하여 성실하게 계약사항을 준수하여야 하며, 계약의 기본목적과 목적물을 완성하는데 필요한 모든 정보를 계약 당사자에게 배포하고 주지 시켜야한다.
2) 상호보고응답의 계약서류조항의 요건을 준수하고 관련자들의 권한과 책임을 분명하게 파악해 두어야 한다.
3) 공사수행과정에서 이행해야 할 모든 계약상의 조건을 파악하여 지속적으로 관리한다.
4) 클레임 발생시 이를 뒷받침할 수 있는 문서가 증거물로서 가장 확실한 역할을 하기 때문에 철저한 문서관리가 필요하다.
5) 공사현장의 문서는 복잡하고 분량도 많기 때문에 효율적인 문서관리 체계를 수립해야 한다.

1.5.3 클레임의 관리방안

1) 발주자는 원하는 목적물을 얻고, 시공자(수급인)는 계약목적물을 완성하여 대가를 지급받기 위해 계약서에 당사자들의 책임을 명확하고 분명하게 규정한다.
2) 충분한 조사기간과 설계기간을 가져 설계로 인한 문제점을 최소화 한다.
3) 해당공종의 이행 전에 분쟁 소지가 될 수 있는 사항에 대해서는 현장감독 등 관련자에게 문서로 통지한다.
4) 시공자는 반드시 현장설명에 참석하고 의문 사항은 질문을 통하여 도서의 해석으로 인한 문제를 해소한다.
5) 모든 변경내용 또는 계약사항 이외의 작업은 반드시 수행되기 전에 발주자에게 통지하고, 문서화된 변경지시를 받는다.

1.6 건설클레임 관리절차

1.6.1 클레임 청구

클레임을 청구하는 관계자는 다음과 같은 형식으로 클레임 서류를 작성 및 제출하도록 한다.

1) 요약
2) 공사개요
3) 현안문제의 분석
4) 공정분석
5) 손실분석
6) 증빙자료(관련문서 및 자료)

1.6.2 협상

계약당사자간에 발생하는 분쟁을 협의에 의하여 해결할 도록 하여야 하며, 입찰안내서상의 공사계약특수조건 및 계약서상의 분쟁의 협의 절차에 따라 이행한다.

계약당사자간에 발생하는 분쟁을 제3자를 개입시키거나 강제수단을 사용하지 않고 당사자의 우호적인 합의와 임의적인 협력을 통하여 해결하는 방식으로 당사자 간 우호적인 관계를 유지하면서 상호 원만하게 분쟁을 해결할 수 있고, 절차가 간단하고 경비가 적게 드는 장점이 있다.

협상에서 성공하기 위해서는 먼저 문제의 원인과 결과, 당사자의 처지 등을 철저하게 분석하고 평가할 수 있도록 준비하여야 한다. 협상에 있어서 우월한 위치를 점하기 위하여 다음과 같은 요소가 중요하다.

1) 우월성

목적달성을 위해 관련사항을 통제할 수 있는 수단으로, 일반적으로는 상대방과 계약을 성사시켜야 할 중요성이나 필요성이 절박하거나 큰 쪽은 협상에 있어서 우월한 지위를 차지하기 어렵다.

그러나 계약 당사자 쌍방의 계약 성사에 관한 필요성이 비등하다는 전제에서는 상대방에게 계약 외로 향후의 계속적 거래 가능성 등 우호적인 전망을 제시하는 등의 방법으로 협상의 우월성을 확보할 수 있는 방법을 모색하여야 한다.

2) 시간

분쟁이 발생하여 협상이 필요한 경우 가능한 빠르게 시작해야하며, 단기간이든 장기간이든 협상의 중요한 요소는 인내심이다. 협상에서 마감시간, 약속시간 등 시간적 제약은 협상 결과에 큰 영향을 미친다.

3) 정보

정보는 모든 문제에 있어 가장 핵심적인 사항이며, 사실을 평가할 때나 결정을 내릴 때 큰 영향을 미친다. 모든 정보는 사람으로부터 나오며, 최적의 전략은 신속, 정확한 정보에 의한 올바른 상황판단이 이루어질 때 가능하다.

1.6.3 중재, 조정, 소송

건설사업관리자는 분쟁이 협의에 의하여 해결되지 아니할 때에는 건설계약에서 정하는 분쟁 해결절차에 따라 이를 해결하여야 한다. 대표적인 분쟁해결 방법은 역시 법원의 재판이지만, 상사사건은 조정[24)]이나 중재[25)]에 의하여 해결되는 경우가 많다. 이하에서는 민사조정법상의 조정을 제외한 건설산업 특유의 건설분쟁 조정 제도를 간략히 살펴보고, 법원의 소송에 관하여는 제2장에서 별도로 살펴보기로 한다.

1) 조정위원회의 설치

(1) 건설분쟁 발생시 이의 해결을 위한 처리기구로서 "건설분쟁조정위원회", "하도급분쟁 조정협의회"가 있다.

(2) 국토해양부장관 소속 하에 중앙건설분쟁조정위원회를 시·도지사 소속 하에 지방건설 분쟁조정위원회를 둔다.(건설산업기본법 제69조 제1항)

(3) 건설분쟁조정위원회는 건설업 및 건설용역업에 관한 도급계약의 내용, 시공 상의 책임 등에 관한 분쟁을 심사, 조정하기 위하여 국토해양부장관 소속하에 설치, 운영하고 있는 법정 기구이다.

2) 건설분쟁조정위원회의 기능

위원회는 당사자의 일방 또는 쌍방의 신청에 의하여 다음 각 호의 분쟁

24) 객관성을 가지는 제3자가 당사자의 화해를 유도함으로써 당사자의 우호적이고 자발적 합의를 하도록 하는 분쟁해결제도이다. 조정이 이루어질 경우 법원의 재판에 비하여 빠른 해결과, 저렴한 비용, 내용의 기밀유지에 있어 유리하다. 그러나 당사자 사이에 조정으로 분쟁을 해결하기로 하는 합의가 없으면 당사자 일방 또는 쌍방이 조정을 거부하는 경우에는 조정이 시작되기조차 어렵고, 조정결과에는 법률상 강제력이 없어서 당사자 일방 또는 쌍방이 조정에 의한 합의를 파기하는 경우에도 제재하거나 강제할 수 없으므로, 시간과 비용 낭비가 될 수도 있다. 다만 우리나라 민사조정법상 조정은 법원이 개입되는 경우의 조정만을 말하고 조서가 작성되면 법률상 강제력도 있는 것이어서, 일반적으로 지칭하는 조정과는 차이가 있다.

25) 법원이 아닌 제3자가 일종의 민간재판을 하는 것으로서, 중재의 결정은 법원의 판결과 같은 강제력이 있다. 법원이 3심제를 거치는 것에 반하여 단 1회로 분쟁이 해결되고 비공개로 진행되므로 상거래에서 많이 선호되는 분쟁해결 방법이다.

을 심사, 조정한다.(건설산업기본법 제69조 제2항)

(1) 설계, 시공, 감리 등 건설공사에 관계한 자간의 책임에 관한 분쟁

(2) 발주자와 수급인간의 건설공사에 관한 분쟁

(3) 수급인과 하수급인 간의 건설공사의 하도급에 관한 분쟁

(4) 수급인과 제3자간의 시공 상의 책임 등에 관한 분쟁

(5) 건설공사의 도급계약의 당사자와 보증인 간의 보증책임에 관한분쟁

(6) 수급인 또는 하수급인과 제3자간의 자재의 대금 및 건설기계사용대금에 관한 분쟁

(7) 건설업의 양도에 관한 분쟁

(8) 건설산업기본법 제28조의 규정에 의한 수급인의 하자담보책임에 관한 분쟁

(9) 건설산업기본법 제44조의 규정에 의한 건설업자의 손해배상책임에 관한 분쟁

3) 건설분쟁조정위원회의 조정 절차

(1) 건설분쟁조정신청서 제출

다음 서류를 첨부하여 위원회에 제출한다.

- 당사자 간의 교섭경위
- 기타 분쟁조정시청사건의 심사·조정에 참고가 될 수 있는 객관적인 자료

(2) 조정신청의 통지

- 위원회는 당사자 일방으로부터 분쟁의 조정신청을 받은 때에는 그 신청내용을 상대방에게 통지하는데, 이 통지를 받은 상대방은 조정에 응할 것인지에 관한 의사를 위원회에 통지하여야 한다.(건설산업기본

법 제72조)

- 위원회는 분쟁 당사자 중 일반이 조정을 거부한 경우에는 조정경위, 조정거부이유 등을 상대방에게 서면으로 통보하여야 한다.(건설산업기본법 제73조 제2항)

(3) 조정부의 구성(건설산업기본법 제76조)

위원회는 조정업무의 효율적인 처리를 위하여 필요하다고 인정하는 경우에는 조정사건의 분야별로 5인 이내의 위원으로 구성되는 조정부를 둘 수 있다.

(4) 조사 및 의견청취(건설산업기본법 제75조)

위원회는 필요하다고 인정하는 경우에는 위원회의 위원·국토해양부 소속공무원 또는 시·도 소속공무원으로 하여금 관계서류를 열람하게 하거나 관계사업장에 출입하여 조사하게 할 수 있다. 위원회는 필요하다고 인정하는 경우에는 당사자 또는 관계전문가로 하여금 위원회의 회의에 출석하게 하여 그 의견을 들을 수 있다.

(5) 조정 전 합의(건설산업기본법 제77조)

위원회는 분쟁당사자 쌍방이 분쟁의 해결에 관하여 합의한 때에는 당해사건에 대한 조정을 중단하고 분쟁당사자가 합의한 내용에 따라 즉시 합의서를 작성하며, 위원장 및 각 당사자는 이에 서명·날인하여야 한다.

(6) 처리기간(건설산업기본법 제74조)

위원회는 분쟁의 조정신청을 받은 날부터 60일 이내에 이를 심사하여 조정안을 작성하여야 한다. 다만, 부득이한 사정이 있는 경우에는 위원회의

의결로써 60일의 범위 내에서 그 기간을 연장할 수 있다.(건설산업기본법 제74조 제1항)

4) 조정의 효력

(1) 위원회는 조정안을 작성한 때에는 지체없이 이를 각 당사자에게 제시하여야 하며, 조정안을 제시받은 당사자는 그 제시를 받은 날부터 15일 이내에 그 수락여부를 위원회에 통보하여야 한다. 당사자가 조정안을 수락한 때에는 위원회는 합의된 사항을 조정서에 기재하고, 당사자 간에 조정서와 동일한 내용의 합의가 성립된 것으로 본다.(건설산업기본법 제78조)

(2) 조정안은 위원회가 작성하는 분쟁의 해결안으로 조정안 자체가 당사자를 구속하는 힘은 없다. 그러나 당사자가 조정안을 수락하여 조정이 성립된 경우에는 조정서와 동일한 내용의 법률상 구속력 있는 합의가 있는 것이므로, 당사자 일방이 조정서의 내용을 위반하는 경우 상대방은 그 위반을 이유로 소송을 제기하여 손해배상 등 법률상 구제수단을 강구할 수 있다.

5) 비용부담

분쟁조정을 위한 감정·진단·시험 등에 소요된 비용은 신청인이 이를 부담한다. 다만, 당사자 간에 이에 대한 약정이 있는 경우에는 그 약정에 의한다.(건설산업기본법 제79조 제1항)

1.7 건설클레임 발생 억제

1) 건설클레임 예방 개념

계약단계부터 문제점을 파악하여 책임을 규명하고, 각종 서류 보관 및 관리, 설계도서의 신중한 검토 등에 노력하여 사업참여자의 책임 및 권한의 한계를 명확히 하고, 사업 초기에 발주자와 협의, 클레임 조정자문위원회를 구성하여 당사자 간 협의에 의해 해결 되지 않을 경우 클레임 조정자문위원회의 자문을 받아 합리적이고 우호적인 절차에 따라 문제를 해결하려하는 환경을 조성한다.

2) 건설클레임 방지 방법 및 활동

- 계약서에 명시되어 있는 것과 같이 클레임이 발생할 여지가 있는 문제 즉 설계변경, 금액조정, 계약의 상이한 이행등의 각종 통지의무를 준수한다.
- 각종 승인, 허가 절차의 확립과 신속한 보고, 질의, 응답 체계를 수립하고, 모든 변경사항이나 계약사항 이외의 작업은 반드시 수행되기 전에 발주자의 문서화된 승인을 받아 시행하도록 한다.
- 건설사업관리자는 모든 공사 진행 과정을 문서화하고, 클레임 사안의 발생시마다 이를 철저히 기록·관리하여, 발주자의 권리를 입증할 수 있는 근거자료들을 확보한다.
- 공기연장 클레임에 대응하기 위하여 체계적 CPM공정표에 근거한 공정관리를 요구한다.
- 클레임에 대한 인식을 전환하여 클레임 발생시 현장차원에서 당사자 간 협의를 통한 신속한 해결을 도모할 수 있도록 조정의 역할을 담당한다.

- 해당 프로젝트의 성격에 맞는 다양한 클레임의 해결방법과 절차를 마련하여 이를 계약서에 명시한다.
- 내부 분쟁조정위원회를 구성하여 내부에서 먼저 협의를 한다.
- 공사착수 초기단계에 공사참여자(발주자, 건설사업관리자, 설계자, 시공자) 상호간의 신뢰를 바탕으로 협력체제를 구축할 수 있는 파트너링 방식을 도립하여야 한다. 보통 발주자와 시공자가 대립관계를 형성하고 사업이 진행되는데 반해 파트너링 방식은 이익과 손해를 동시에 공유하므로 상호 협력관계인 파트너링 방식의 도입을 유도하여 상호간의 클레임을 예방한다.

제2장 건설계약관련 법률적 쟁점과 소송

2.1 건설소송의 유형과 특징

건설계약과 관련된 민사소송사건으로 공사대금 청구, 하자보수 청구, 지체상금 청구를 들 수 있다.

건설소송은 건축주, 시공사, 하청업체 등 다수의 관계자가 관련되고, 공사기간이 장기, 복잡할 뿐 아니라, 증거의 부족과 모호성으로 소송이 장기화되는 경향이 있다. 따라서 소송 전문가인 변호사를 비롯한 건설전문가의 개입이 필요하고, 감정결과에 따라 배상여부와 액수가 결정된다.

2.2 법률적 쟁점

1) 사건유형별 실무상 쟁점

(1) 기성고가 쟁점인 사건

공사계약에서 정해진 대금의 수액 및 지급방법, 수급인이 시행한 공사부분과 미시공된 부분의 특정, 수급인이 기성고 확정시점까지 투입한 비용, 기성고에 따른 공사대금 산정의 기준시점등이 그 쟁점이다.

(2) 추가, 변경공사가 쟁점인 사건

추가공사의 내용과 공사대금, 당초 계약상의 공사와 변경된 공사의 각

내용과 공사대금, 각 대금의 근거가 합의에 따른 것인지, 실제 지출한 공사대금에 따른 것인지, 공사내용의 변경이 발생하게 된 이유 등이 주된 쟁점이 된다.

(3) 하자가 쟁점인 사건

하자의 내용, 특정, 주장하는 하자가 견출 공사의 어느 단계에서 발생한 것인지, 하자 판정기준(공사계약 내용을 기준으로 하여 하자를 주장하는 것인지, 사회통념상 당사자 간 준수할 최저한의 기준으로 합의되었던 것으로 추인되는 건축 관련 법령의 내용 및 각종 근거를 기준으로 하는 것인지), 하자로 인한 손해액 등이다.

(4) 제3의 손해배상청구 사건

피해가 나타난 구체적인 현상, 공사의 현황, 피해 현상과 공사현장에서 시행된 공사와의 인과관계, 공사현장에서 시행된 공법이 부적합한 이유, 손해배상액등이 주 쟁점이다.

2) 공사계약의 당사자

종합건설면허가 없는 개인 또는 소규모 회사가 대형건설회사에게 면허대여료를 지급하고 종합건설면허를 빌려 공사를 시공하는 이른바 명의대여의 경우, 공사수급인을 누구로 볼 것인가에 대하여 판례는 행위자와 상대방의사가 일치한 경우에는 그 일치한 의사대로 행위자, 명의인을 계약당사자로 확정해야 하고, 일치하지 않는 경우 계약 성질, 내용, 목적, 체결 경위등 제반사정을 토대로 상대방이 합리적인 사람이라면 행위자와 명의자중 누구를 계약당사자로 이해할 것인가에 의하여 당사자를 결정하여야 한다고(대법원 2007. 9. 6 선고 2007다31990)한다.

다만, 도급인이 명의를 대여한 건설업자를 수급인으로 오인하고 공사도급계약을 체결하였다면, 명의를 대여한 건설업자는 상법제24조 소정의 명의대여책임을 부담한다.(대법원 1998. 5. 15 선고 97대 58538)

한편, 조합을 구성하는 다수의 사람들이 공동사업을 위해 거래상대방과 계약을 체결하는 공동도급의 경우 그 조합원들은 민법 712조상 지분 비율에 따라 상대방에게 그 계약상 책임을 부담하지만, 구체적인 사건에 있어서는 거래 경위 등 사정여하에 따라 조합원들이 상대방에 대해 불가분적으로 채무전액에 대해 책임을 부담하기로 한 것으로 해석할 수 있다고 판시하고 있다.(대법 2006. 3. 10 선고 2005다22046 판결)

또한 이 사건 공사도급계약내용에 포함되는 공사계약특수조건 제17조 제1항은 "공동도급계약에 대한 기성대가 또는 준공대가 지급시에는 회계예규 공동도급계약운용요령 제11조에 의한다."고 규정하고 그 당시 시행되던 공동도급계약운용요령 제11조 제1항은 "계약담당공무원은 선금, 대가 등을 지급함에 있어서는 공동수급체 구성원별로 구분 기재된 신청서를 공동수급체 대표자가 제출하도록 하여야 한다.", 제2항은 "계약담당공무원은 제1항의 규정에 의한 신청이 있을 경우 신청된 금액을 공동수급체 구성원 각자에게 지급하여야 한다, 다만, 선금은 공동이행방식에 의한 공동계약일 경우 공동수급체 대표자에게 지급하여야 한다."고 규정하고 있는 사실이 인정되므로, 이사건 공사도급계약에 의한 공사대금채권은 적어도 대외적인 관계에서는, 이 사건 공동수급체의 구성원인 원고와 00에게 합유적으로 귀속되는 것이 아니라, 이 사건 공동수급체 구성원인 원고와 00에게 각각 그 지분비율에 따라 구분하여 귀속된다고 할 것" 이라고 한 판결이(대법 2002. 1. 11 선고 2001다75332) 있다.

2.2.2 공사대금 청구

1) 미완성과 하자

대법원은 1997. 12. 23 선고 97다44768 판결에서, 신축공사의 미완성과 하자를 구별하는 기준은 공사가 도중에 미완성된 것으로 볼 것이지만, 그것이 당초 예정된 최후의 공정까지 일단 종료하고 그 주요 구조 부분이 약정된 대로 시공되어 사회통념상 건물로서 완성되고, 다만 그것이 불완전하여 보수를 하여야 할 경우에는 공사가 완성되었으나 목적물에 하자가 있는 것에 지나지 않는다고 해석함이 상당하고, 개별적 사건에 있어서 예정된 최후의 공정이 일단 종료하였는지 여부는 당해 건물 신축공사 도급계약의 구체적 내용과 신의성실의 원칙에 비추어 객관적으로 판단할 수밖에 없다고 판시하였다.

2) 기성고의 확정

도급인이 수급인에게 약정된 공사금액 중 기성고에 따라 공사대금을 지급하기로 하였거나(기성고에 따른 분할급을 약정한 경우), 공사도급계약이 중도에 해제, 해지된 경우 도급인이 지급해야 할 공사대금은 약정된 도급금액을 기준으로 하여 여기에 기성고 비율을 곱하는 방식으로 산정된다.

○ 기성고 공사대금의 산정방법

대법원 2005. 6. 24 선고 2003다65391, 2003다65407 판결 : 공사도급계약에 있어서 공사가 미완성인 상태로 계약이 중도에서 해제된 경우, 도급인이 기성고에 따라 수급인에게 지급하여야 할 공사대금은 특별한 사정이 없는 한 약정 총공사비를 기분으로 하여 여기에 기성고 비율을 곱하는 방식으로 산정하여야 하고, 그 기성고 비율은 이미 완성된 부분에 소요된 공사비에다가 미시공 부분을 완성하는 데 소요될 공사비를 합친 전체 공사비 가운데 이미 완성된 부분에 소요된 비용이 차지하는 비율을 산정하여 확정하여야한다.(대법원 1996. 1. 23 선고 94다31631, 31648 판결, 1997. 2. 25 선고 96다43454 판결 등 참조)

∴ 기성고 공사대금 = 약정 공사대금 × {완성부분 공사비 / (완성부분 공사비 + 미시공부분 공사비)}

다만, 공사도급계약에서 설계 및 사양의 변경이 있는 때에는 그 설계 및 사양의 변경된 설계 및 사양에 따라 공사가 진행되다가 중단되었다면, 설계 및 사양의 변경에 따라 변경된 공사대금에 기성고 비율을 적용하는 방법으로 기성고에 따른 공사비를 산정하여야 한다.(대법원 2003. 2. 26 선고 2000다40995 판결)

3) 하수급인 직접지급청구권

○ 하도급거래공정화에 관한 법률(이하 '하도급법')의 규율내용

원사업자의 의무사항	계약서면의 교부 및 서류의 보존(제3조), 선급금의 지급(제6조) 하도급대금지급(제13조), 하도급대금지급보증의무(제13조의2) 하도급대금의 직접지급(제14조) 설계변경 등에 따른 하도급대금조정(제16조)등
원사업자의 금지사항	부당한 하도급대금의 결정금지(제4조) 물품 등의 구매강제 금지(제5조) 부당한 위탁취소 및 수령거부금지(제8조) 부당한 반품금지(제10조) 하도급대금 부당감액금지(제11조) 물품구매대금 등의 부당결제청구금지(제12조) 경제적 이익의 부당요구금지(제12조의 2) 부당한 대물변제금지(제17조) 수급사업자의 경영간섭금지(제18조) 법위반행위의 신고에 대한 보복조치금지(제19조) 탈법행위금지(제20조)

○ 하도급법에 의한 하수급인의 발주자에 대한 직접지급 청구권의 행사요건과 입증책임 : ① 하도급법의 적용범위 ② 시적요건 ③ 하도급법에 의한 원도급 및 하도급계약의 존재 ④ 원도급공사 대금 및 하도급공사 대금의 존재 ⑤ 하도급법 제 14조에 기한 직접시급사유의 발생

○ 직접지급청구권 행사의 효과 : 하수급인 직접지급 요청 등으로 인하여 하수급인의 수급인에 대한 하도급대금채권과 수급인의 도급인에 대한 공사대금채권이 소멸하게 되면 도급인으로서는 직접지급 요청 후 발생한 항변사유로는 하수급인에게 대항하지 못한다.

> 제14조(하도급대금의 직접 지급) ① 발주자는 다음 각 호의 어느 하나에 해당하는 사유가 발생한 때에는 수급업자가 제조, 수리, 시공 또는 용역수행을 한 부분에 상당하는 하도급대금을 그 수급사업자에게 직접 지급하여야 한다.
>
> 1. 원사업자의 지급정지·파산, 그 밖에 이와 유사한 사유가 있거나 사업에 관한 허가, 인가, 면허, 등록 등이 취소되어 원사업자가 하도급대금을 지급할 수 없게 된 경우로서 수급사업자가 하도급대금의 직접 지급을 요청한 때
> 2. 발주자가 하도급대금을 직접 수급사업자에게 지급하기로 발주자·원사업자 및 수급 사업자 간에 합의한 때
> 3. 원사업자가 제13조제1항 또는 제3항에 따라 지급하여야 하는 하도급대금의 2회분이상을 해당 수급사업자에게 지급하지 아니한 경우로서 수급사업자가 하도급대금의 직접 지급을 요청한 때
> 4. 원사업자가 제13조의2제1항에 따른 하도급대금 지급보증 의무를 이행하지 아니한 경우로서 수급사업자가 하도급대금의 직접 지급을 요청한 때
>
> ② 제1항에 따른 사유가 발생한 경우 원사업자에 대한 발주자의 대금지급채무와 수급사업자에 대한 원사업자의 하도급대금 지급채무는 그 범위에서 소멸한 것으로 본다.

○ 건설산업기본법에 의한 직접지급청구권 : 2007. 5. 17 개정(2008. 1. 1 시행)된 건설산업기본법은 수급인의 파산 등 일정한 사유가 발생하고 하수급인의 요청이 있는 경우 발주자가 하수급인에게 하도급대금

을 직접 지급하도록 의무화하였다.(제35조 제2항·제3항·제5항 및 제6항 신설)

2009. 12. 29 개정(2010. 6. 30 시행)된 건설산업기본법은 발주자가 하도급대금을 하수급인에게 직접 지급하여야 하는 경우에 발주자와 수급인간 명백히 합의한 경우와 하도급 대금의 지급을 명하는 확정판결을 받은 경우를 포함시켰다.

2.2.3 하자보수 등 청구

1) 하자담보책임의 의의 및 법적성격

(1) **하자** : 완성된 건물에 통상 또는 공사계약에서 정한 내용과 다른 구조적, 기능적 결함이 있다거나 거래관념상 건물이 갖춰야 할 내구성, 강도 등의 품질을 제대로 갖추고 있지 아니한 결과 그 사용가치 또는 교환가치를 감쇄시키는 결함을 말한다.

(2) **법적성격** : 수급인의 하자담보책임은 무과실책임이자 법정책임이다. (대법원 1980. 11. 11 선고 80다923, 924 판결)

(3) **하자보수비 산정시점** : 하자보수비는 목적물의 완성시가 아니라 하자보수 청구시 또는 손해배상 청구시를 기준으로 산정함이 상당하다. (대법원 1998. 3. 13 선고 95다30345 판결 등)

2) 공동주택의 하자담보책임

(1) 적용법령

집합건물의 소유 및 관리에 관한 법률 (이하 '집합건물법') 제9조 제1항, 제2항, 주택법 제46조 및 주택법 시행령 제59조 제1항(구 주택건설촉진법,

구 공동주택관리령 제16조 제1항에 의하여 규율되다가 2003. 5. 29 이후 구주택건설촉진법이 주택법으로 전부 개정되었다. 200. 11. 29 구관리령이 폐지됨에 따라 2003. 11. 30 이후부터 주택법 등에 의하여 규율)

(2) 하자보수에 갈음하는 손해배상청구권의 귀속권자

현재의 구소유권자만 해당 - 공동주택의 전소유자인 양도인이나 입주자대표회의는 하자보수에 갈음한 손해배상청구 소송의 주체가 될 수 없다.

대법원 2006. 10. 26 선고 2004다17993 판결 : 집합건물법 제9조에 의한 하자담보추급권은 집합건물의 수분양자가 집합건물을 양도한 경우 양도 당시 양도인이 이를 해아하기 위하여 유보하였다는 등의 특별한 사정이 없는 한 현재의 집합건물의 구분소유자에게 귀속한다.

대법원 2006. 8. 24 선고 2004다20807 판결 : 집합건물법 제9조에 의한 하자담보추급권은 특별한 사정이 없는 한 집합건물 구분 소유자에게 귀속하는 것이고, 비록 주택법제46조 및 주택법시행령 제59조 등이 구 주촉법 소정의 입주자대표회의에게 공동주택의 사업주체에 대한 하자보수청구권을 부여하고 있으나, 이는 행정적인 차원에서 공동주택 하자보수의 절차·방법 및 기간 등을 정하고 하자보수보증금으로 신속하게 하자를 보수할 수 있도록 하는 기분을 정하는 것으로서 이 법령에서 정해진 기간 내에 발생한 하자에 대하여는 입주자뿐만 아니라 사업주체와 별다른 법률관계를 맺은 바 없는 공동주택의 관리주체나 입주자대표회의도 보수를 요구할 수 있다는 취지일뿐 입주자대표회의에게 하자보수 청구권 외에 하자담보추급권까지 부여하는 것 이라고 볼 수는 없으므로, 공동주택에 하자가 있는 경우 입주자대표회의로서는 사업주체에 대하여 하자보수를 청구할 수 있을 뿐이며, 그에 갈음한 손해배상청구권을 가진다고 할 수 없다고 판시하고 있다.

(3) 하자보수에 갈음하는 손해배상청구권의 상대방

집합건물법상 '건물을 건축하여 분양한 자', 주택법상 '사업주체'

시공자의 해당여부 - 집합건물법 제9조 제1항 소정의 '건물을 건축하여 분양한 자'에 해당하지 아니함. 주택법 소정의 사업주체에 해당하는지 여부에 관하여는 논란이 있다.

2.2.4 지체상금

1) 지체상금의 법적 성격

대법원 2002. 9. 4 선고 2001다 1386 판결 : 지체상금에 관한 약정은 수급인의 그와 같은 일의 완성을 지체한 데 대한 손해배상액의 예정이므로, 수급인이 약정된 기간 내에 그 일을 완성하여 도급인에게 인도하지 아니하여 지체상금을 지급할 의무가 있는 경우, 법원은 민법 제398조 제2항의 규정에 따라 계약 당사자의 지위, 계약의 목적과 내용, 지체상금을 예정한동기, 실제의 손해와 그 지체상금액의 대비, 그 당시의 거래관행 및 경제상태 등 제반 사정을 참작하여 약정에 따라 산정한 지체상금액이 일반 사회인의 납득할 수 있는 범위를 넘어 부당하게 과다하다고 인정하는 경우에 이를 적당히 감액할 수 있다.(同旨 : 대법원 1999. 10. 12 선고 99다14846 판결)

2) 공사에 하자가 있는 경우 지체상금의 종기(終期)

대법원 1997. 10. 10 선고 97다23150 판결 : 공사가 도중에 중단되어 예정된 최후의 공정을 종료하지 못한 경우에는 공사가 미완성된 것으로 볼 것이지만, 공사가 당초 예정된 최후의 공정까지 일을 종료하고 그 주요 구조부분이 약정된 대로 시공되어 사회통념상 일이 완성되었고 다만 그것이 불완전하여 보수를 하여야 할 경우에는 공사가 완성되었으나 목적물에 하자가 있는 것에 지나지 아니한다고 해석함이 상당하고, 예정된 최후의 공정을 종료하였는지 여부는 수급인의 주장이나 도급인이 실시하는 준공검사 여부에 구애됨이 없이 당해 공사 도급계약의 구체적 내용과 신의성실의 원칙에 비추어 객관적으로 판단할 수밖에 없고, 이와 같은 기준은 공사 도급계약의 수급인이 공사의 준공이라는 일의 완성을 지체한데 대한 손해배상액의 예정으로서의 성질을 가지는 지체상금의 관한 약정에 있어서도 그대로 적용된다.(同旨 : 대법원 2006. 4. 28 선고 2004다 39511 판결)

3) 공사가 중단된 경우의 지체상금의 시기(始期) 및 종기(終期)

대법원 2006. 4. 28 선고 2004다39511 판결 : 도급계약에 있어서의 지체상금 약정의 취지에 비추어 볼 때, 지체상금 약정은 수급인이 약정한 기간내에 공사를 완공하지 아니할 경우는 물론이고, 수급인의 귀책사유로 인하여 도급계약이 해제되고 그에 따라 도급인이 수급인을 다시 선정하여 공사를 완공하느라 완공이 지체된 경우에도 적용된다.(同旨 : 대법원 2005. 8. 19 선고 2002다59764 판결) 수급인이 완공기한 내에 공사를 완성하지 못한 채 공사를 중단하고 계약이 해제된 결과 완공이 지연된 경우에 있어서 지체상금은 약정 준공일 다음날부터 발생하되 그 종기는 수급인이 공사를 중단하거나 기타 해제사유가 있어 도급인이 공사도급 계약을 해제할 수 있었을 때(실제로 해제한 때가 아니다)부터 도급인이 다른 업자에게 의뢰하여 공사를 완성 할 수 있었던 시점까지이고(同旨 : 대법원 2001. 1. 30 선고 2000다56112 판결), 수급인이 책임질 수 없는 사유로 인하여 공사가 지연된 경우에는 그 기간만큼 공제되어야 한다.(同旨 : 대법원 1999. 3. 26 선고 96다23306 판결)

4) 공동수급인과 지체상금

대법원 1994. 3. 25 선고 93다42887 판결 : 공동수급인의 각 공사내용이 특정되어 있다 하더라도 각 공사는 전체로서 하나를 이루고 준공기한도 공사 전체의 준공기한이므로, 제1수급인이 자신이 맡은 공사를 준공기한 내에 하지 못함으로써 지체상금을 부담하는 경우 그 지체상금의 기준이 되는 계약금액은 제1수급인이 맡은 부분에 해당하는 공사대금뿐만이 아니라 전체 공사대금으로 보아야한다고 판시하고 있다.

다만, 공동수급인이 분담이행방식에 의한 계약을 체결한 경우에는 공사의 성질상 어느 구성원의 분담 부분공사가 지체됨으로써 타 구성원의 분담 부분 공사도 지체될 수밖에 없는 경우라도, 특별한 사정이 없는 한, 공사 지체를 직접 야기한 구성원만 분담 부분에 한하여 지체상금의 납부의무를 부담한다.(대법원 1998. 10. 2 선고 98다33888 판결 참조)

2.3 건설소송의 심리

2.3.1 전문성의 필요

○ 건축 관련 자격 : 건축기능사, 건축산업기사, 건축기사, 건축사, 기술사(건축구조기술사, 건축시공기술사 등)

○ 설계도서의 종류 : '설계도서'라 함은 설계도면·시방서·구조계산서·수량산출서 및 품질관리계획서 등을 말한다. 설계도면은 기본설계도면과 실시설계도면 등으로 구분된다.

① 기본설계도면 : 설계 개요 및 법령 등 제 기준의 검토, 기본계획의 예비타당성 조사, 시설물 규모, 배치, 개략 공사방법 및 기간, 개략 공사비를 조사하여 설계기준 및 조건 등을 결정함으로써 실시설

계에 필요한 기술자료로 작성하는 도면

② 실시설계도면 : 기본설계의 결과를 토대로 공사의 세부적, 구체적 사항에 대하여 최적안을 결정하여 작성된 시공 및 유지관리에 필요한 설계서

③ 시방서 : 당해 공사의 수행을 위한 재료·공법·시험 및 검사 등에 관한 사항을 기술하여야 한다. 표준시방서는 건설기술관리법 제34조에 따라 국가기관이나 건설관련 단체가 시설물, 공정에 따른 표준적인 시공기준을 정리한 것이다.

○ 설계도서의 우선순위 : 국토해양부 고시 '설계도서작성기준'에 의하면 설계도서, 법령해석, 감리자의 지시등이 서로 일치하지 아니하는 경우에 있어 계약으로 그 적용의 우선순위를 정하지 아니한 때는 다음의 순서를 원칙으로 한다. 공시사방서 〉 설계도면 〉 전무시방서 〉 표준시방서 〉 산출내역서 〉 승인된 상세시공도면 〉 관계법령의 유권해석 〉 감리자의지시사항

2.3.2 기일 전 증거의 신청 및 서증의 제출

○ 건축 관련 서증 : 계약서, 설계도서, 견적서(공사비내역서), 감리보고서, 영수증, 건축허가서, 준공도면 등이 있다

○ 서증의 제출 및 정리 : 쟁점을 조기에 확정하고 심리를 원활히 하기 위하여는 서증을 조기에 제출할 필요가 있고, 서증에는 전문적, 기술적 사항을 포함한 내용이 많으므로 계약서나 시방서, 설계도면 등의 설명서를 제출하거나 쟁점과 관련된 부분을 형광펜 등으로 표시하여 제출할 필요가 있다.

○ 문서송부촉탁, 문서제출명령 등 : 시공자가 영세업체이거나 부도난 경우 등으로 설계도면 등을 보관하고 있지 않은 경우 구청 등을 상대로

문서 송부촉탁을 할 수 있고, 문서제출명령, 구석명 등을 적극적으로 활용할 필요가 있다.

○ 검증, 감정등

2.3.3 쟁점의 정리 및 증거조사

○ 당사자, 현장소장 등 제3자의 참여

○ 하자일람표, 주장정리표, 전문용어해설표의 작성

○ 전문심리위원제도의 활용

○ 화해적 해결의 모색

2.3.4 조정이나 화해에 대한 입장의 정리

건설사건의 복잡다단성과 과도한 소송비용, 어느 한 쪽만을 편들 수 없는 사건의 진행상황 등의 이유로 건설소송에서는 조정이나 화해가 폭넓게 유도된다. 그러나 당사자는 소송 진행과정에서 상대방에 대한 감정이 악화됨으로써 쌍방의 양보를 의미하는 조정이나 화해에 대하여 거부감을 가지는 일도 많다.

심지어 판사가 소송의 결과가 부정적일 것임을 경고하는 경우에도 끝까지 판결을 고집하는 당사자도 있다. 소송대리인인 변호사의 입장에서는 마냥 당사자의 의사에 따를 것이 아니라 적극적으로 조정이나 화해내지는 합의를 설득하고 유도할 필요가 있다. 당사자와 대리인간의 긴밀한 신뢰관계가 형성되면 사건의 처리에 관하여 허심탄회한 의견이 교환이 가능해진다. 소송의 확정까지 계속 싸울 것인가, 조금 양보하는 선에서 분쟁을 완전히 종결지을 것인가, 어느 쪽이 당사자에게 유리한가에 대한 판단은 당사자보다 대리인에게 쉬울 수 있다. 시기적으로는 어느 정도 증거조사를 거쳐서 양 당사자의 주장과 증거가 현출되어 쌍방의 강점과 약점이 드러난 상태가 좋을 것이며 이 경우에도 당사자가 자신이 처한 입장을 객관적으로 바라볼 수 있도록 변호사의 조언이 필요한 것이다.

사건의 성격상 화해나 조정이 재판보다 더 좋은 결과를 나을 수 있는 사건도 있다. 예를 들면 일조침해를 이유로 한 공사금지가처분 사건, 재건축과 관련한 매도청구사건, 아파트하자와 관련된 하자보수에 갈음하는 손해배상사건 등이다.

2.3.5 분쟁해결의 장 선택

건설분쟁이라고 해서 반드시 사법제도인 법원에의 제소만 생각할 필요가 없다.

건설사건의 복잡성, 전문성 등을 이유로 하여 소위 대체적 분쟁해결수단(Alternative Dispute Resolution)이 각광받고 있다. 현재 법원의 재판을 대신할 수 있는 대표적 분쟁해결수단으로는 중재, 조정 등이 있는데 이들은 각각의 장단점을 가지고 있다.

조정의 경우 강제력이 없다는 것이 가장 큰 약점이며, 중재의 경우 1회의 절차로서 전문가에 의한 판단이 이루어지는 장점이 있다. 다만, 중재에 의하여 건설공사상 분쟁을 해결하기 위해서는 반드시 중재의 합의가 필요하다.(중재법 제8조) 중재합의가 존재하는데도 불구하고 소송을 제기하는 경우 상대방 당사자의 본안전 항변이 있으면 소는 각하되고(중재법 제9조), 반대로 중재합의가 없는데도 불구하고 중재신청을 하는 경우 중재신청은 각하되어야 할 것이나, 만약 중재판정에 이른 경우에는 중재판정취소소송의 대상이 될 수 있다.(중재법 제36조 제2항 제1호 다목)

소위 선택적 중재조항의 효력에 관해서는 당사자 일방의 중재신청에 대하여 상대방이 중재신청에 대한 답변서에서 중재합의의 부존재를 적극적으로 주장하면서 중재의 의한 해결에 반대하는 경우에는 중재합의로서의 효력이 부인된다(대법원 2003. 8. 22 선고 2003다318판결). 실무상 중재합의의 유무가 쟁점이 되는 경우가 많다. 최근 국내 건설업체들의 해외공사 수주가 활발해 지고 있는데, 해외공사계약에서 발생하는 분쟁은 거의 중재절차로 해결되고 있고, 중재지나 중재에 적용할 법률과 언어, 중재규칙 등의 선택과 관련하여 별도의 합의가 이루어지는데, 사안이 복잡하고 규모가 커서 장기간에 걸친 준비가 필요하다.

2.3.6 건설분쟁에 관한 자문의 중요성

소송은 분쟁에 대한 사후적 해결방안이나, 이제는 기업체를 필두로 분쟁의 사전적 예방활동의 중요성이 강조되고 있다. 종전에는 낯설던 직역인 사내변호사가 새로운 법률가의 활동영역으로 부각되고 있는데 변호사의 중요한 역할 중의 하나가 분쟁의 사전적 예방활동이라고 할 수 있다.

건설 소송이 제기되기 전에 분쟁의 원인 될 수 있는 계약서의 문제조항이나 법령상의 걸림돌에 대한 사전적 검토를 거친다면 소송에 드는 시간과 비용의 절약이 가능할 것이며, 불가피하게 소송이 제기된다고 하더라도 그 결과의 예측이 용이할 것이며, 소송 중 조정이나 화해에 의한 분쟁의 평화적 해결도 예상할 수 있다.

2.4 건설소송 수행상의 착안사항

(가) 건축학이나 토목학을 전공하지 않은 소송대리인이 복잡하고 전문적인 건축공정 전과정을 모두 이해한다는 것은 불가능하다.

그러나 건설소송중에는 이러한 세부공정상의 문제가 쟁점이 되는 경우가 있어 그 복잡한 내용을 이해하고 법률적인 주장으로 구성하는데 어려움을 겪는다.

담당 엔지니어로부터 충분한 설명을 듣고 완전히 이해한 다음에야 소송 상대방은 물론 법원도 설득할 수 있다.

(나) 아울러 건설소송을 성공적으로 수행하기 위해서는 민법규정, 특히 도급계약에 관련된 기본지식을 습득할 필요가 있다.

예컨대 수급인의 일의 완성의무와 관련해서는 하자담보책임, 지체상금, 하도급계약상의 문제가 발생할 수 있고, 도급인의 보수지급의무와 관련 공사대금 지급시기, 기성공사대금의 확정, 추가공사대금, 선급금문제등이 주로 다투어 진다.

이외에도 공사계약이행담보로서 각종 보증, 저당권·유치권과 관련된 분쟁, 공사계약의 해제와 관련된 문제, 수급인이 완성한 일의 결과를 도급인에게 인도하는 의무를 부담하는 경우에 완성된 목적물의 소유권은 언제, 누구에게 귀속하는가의 문제, 목적물이 양 당사자에게 책임없는 사유로 파괴된 경우 위험부담문제등은 실무상 흔히 접하는 사건들이다. 이런 경우 민법에 대한 이해가 절대적이다.

(다) 아울러 민사소송의 형태로 제기되는 건설소송관련 권리의 사전확보를 위한 가압류·가처분관련 민사집행법에 대한 지식도 필요하다.

또한 정부나 지방자치단체의 인허가·승인등의 행정절차를 거쳐야 공사에 착수하거나 건설작업이 개시되는 경우등 행정절차에 제동이 걸리는 경우 공사의 선결문제로서 행정처분에 대한 불복방법을 강구하여야 한다.

즉 행정심판·행정소송에 관해서도 정통할 필요가 있다. 적법요건을 갖춘 건축허가신청을 민원야기와 같은 납득할 수 없는 이유로 반려한다거나 부당한 이유를 들어 불허하는 경우, 허가받은 대로 건물을 완성하였으나 건물사용에 필요한 사용승인을 이유없이 거부하는 경우 허가관청을 상대로 한 행정쟁송은 필수적이다.

(라) 또한 민법뿐 아니라, 교통체계효율화법등 수송물류와 관련된 법률, 항만법, 철도법, 항공법, 도로법, 지하수법, 하천법, 국토기본법등 국토개발과 관련된 법률, 도시개발법, 주택법,전기기술안전관리법,공유수면관리법, 교통안전법등 건설관련 제반법규지식도 필요하다.

(마) 아울러 건설관련 법령은 기본 민법과는 달리 정책변경을 반영하기 위해 수시로 개폐되므로 특정사건이 장기간에 걸쳐서 전개되는 경우 어떤 시기에 개정된 법률을 적용하여야 하는지 문제가 되는 경우도 많다.

개정이 빈번하다보니, 법적 공백이 종종 발생하고 이런 경우 소관부처에 직접 질의를 하여야 한다.

실무가는 법률의 개정여부를 세밀히 조사하여야 한다, 특히 법률보다는 시행령, 시행규칙은 그 개정절차가 용이하기 때문에 1년 동안에도 여러번 개정되는 경우가 있는 점을 감안, 각별히 유념하여야 한다.

(바) 민법을 비롯한 각종 건설관련법령을 이해하고 무엇이 소송상의 분쟁으로 발전하여 쟁점으로 다투어지는가를 아는데는 판례검색이 필수이다.

법률 최종해석은 대법원에 맡겨져 있으므로 사건해결에 있어 결정적인 특정법률조항의 해석은 전적으로 대법원 판결에 의존한다.

(사) 최근 언론에 많이 보도되는 프로젝트 파이낸싱(Project Financing, 속칭 PF)에 대한 금융기법에 대한 지식도 숙지하여야 한다.

프로젝트 파이낸싱에 의한 건설사업에 있어 현금의 흐름, 즉 분양의 성패가 대여금의 회수나 공사대금의 조달에 결정적인 역할을 하게 되고, 분양실패에 따른 위험은 시공사가 공사대금회수에 대하여, 금융기관이 대여금의 회수에 대하여 부담하게 되지만, 금융기관은 자신의 위험을 시공사에 전가하고 있는 실정이다.

분양이 성공적으로 이루어진다면 어떤 형태의 프로젝트 파이낸싱이 이루어지든 소송으로 비화될 정도의 분쟁이 발생하는 경우는 드물다.

그러나 반대로 분양이 실패로 돌아가는 경우 금융기관과 시행사, 시행사와 시공사, 시행사와 수분양자 사이에서 복잡한 법률문제가 발생하게 된다.

(아) 건설소송을 잘 하기위해서는 분쟁의 배경에 관한 지식을 습득하는 것이 중요하다, 특히 경제신문은 심도 있는 다양한 취재기사를 연재하기 때문에 이 기사를 잘 숙지하면 큰 도움이 될 수 있다.

(자) 건설소송에 있어 현장검증, 감정을 위해 현장을 답사하여 사건의 이해도를 높이는 것은 소송수행관련 매우 중요하다.

구체적인 공정, 사고경위에 관해 현장에서 설명을 듣는 것이 학습효과도 뛰어나다.

(차) 또한 법정에서 공법에 대한 설명, 현장상황설명, 사고경위와 원인설명 등 도표, 사진, 그림, 동영상등 문자보다 효과적으로 정보를 전달할 수 있는 매체를 적극 활용하여야 한다.

최근에는 주요쟁점사항에 대해 당사자의 주장을 일목요연하게 전달하는 방법으로 법정변론에서 파워포인트 프로그램을 이용한 프레젠테이션도 활용되고 있다.

(카) 특히 건설소송의 경우 다수의 이해관계인이 개입되어 있는 경우가 많아서 소송대리인이 접촉하는 당사자가 전체적인 내용을 잘 모르는 경우도 흔하다, 상담단계에서부터 최대한 상식과 경험칙에 입각하여 당사자의 설명과 주장을 충분히 듣고 객관적으로 판단하고 생각해보는 습관을 들여야 한다.

의심이나 의문이 생기는 경우 그때그때 바로 지적하고 질문하고 바로잡아야 한다.

제4편

건설계약관련 주요 판례사례

○ 대법원 2009.07.23 선고 2008다76426 판결 【양수금】 [미간행]

[1] 행위자가 타인의 이름으로 계약을 체결한 경우, 계약당사자의 확정 방법

[2] 건설회사의 대표이사인 갑이 자신은 노무를 제공하고 상대방 을은 자금을 출자하여 토지를 매입하고 그 지상에 주택을 신축·분양하여 이익을 분배하기로 하는 동업계약을 체결하고 그 공사를 자신이 대표이사로 있는 건설회사에 도급한 사안에서, 건설회사가 단순히 개인인 갑과 을의 동업체로부터 공사를 도급받은 수급인의 지위에만 있다고 보기 어렵다고 한 사례

○ 대법원 2009.10.29 선고 2009다47432 판결 【분양대금반환】 [미간행]

재건축조합과 공동사업주체로서 아파트신축사업을 시행하는 건설회사가 사업경비 제공의 대가로 보장받은 일반분양세대에 관하여 사업자금으로 차용한 자금을 분양대금으로 한 분양계약을 체결한 사안에서, 위 분양계약의 체결은 조합체의 업무집행행위에 해당하여 그 효력이 재건축조합에 미치므로, 분양계약자는 재건축조합을 상대로 채무불이행을 원인으로 분양계약을 해제하고 대여금 상당액의 반환을 구할 수 있다고 한 사례

○ 대법원 2009.11.12 선고 2008다41451 판결 【공사대금】 [미간행]

[1] 지하철 건설에 관한 도급공사를 시행하던 중 콘크리트표준시방서의 변경으로 인한 지하철구조물의 재설계로 공사에 필요한 철근물량이 증가한 사안에서, 원래 발주한 공사목적물과 재설계로 인한 공사목적물 사이에 성질상 달라진 것이 없다는 등의 이유로, 재설계한 물량 전체에 대해 변경된 품셈을 적용하여 공사대금을 지급하여야 한다는 수급인의 주장을 배척한 사례

[2] 은행의 일반자금 대출시 적용되는 연체이자율에 의한 지연손해금의 지급을 정한 공사계약일반조건의 규정은, 공사가 완성되어 목적물이 인도되었음에도 기성대가나 준공대가의 지급을 지체할 경우 특히 고율의 지연손해금을 지급한다는 취지일 뿐, 당초 약정한 공사대금 외에 그 지급의무의 존부 자체가 불명확하여 다툼이 있는 추가비용에 대하여도 일률적으로 적용한다는 취지는 아니라고 본 사례

[3] 민법 제163조 제3호에 정한 '도급받은 자의 공사에 관한 채권'의 범위

[4] 도급공사를 시행하던 중 발생한 홍수피해의 복구공사로 수급인이 도급인에 대하여 갖는 복구공사비 청구채권은, 공사도급계약에 부수되는 채권으로서 그 채권 행사에 법률상 장애가 있었다고 보이지 않으므로 복구공사가 완료한 때부터 소멸시효가 진행한다고 한 사례

ㅇ 대법원 2010.04.29 선고 2007다9139 판결 【손해배상(기)】 [공2010상,961]

[1] 아파트 분양계약에서의 분양자의 채무불이행책임이나 하자담보책임이 인정되는 경우

[2] 건축물의 높이와 건축물 사이의 거리가 구 건축법 시행령 제86조 제2호 (나) 목 전단에서 규정하는 기준에 부합하는 경우, 해당 건축물은 동지일의 연속 일조시간에 관계없이 위 조항에 적합하게 건축된 것인지 여부(적극)

[3] 분양 아파트가 건축관계법령 및 주택법상의 주택건설기준 등에 적합하고, 분양계약 체결 당시 수분양자에게 알려진 기본적인 건축 계획대로 건축된 경우, 일조방해 등을 이유로 분양계약상의 채무불이행책임 내지 하자담보책임을 물을 수 있는지 여부(원칙적 소극)

○ 대법원 2010.09.09 선고 2010다37080 판결 【계약보증금】 [미간행]

[1] 처분문서상 문언의 객관적인 의미가 명확하게 드러나지 않는 경우 계약 내용의 해석 방법

[2] 갑과 건설회사 을 사이에 체결된 도급계약의 내용에 비추어 보아 을이 그 귀책사유로 인하여 준공기일 내에 공사를 완성하지 못한 경우도 도급계약을 해제 또는 해지할 수 있는 사유에 포함된다고 보는 것이 그 문언의 객관적 의미에 부합하고, 또한 이렇게 본다고 하여 다른 계약내용과 서로 모순된다고나 수급인 및 보증인에게 과도하게 불리하게 된다고 볼 수 없다고 한 사례

○ 대법원 2011.05.26 선고 2008도6341 판결 【건설산업기본법위반·독점규제및공정거래에관한법률위반】 [공2011하,1327]

[1] 독점규제 및 공정거래에 관한 법률 제58조에서 정한 '법령에 따른 정당한 행위'의 의미

[2] 건설회사인 피고인들이 지하철 연장공사가 시행될 특정 공구의 입찰에 참가하면서 공동수급체를 구성하여 공동계약을 체결한 사안에서, 위 공동수급체 구성행위가 독점규제 및 공정거래에 관한 법률 제58조에서 정한 '법령에 따른 정당한 행위'에 해당하지 않는다고 본 원심판단을 수긍한 사례

[3] 어떠한 공동행위가 독점규제 및 공정거래에 관한 법률 제19조 제1항에서 정한 '경쟁제한성'을 가지는지의 판단 기준

[4] 건설회사인 피고인들이 지하철 연장공사가 시행될 특정 공구의 입찰에 참가하면서 공동수급체를 구성하여 공동계약을 체결한 행위가, 독점규제 및 공정거래에 관한 법률 제19조 제1항에서 정한 부당한 공동행위에 해당한다고 하여 기소된 사안에서, 위 공동수급체 구성행위가 '경쟁

제한성을 가진 부당한 공동행위'에 해당한다고 단정한 원심판단에 법리 오해의 위법이 있다고 한 사례

○ 대법원 2008.05.08 선고 2006도4284 판결 【건설산업기본법위반】 [미간행]

건설업자가 수급자격에 관한 법령상 제한을 피하기 위하여 자신의 명의로 수급계약을 체결하려는 사람에게 그러한 사정을 알면서도 명의를 빌려준 경우, 구 건설산업기본법 제21조에서 금지하는 '명의대여'에 해당하는지 여부(적극)

○ 대법원 2007.06.15 선고 2004다37904 2004다37911 판결 【채무부존재확인등·손해배상(기)】 [공2007.7.15(278),1062]

[1] 고속도로로부터 발생하는 소음이 피해 주민들 주택을 기준으로 일정 한도를 초과하여 유입되지 않도록 하라는 취지의 유지청구가 적법한지 여부(적극)

[2] 건물의 소유자나 점유자가 인근의 소음으로 인하여 생활이익이 침해되고 그 침해가 사회통념상 수 인한 도를 넘어서는 경우에 그 소유권 또는 점유권에 기하여 소음피해의 제거나 예방을 위한 유지청구를 할 수 있는지 여부(적극)

[3] 구 주택건설기준 등에 관한 규정에 따라 방음벽 등의 방음시설을 설치하여 그 건설지점의 소음도가 65dB 미만이 되도록 조치하여야 하는 공동주택의 범위

[4] 인근 고속도로에서 유입되는 소음으로 인하여 입은 환경 등 생활이익의 침해가 사회통념상 일반적으로 수인할 정도를 넘어서는지 여부의 판단 기준

[5] 민법 제758조에 정한 '공작물의 설치 또는 보존의 하자'의 의미 및 공작물의 이용에 따른 피해가 제3자의 수 인한 도를 넘는지 여부의 판단

기준

[6] 계약의 묵시적 합의해제를 인정할 수 있는 경우

[7] 가분채권의 묵시적인 일부청구라고 볼 수 없는 경우, 청구를 확장하기 위한 항소의 이익이 인정되지 않는다고 한 사례

○ 대법원 2006.07.27 선고 2005다72188 판결 【공사대금】 [미간행]

도급목적물의 완공 이전이더라도 기성검사를 마친 부분에 대하여 불가항력으로 인한 위험을 도급인이 부담하도록 정한 민간건설공사도급계약 일반조건의 해석상 위 기성공사는 도급인의 공사감독원이 한 기성검사를 가리킨다고 보이고 감리자와 공사감독원은 그 지위나 업무 내용이 다른 점 등에 비추어, 감리자가 공정관리를 하면서 도급인에게 정기적으로 기성률을 산정하여 보고한 것이 위 일반조건에 정한 '기성검사를 필한 경우'에 해당하지 않는다고 본 사례

○ 대법원 2006.07.13 선고 2004다7408 판결 【부당이득금】 [공2006.9.1(257),1485]

[1] 공사업자가 재건축조합과 체결한 공사도급계약에 따라 국민주택 규모를 초과하는 조합주택을 신축하는 건설용역을 공급한 경우, 공사업자, 재건축조합, 조합원 사이의 부가가치세의 부담 관계

[2] 재건축조합이 공사업자와 공사도급계약을 체결하면서 건설용역에 대한 부가가치세를 재건축조합이 부담하기로 약정하고, 이를 조합원들 전부에게 분담시켜 구 조세감면규제법상 부가가치세 납부의무가 면제되는 조합원들도 그 부담분을 납부하게 된 경우에, 공사업자가 부당이득 하였다고 볼 수 없다고 한 사례

[3] 재건축 실행단계에서 다시 비용 분담에 관한 합의를 하지 않아도 될 정도로 그 분담액 또는 산출기준을 정하지 아니한 재건축 결의의 효력(무효)

[4] 재건축 실행단계에서 재건축 비용의 분담을 정하는 방법
[5] 재건축조합의 법적 성격(=비법인사단) 및 그 총회의 결의사항의 제한
[6] 재건축조합의 이사회가 정한 재건축 비용의 분담에 관한 사항이 그 승인을 위한 조합원총회에서 특별다수의 정족수에 의한 결의를 취득하지 못 하였고, 그 내용 또한 형평에 반하는 것이어서 그 효력이 인정될 수 없다고 한 사례

○ 대법원 2006.05.25 선고 2005다77848 판결 【하자보수보증금】 [공2006.7.1(253),1121]

[1] 구 주택건설촉진법 시행령 제43조의5 제1항 제2호 소정의 하자보수보증계약의 약관상 보증대상이 되는 '사용검사 이후에 발생한 하자'의 의미
[2] 법원의 착오로 선서를 누락한 감정인이 작성한 감정 결과의 서면이 당사자에 의하여 서증으로 제출된 경우, 법원이 이를 사실인정의 자료로 삼을 수 있는지 여부
[3] 증거의 취사와 사실의 인정을 상고이유로 삼을 수 있는지 여부

○ 대법원 2006.04.28 선고 2004다39511 판결 【이행보증금】 [미간행]

[1] 구 건설공제조합법 제8조 제1항 제1호의 '계약보증'의 내용 및 도급인과 수급인 사이에 지체상금의 약정이 있는 경우, 그 약정에 따라 산정되는 지체상금액도 계약보증의 대상이 되는지 여부(적극)
[2] 공사 도급계약에 있어서의 지체상금 약정이 수급인의 귀책사유로 인하여 도급계약이 해제되고 그에 따라 도급인이 수급인을 다시 선정하여 공사를 완공하느라 완공이 지체된 경우에도 적용되는지 여부(적극)
[3] 공사 도급계약에 있어서 수급인이 완공기한 내에 공사를 완성하지 못한 채 공사를 중단하고 계약이 해제된 결과 완공이 지연된 경우, 지체상금의 발생 시기 및 종기

[4] 공사 도급계약에 있어서 공사가 미완성된 경우와 공사를 완성하였으나 하자가 있음에 불과한 경우의 구별 기준

[5] 수급인의 도급공사상 하자로 인하여 그 하자보수를 요하는 경우에, 도급인이 그 하자보수에 소요되는 부가가치세 부분에 대하여 공제 또는 환급을 받을 수 있는 때에도 수급인에게 그 부가가치세 부분에 대한 손해배상을 구할 수 있는지 여부(소극)

[6] 구 부가가치세법 시행령 제60조 제6항에 규정된 불공제 매입세액인 '토지의 조성 등을 위한 자본적 지출에 관련된 매입세액'의 의미

○ 대법원 2005.11.10 선고 2004다37676 판결 【전부금】 [공2005.12.15(240),1950]

[1] 법률상 사항에 관한 법원의 석명 또는 지적의무

[2] 하자확대손해로 인한 수급인의 손해배상채무와 도급인의 공사대금채무가 동시이행관계에 있는지 여부(적극)

[3] 제3채무자의 압류채무자에 대한 자동채권이 수동채권인 피압류채권과 동시이행관계에 있는 경우, 그 자동채권이 압류 후에 발생한 것이더라도 피압류채권과 상계할 수 있는지 여부(적극)

[4] 건설산업기본법이 적용되는 건설공사의 하도급계약관계에서 하수급인이 고의 또는 과실로 그 공사의 시공을 조잡하게 하여 타인에게 손해를 가한 경우, 수급인의 책임 및 여기서 말하는 공사의 시공을 조잡하게 한다는 것의 의미

[5] 노무도급의 경우, 도급인이 수급인이나 수급인의 피용자의 불법행위에 대하여 사용자책임을 지는지 여부(적극)

[6] 부진정 연대채무자 중 1인으로서 피해자에 대한 손해배상의무를 실제로 이행한 도급인이 사용자책임을 부담하는 수급인에 대하여 취득하게 되는 구상권과 수급인의 공사대금채권이 동시이행관계에 있는지 여부(적극)

○ 대법원 2005.08.19 선고 2002다59764 판결 【보증채무금】 [공2005.9.15(234),1477]

[1] 건설산업기본법에 의하여 건설공제조합이 조합원의 계약보증금 지급채무를 보증하는 보증계약의 법적 성질 및 보증채권자가 주계약상의 이행기를 보증기간 이후로 연기하여 준 경우, 조합원이 변경된 주계약상의 이행기일에 이행을 하지 않은 것이 보증금 지급사유에 해당하는지 여부(소극)

[2] 공사수급인의 연대 보증인이 부담하는 지체상금 지급의무는 주채무자인 공사수급인이 지급하여야 할 지체상금의 범위에 부종하는 것이므로, 이른바 손해배상액의 예정으로서 지체상금액이 과다한지 여부는 주채무자인 공사수급인을 기준으로 판단하여야 할 것이지 연대 보증인을 중심으로 판단할 것은 아니라고 한 사례

[3] 건설공사 도급계약에 있어서 지체상금 약정의 적용 범위를 결정하는 기준

[4] 도급인에게 수급인의 손해배상채무를 연대 보증한 사람과의 관계에서 그 손해배상채무의 발생이나 확대를 방지하는 도급계약상의 각종 장치를 적절히 가동하여 예상 밖으로 손해배상의 범위가 확대되는 것을 방지할 신의칙상의 의무가 있는지 여부(적극) 및 도급인이 고의 또는 과실로 그러한 장치의 가동을 불가능하게 하여 손해배상채무가 확대된 경우, 연대 보증인의 책임이 감면되는지 여부(적극)

○ 대법원 2004.06.25 선고 2003다32797 판결 【손실보상금】 [공2004.8.1(207),1237]

[1] 도로건설공사의 현장책임자가 공사로 인한 양계장의 피해보상을 요구하는 양계업자와 사이에 민사상의 소를 취하하는 대신 환경분쟁조정위원회의 결정에 승복하기로 합의한 경우, 그 합의는 화해계약에 해당한다고 한 사례

[2] 민법상 화해계약에 있어서 착오를 이유로 취소할 수 있는 화해의 목적인 분쟁 이외의 사항의 의미

ㅇ 대법원 2001.06.15 선고 99다40418 판결 * 【손해배상(기)】 [집49(1)민,483 공2001.8.1(135),1599]

[1] 대규모 건설하도급공사에 있어서는 공사금액 외에 구체적인 공사시행방법과 준비, 공사비 지급방법 등과 관련된 제반 조건 등 중요한 사항에 관한 합의까지 이루어져야 비로소 하도급계약이 체결된 것으로 볼 수 있다고 한 사례

[2] 어느 일방이 교섭단계에서 계약을 체결할 것과 같은 정당한 기대 내지 확실한 신뢰를 부여하여 상대방이 그 신뢰에 따라 행동하였음에도 상당한 이유 없이 계약의 체결을 거부하여 손해를 입힌 경우, 불법행위를 구성하는지 여부(적극)

ㅇ 대법원 1997.07.25 선고 97다15852 판결 【공사도급계약존재확인】 [공1997.9.15(42),2707]

건설회사 임원과 관계 공무원 간의 공모로 최종 낙찰 예정가를 사전에 알아내어 낙찰을 받은 경우, 그 입찰 및 그에 터잡아 이루어진 공사도급계약의 효력(무효)

ㅇ 대법원 1997.06.27 선고 96누16193 판결 【부가가치세부과처분취소】 [공1997.8.15(40),2401]

[1] 공사도급계약에 따른 공사가 완공 전에 중단된 경우, 기성고를 확정하여 공사대금을 지급받을 수 있게 된 때를 건설용역의 공급시기로 본 사례

[2] 부가가치세법상 사업의 개시, 폐지 등은 법상의 등록, 신고 여부와는 관계없이 그 해당 사실의 실질에 의하여 결정되는지 여부(적극)

○ 대전고등법원 2003.06.12 선고 2002나2070 판결 【보증금】 [하집2003-1,200]

[1] 건설공사감리계약의 법적 성격 및 기간으로 보수를 정한 공사감리계약이 중도에 종결된 경우의 감리비 산정방법

[2] 공사감리비 지급채무가 민법 제686조 제2항 소정의 기간으로 보수를 정한 때에 해당된다고 한 사례

[3] 공사감리계약상 약정보수가 부당하게 과다하다고 보아 이를 감액한 사례

[4] 공사감리계약상의 약정과 달리 감리보수를 현금이 아닌 당좌수표나 약속어음으로 교부받은 것이 감리비예치보증약관 제3조 소정의 공사감리계약서 내용의 변경에 해당하거나 제4조 소정의 보증사고에 해당하는지 여부(소극)

[5] 주택건설사업 진행 도중에 사업주체가 변경되는 경우, 사업주체의 변경 후 준공에 이르기까지 발생하는 감리비의 부담 주체

[6] 중첩적 채무인수의 경우에도 민법 제459조가 적용되는지 여부(소극) 및 채무인수계약에 관한 당사자의 의사가 불분명한 경우의 해석방법

○ 대법원 2005.5.27. 선고 2004다30811, 30828 판결 【계약효력 】

[1] 국가를 당사자로 하는 계약에 관한 법률 제 11조 제1항, 제2항

[2] 지방자치단체가 계약을 체결하고자 할 때에는 계약의 목적, 계약금액, 이행기간, 계약보증금, 위험부담, 지체상금, 기타 필요한 사항을 명백히 기재한 계약서를 작성

[3] 그 담당 공무원과 계약상대자가 계약서에 기명·날인 또는 서명함으로써 계약이 확정된다고 규정

[4] 위 각 규정의 취지에 의하면 지방자치단체가 사경제의 주체로서 사인과 사법상의 계약을 체결함에 있어서는 위 법령에 따른 계약서를 따로 작성하는 등 그 요건과 절차를 이행하여야 할 것이고, 설사 지방자치단

체와의 사인 사이에 사법상의 계약이 체결되었다 하더라도 위 법령상의 요건과 절차를 거치지 아니한 계약은 그 효력 없음

○ 대전고등법원 2000.5.29. 선고 2000라88 결정【내부규정반한 계약효력 】

[1] 정부투자기관이 체결하는 계약을 원칙으로 일반경쟁에 부치도록 정한 국가를 당사자로 하는 계약에 관한 법률 제7조와 정부투자기관회계규칙 제13조

[2] 국가·지방자치단체나 정부투자기관이 가지는 공정인 기능에 주목하여 계약담당자들의 부정·비리의 소지를 차단하고, 더 많은 경제 주체들에게 공평한 경제활동의 기회를 부여하는 데 그 뜻이 있음

[3] 이를 위반한 계약담당공무원, 계약담당자나 계약 상대자에 대하여 형사처벌이나 별도의 행정처분을 그 안에 규정하고 있지 않을 뿐 아니라, 이를 위반하여 체결된 계약의 효력에 관하여도 법률 행위의 사법상 효력까지 부인하는 효력규정은 아니라고 해석

○ 대법원 2003.8.22. 선고 2003다318 판결【계약조건】

[1] 공사입찰 특별유의서는 피신청인이 이 사건 일찰절차를 진행함에 있어서 기본적인 원칙들을 정하여 둔 일종의 약관

[2] 입찰절차에 참가한 업체들뿐만 아니라 이를 교부한 피신청인도 구속하는 것이라고 봄이 상당

[3] 계약금액 고정특약조항은 신의성실에 반하여 공정을 잃은 조항이고 고객에 대하여 부당하게 불리한 조항이며, 법률의 규정에 의한 고객의 항변권, 상계권 등의 권리를 상당한 이유 없이 배제 또는 제한하는 조항

[4] 약관의 규제에 관한법률 제6조 제1항, 제2항 제1호, 제11조 제1호 등에 위반되어 무효라는 피고의 주장

[5] 이 사건 계약금액 고정특약이 계약상대방에게 부당하게 불리한 내용이라고 할 수 없고 계약 상대방에게 계약금액 조정요구권이 있는 것이 아니어서 그러한 권리를 배제 또는 제한하는 것도 아님

[6] 약관의 규제에 관한법률 제6조 등에 위반되어 무효라고 볼 수 없다는 이유로 이를 받아들이지 아니하였는바, 관계 법령 및 기록에 비추어 살펴보면 원심의 위와 같은 판단은 옳고, 거기에 상고이유에서 주장하는 바와 같은 약관의 규제에 관한법률에 관한 법리오해 등의 위법이 있다 할 수 없음

○ 대법원 2000.8.22. 99다35935 판결【계약방법결정】

[1] 수의계약 사유가 있음에도 일반경쟁입찰로 집행한 경우의 위법여부

[2] 구 예산회계법(1995.1.5. 법률 제4868호로 개정되기 전의 것)이나 같은 법시행령(1995.7.6. 대통령령 제14710호로 개정되기 전의 것)

[3] 계약의 공정 및 경제성의 확보, 참가의 기회균등을 도모하기 위하여 일반경쟁입찰을 원칙적인 것으로 하고, 지명·제한경쟁 입찰계약이나 수의계약을 예외적인 것으로 규정

[4] 일반경쟁입찰에 부쳐야 할 것을 지명·제한경쟁 입찰계약이나 수의계약에 부친 경우에는 절차의 위법성이 문제될 수 있어도, 반대로 지명·제한경쟁 입찰계약이나 수의계약에 부칠 수 있는 것을 일반경쟁입찰에 부친 경우에는 특별한 사정이 없는 한 위법성의 문제가 생길 여지는 없음

○ 대법원 2001.12.11. 선고 2001다33604 판결【낙찰자결정 및 입찰무효】

[1] 계약담당공무원이 입찰절차에서 국가를 당사자로 하는 계약에 관한 법률 및 시행령

[2] 시행령이나 그 세부심사 기준에 어긋나게 적격심사를 하였다 하더라도 그 사유만으로 당연히 낙찰자 결정이나 그에 기한 계약이 무효가 되는 것은 아님

[3] 이를 위배한 하자가 입찰절차의 공공성과 공정성이 현저히 침해될 정도로 중대할 뿐 아니라 상대방도 이러한 사정을 알았거나 할 수 있었을 경우 또는 누가 보더라도 낙찰자의 결정 및 계약체결이 선량한 풍속 기타 사회질서에 반하는 행위에 의하여 이루어진 것임이 분명한 경우

[4] 이를 무효로 하지 않으면 그 절차에 관한하여 규정한 국가를 당사자로 하는 계약에 관한 법률 취지를 몰각하는 결과가 되는 특별한 사정이 있는 경우에 한하여 무효가 된다고 해석함이 타당

○ 대법원 2005.11.10. 선고 2004다40597 판결 【계약보증금 및 지체상금】

[1] 도급계약서 및 그 계약내용에 편입된 약관에 수급인의 귀책사유로 인하여 계약이 해제된 경우

[2] 계약보증금이 도급인에게 귀속한다는 조항이 있는 경우, 그 계약보증금이 손해배상액의 예정인지 위약벌인지는 도급계약서 및 위 약관 등을 종합하여 개별적으로 결정할 의사해석의 문제

[3] 위약금은 민법 제398조 제4항에 의하여 손해배상액의 예정으로 추정되므로 위약금이 위약벌로 해석되기 위해서는 특별한 사정이 주장·입증되어야 함

[4] 도급계약서에 계약보증금 외에 지체상금도 규정되어 있다는 점만을 이유로 하여 계약보증금을 위약벌이라고 보기는 어려움

○ 대법원 2002.12. 선고 2000다17810 판결 【하자보수보증금】

[1] 공사도급계약서 또는 그 계약내용에 편입된 약관에 수급인이 하자담보책임 기간 중 도급인으로부터 하자보수 요구를 받고 이에 불응한 경우

[2] 하자보수보증금은 도급인에게 귀속한다는 조항이 있을 때 이 하자보수보증금은 특별한 사정이 없는 한 손해배상액의 예정으로 봄

[3] 하자보수보증금의 특성상 실손해가 하자보수보증금을 초과하는 경우에는 그 초과액의 손해배상을 구할 수 있다는 명시규정이 없다고 하더라도 도급인은 수급인의 하자보수의무 불이행을 이유로 하자보수보증금의 몰취 외에 그 실손해액을 입증하여 수급인으로부터 그 초과액 상당의 손해배상을 받을 수도 있는 특수한 손해배상액의 예정으로 봄이 상당함

○ 대법원 2004.11.26. 선고 2002다68362 판결 【선금과 기성금, 하도급 대금】

[1] 공사도급계약에 있어서 수수되는 선급금이 선급 공사대금의 성질을 갖는 점에 비추어 선급금을 지급한 후 도급계약이 해제 또는 해지되는 등의 사유로 수급인이 도중에 선급금을 반환하여야 할 사유가 발생

[2] 특별한 사정이 없는 한 선급금은 별도의 상계의 의사표시 없이도 그 때까지의 기성고에 해당하는 공사대금에 당연히 충당됨

○ 대법원 2004.11.26. 선고 2002다 68362 판결 【대가상계】

[1] 계약담당공무원은 상환할 금액과 기성 부분의 대가를 상계할 수 있음

[2] 제43조 제1항의 규정에 의하여 하도급대가를 직접 지급하는 경우에는 하도급대가의 지급 후 잔액이 있을 때에는 이와 상계할 수 있다고 규정하고 있는 바, 위 약적에 의하면 원고가 공사계약일반조건 제43조 제1항에 따라 하수급인에게 하수급인이 시공한 부분에 상당하는 하도급대금을 직접 지급하는 경우

[3] 그 대금을 지급한 후 기성고에 해당하는 공사대금의 잔액이 있으면 미정산 선급금과 이를 상계할 수 있다고 보아야 함

[4] 타절기성고 중 원고 주장의 하도급 공사대금이 과연 위 공사계약일반조건 제43조 제1항의 규정에 따라 원고가 하수급업자들에게 직접 지급하여야 하는 금원인지 여부를 심리하고, 이를 토대로 앞서 본 선급금 정산 방법에 관한 이 사건 도급계약에 따라 원고에게 반환하여야 할 선급금의 범위를 산정

ㅇ 대법원 1999.10.8. 선고 99다20733 판결【연대보증】

[1] 공사도급계약 체결시 수급인이 도급인에게 계약이행보증금을 현금으로 납부하거나 동액상당의 보증보험증권을 교부할 것을 약정

[2] 특정한 담보방법인 보증보험증권을 계약이행보증금의 지급방법으로서 현금과 선택적으로 규정한 점에 비추어 볼 때, 당사자의 의사는 보증보험증권의 교부를 계약이행보증금의 현금 지급과 동등하게 보아 그로써 계약이행보증금은 확실하게 담보된 것으로 취급하고자 하는 취지로 봄이 상당

[3] 공사도급계약에 관한 연대보증계약의 체결에 앞서 수급인이 보증보험증권을 도급인에게 교부한 이상, 그 공사도급계약에 관하여 수급인과 연대하여 도급계약상의 의무를 이행하기로 한 연대보증인으로서는 더 이상 계약이행보증금에 관하여는 보증채무를 부담하지 않는다고 봄이 상당

ㅇ 대법원 1994.6.24. 선고 94누958 판결【계약이행】

[1] 공사도급계약에 있어서 수급인이 스스로 공사를 완공하지 아니한 이상 설사 공사이행 연대보증인이 도급인의 요청으로 계약상의 준공기간 이내에 공사를 완공

[2] 수급인은 구 예산회계법시행령(1993.2.22. 대통령령 제13853호로 개정

되기 전의 것) 第130조 제1항 제7호 소정의 "정당한 이유 없이 계약을 이행하지 아니한 자"에 해당

○ 대법원 1997.8.26. 선고 97다4401 판결【공동수급체 구성원 채권】

[1] 공동수급체구성원 1인에 대한 채권으로 대금채권을 압류한 경우 효력

[2] 조합의 채권은 조합원 전원에게 합유적으로 귀속

[3] 특별한 사정이 없는 한 조합원 중 1인이 임의 조합의 채무자에 대하여 출자지분의 비율에 따른 급부를 청구할 수 없음

[4] 조합원 중 1인의 채권자가 그 조합원 개인을 집행채무자로 하여 조합의 채권에 대하여 강제집행하는 경우, 다른 조합원으로서는 보존행위로서 제3자이의의 소를 제기하여 그 강제집행의 불허를 구할 수 있음

○ 대법원 2001.2.23. 선고 2000다68324 판결【공동수급체 구성원 체납】

[1] 체납처분으로서 압류의 요건을 규정하는 국세징수법 제24조 각 항의 규정을 보면, 어느 경우에나 압류의 대상을 납세자의 재산에 국한

[2] 납세자가 아닌 제3자의 재산을 대상으로 한 압류처분은 그 처분의 내용이 법률상 실현될 수 없으므로 당연무효

[3] 민법상 조합의 채권은 조합원 전원에게 합유적으로 귀속하는 것이어서 특별한 사정이 없는 한 조합원 중 1인에 대한 채권으로써 그 조합원 개인을 집행채무자로 하여 조합의 채권에 대하여 강제집행을 할 수 없음

[4] 수급인인 6개 회사가 공동협정에 상호 출자하여 신축공사 관련사업을 공동으로 시행하기로 하는 내용을 약정한 경우 그들 사이에는 민법상 조합이 성립하므로, 세무서장이 조합의 구성원인 1개 회상의 부가가치세 체납을 이유로 6개 회상의 조합재산인 공사대금 채권에 대하여 압류처분을 한 것은 체납자 아닌 제3자 소유의 재산을 대상으로 한 것으로서 당연무효

ㅇ 대법원 2002.1.25. 선고 2001다61623 【공동수급체 선금】

[1] 구성원 1인에 지급한 선금에 대한 다른 구성원의 책임

[2] 공동수급체의 구성원이 발주자에 대한 계약상의 의무이행에 대하여 연대하여 책임을 진다고 규정

[3] 도급계약의 내용에 선급금 반환채무 등에 관한 다른 구성원의 의무에 관하여는 명시적인 규정이 없고, 선급금에 관하여는 별도의 규정을 두어 그 반환채무의 담보방법으로 수급인이 제출하여야 할 문서로서 보험사업자의 보증보험증권이나 건설공제조합의 지급보증서 등 그 담보력이 충분한 것으로 제한

[4] 공동수급체의 각 구성원의 연대책임의 범위는 선급금 반환채무에까지는 미치지 아니한다고 봄이 상당하므로, 공동수급체의 구성원으로서는 특별한 사정이 없는 한 다른 구성원의 선급금 반환채무에 관하여는 책임을 부담하지 않음

ㅇ 대법원 1998.3.13.선고 97다54376 판결 【하자보수 청구】

[1] 습식공법으로 시공하기로 한 내부 벽면 석공사를 반건식공법으로 시공

[2] 그 하자가 중요하지 아니하면서 보수에 과다한 비용을 요하는 경우에 해당하나, 그 교환가치나 시공비용의 차이가 없어 하자로 인한 손해배상을 청구 할 수 없음

참 고 문 헌

1. 남진권, 건설공사클레임과 분쟁실무, 기문당, 2003.
2. 이경국역, 건설분쟁과 위기관리, 2004, 기문당.
3. FiDIC EPC/Turnkey 프로젝트 계약조건 한국엔지니어링진흥협회(KENCA), 2003.
4. 현대계약법, 사법연수원, 2007.
5. 미국계약법, 홍익대학교 출판부, 2009.
6. 감사원 감사기본과정 직무교육교재, 감사교육원, 2011.
7. 이론과 실무 건설계약관리, 한올출판사, 2010.
8. 사법연수원 건설소송실무 테마특강자료집, 사법연수원, 2010.
9. 공공기관 부정 예방과 적발! 어떻게 할 것인가, - 회계부정의 적발과 상시감시시스템 구축 중심- (주)영화조세통람, 2011.
10. 윤재윤, 건설분쟁관계법(개정판), 박영사, 2011.
11. 길기관, 알기 쉬운 건설분쟁 사례 해설 : 판례로 본 건설분쟁 사례의 쟁점과 해법 지침서(개정판), 건설경제신문, 2010.
12. 배태민, 건설분쟁실무 : 건설분쟁 사례 및 소송 실무, 진원사, 2011.
13. 길기관, 건설 분쟁의 쟁점과 해법, 일빛, 2009.
14. 윤재윤, 건설분쟁관계법 : 건설분쟁의 법적 쟁점과 소송실무, 박영사, 2008.
15. 필립 데븐포트/이경국 역, 건설 분쟁과 위기 관리, 기문당, 2004.
16. 조영준 외, 건설시장 개방에 대비한 분쟁 및 클레임 방지대책에 관한 연구, 한국건설기술연구원, 1995.
17. 남진권, 건설공사의 클레임과 분쟁, 문원출판사, 2000.
18. 박성동, 박창규, 류남욱, 국가계약법령 해설 및 유권 해석(개정판, 2011).

19. 박홍태, 건설공사를 위한 계약 및 적산, 구미서관, 2006.
20. 조영준, 건설 계약 관리 이론과 실무, 한올출판사, 2010.
21. 한국정책 연구원, 정부 계약 유권 해석집, 건설정보사, 2010.
22. 김예상, 건설 제도 및 계약, 보문당, 2008.
23. 국토해양부, 정부계약 건설 질의회신 : 회계예규 고시 지침, 2009.
24. 서명석, 건축공사관리학, 도서출판 서우, 2011.
25. 조영준, 건설계약관리, 기문당, 2010.
26. 서명석외, 건축의 이해, 대학교육문화원, 2001.
27. 서명석외, 건축환경공학개론, 대학교육문화원, 2003.
28. 공공기관 부정이 예방과 적발! 어떻게 할 것인가, (주)영화조세통람, 2011.
29. 김무한외, 건축시공학, 문운당, 1997.
30. 건축생산의기초, 今村毫吉, 技報堂.
31. 손창백, 건축공사관리론, 태림문화사, 1998.
32. 신현식외, 건축시공학, 문운당, 1997.
33. 서명석, 공정관리학, 도서출판 서우, 2002. 2.
34. 서명석외, 효율적인 공동도급 운영모델에 관한 연구 -국내 대규모 건축 공사 사례를 중심으로-, 한국건설관리학회논문집 제3권 제3호 2002. 9.
35. 채정원, 국제계약의 이해 ("국제건설계약을 중심으로") 한국 플랜트학회, "플랜트저널" 중 일부 2011. 9.
36. 국가를 당사자로 하는 계약에 관한 법률, 2010.
37. 기획재정부, 기획재정부 개정 계약예규, 2011. 5. 13
38. 건설산업기본법, 2010.
39. 대한건설협회, 건설업 통계 연보, 2010.
40. 대한건설협회, 국가계약관계 법령, 1998.

41. 사법연수원 제40기 테마특강자료집, 2010.

42. Ralph Stephenson 1996, Project-Partnering for the Design and Construction Industry, John Wiley & Sons, Inc.

43. www.newengineeringcontract.com : Thomas Telford Ltd 2001, "the new engineering contract."

44. PMI, A Guide to the Project Management Body of Knowledge, PMI, Standard Committee.

45. Hendrickson, Chris. Project Management for Construction, Prentice-Hall, 1989.

46. Donald S. Barrie, Boyd C. Paulson, Professional Construction Management, 3rd ed., Mcgraw-Hill, 1992.

47. Jack R. Meredith, Project Management - A Managerial Approach, John Wiley & Sons, 1989.

■ 저자약력 ■

서명석

충남대학교 대학원 졸업, 공학박사

현재 경동대학교 건축토목공학부 교수

SK건설주식회사 근무, 정부대전청사 신축

대한건축학회 정회원

한국건설관리학회 종신회원

한국콘크리트학회 정회원

한국건축시공학회 정회원

건설교통부 장관 표창

상공자원부 장관 표창

건축시공기술사, 국제기술사

박상융

고려대학교 법학과 졸업, 사법연수원 제19기(제29회 사법시험합격)

현재 경기 평택경찰서장

서울 양천, 경기 동두천, 김포, 대전 중부, 논산경찰서장

경기청 수사과장

경찰청 수사국 마약범죄수사과장

경찰청 수사국 지능범죄수사과장

변호사, Computer Forensic 분석 자격(Guidance 社)

소프트웨어자산관리사 2급(한국소프트웨어저작권협회)

최신건설계약실무

2012년 3월 1일 초판 인쇄
2012년 3월 10일 초판 발행

■ 공 저 서명석·박상융
■ 발행인 이 석 환
■ 발행처 도서출판 **서우**

122-842 / 서울시 은평구 통일로 795(대조동)
전화 : (02) 383-1696~7
팩스 : (02) 387-9578
출판등록 제8-159호
ISBN 978-89-97153-09-1

정가 18,000원